Informatik

UNIX - Das Betriebssystem und die Shells
von K. Kannemann

Grundlagen der Informatik für das Nebenfachstudium
von R. Schaback

Aufbau und Arbeitsweise von Rechenanlagen
von W. Coy

Rechneraufbau am konkreten Beispiel
von T. Knieriemen

Mathematische Grundlagen der Computergraphik
von W. Luther und M. Ohsmann

Methoden der digitalen Bildsignalverarbeitung
von P. Zamperoni

Logische Grundlagen der Künstlichen Intelligenz
von M. R. Genesereth und N. J. Nilsson

Formalisieren und Beweisen
von D. Siefkes

Berechenbarkeit, Komplexität, Logik
von E. Börger

Automated Theorem Proving
von W. Bibel

Modulare Regelprogrammierung
von S. Bocionek

Einführung in die Methode des Jackson Structured Programming (JSP)
von K. Kilberth

Prolog - Eine methodische Einführung
von R. Cordes, R. Kruse, H. Langendörfer, H. Rust

Vieweg

Die Deutsche Bibliothek - CIP-Einheitsaufnahme

Brecht, Werner
Verteilte Systeme unter UNIX: eine praxisorientierte Einführung / Werner Brecht. - Braunschweig; Wiesbaden: Vieweg, 1992
ISBN-13:978-3-528-05194-5

Der Verlag Vieweg ist ein Unternehmen der Verlagsgruppe Bertelsmann International.

Gedruckt auf säurefreiem Papier

ISBN-13:978-3-528-05194-5 e-ISBN-13:978-3-322-83046-3
DOI: 10.1007/978-3-322-83046-3

Werner Brecht

Verteilte Systeme unter UNIX

Eine praxisorientierte Einführung

vieweg

Informatik

UNIX – Das Betriebssystem und die Shells
von K. Kannemann

Grundlagen der Informatik für das Nebenfachstudium
von R. Schaback

Aufbau und Arbeitsweise von Rechenanlagen
von W. Coy

Rechneraufbau am konkreten Beispiel
von T. Knieriemen

Mathematische Grundlagen der Computergraphik
von W. Luther und M. Ohsmann

Methoden der digitalen Bildsignalverarbeitung
von P. Zamperoni

Logische Grundlagen der Künstlichen Intelligenz
von M. R. Genesereth und N. J. Nilsson

Formalisieren und Beweisen
von D. Siefkes

Berechenbarkeit, Komplexität, Logik
von E. Börger

Automated Theorem Proving
von W. Bibel

Modulare Regelprogrammierung
von S. Bocionek

Einführung in die Methode des Jackson Structured Programming (JSP)
von K. Kilberth

Prolog – Eine methodische Einführung
von R. Cordes, R. Kruse, H. Langendörfer, H. Rust

Inhaltsverzeichnis

Vorwort

Eine Beschäftigung mit *verteilten Systemen* ist eine Beschäftigung mit Teilgebieten der Technischen, der Praktischen und der Theoretischen Informatik. Verteilte Systeme sind vernetzte Systeme; die beteiligten Rechner tauschen untereinander Daten aus. Die Prozessoren haben häufig unterschiedliche Architekturen, und es gibt ein breites Spektrum von Übertragungstechniken und -medien. Bei der Betrachtungsweise der Technischen Informatik stehen physikalische und elektrotechnische Bezüge im Vordergrund.

Auf jedem der Netzrechner laufen Programme, die die Verteilung realisieren und für den Datenaustausch verantwortlich sind. Die Verwaltung dieser Programme ist Aufgabe eines Betriebssystems, das meist prozeßorientiert arbeitet. Derartige Programmsysteme, ihre Erstellung und ihr Betrieb, werden in der Praktischen Informatik studiert. Die Prozesse sind für den Datenaustausch verantwortlich. Sie sind die Kommunikationspartner in den verteilten Systemen. Bei diesem Standpunkt ist eine Betrachtung verteilter Systeme gleichbedeutend mit einer Betrachtung von Interprozeßkommunikationsmethoden.

Da die Netzrechner und mit ihnen die Prozesse unabhängig voneinander und gleichzeitig arbeiten, entsteht ein Koordinierungsproblem. Bei bestimmten Handlungen müssen Prozesse eine bestimmte Reihenfolge einhalten. Manchmal muß verhindert werden, daß zwei oder mehr Prozesse einander stören. In anderen Situationen sollen Prozesse zusammenarbeiten, um die vorhandene Parallelität zu ihren Gunsten auszunutzen. Die Beschäftigung mit grundsätzlichen Konzepten paralleler Prozesse gehört zur Theoretischen Informatik und ist Voraussetzung für das Verständnis der Abläufe in einem verteilten System.

Mit dem vorliegenden Buch wird der Versuch unternommen, eine Brücke über die drei genannten Gebiete der Informatik zu schlagen. Der Autor ist Professor für Systemprogrammierung an der Technischen Fachhochschule Berlin (TFHB) und dort seit vielen Jahren Leiter des Rechenzentrums. Die TFHB hat derzeit (1991) etwa 7500 Studierende, denen ca. 300 auf unterschiedliche Weise vernetzte EDV-Arbeits- und Übungsplätze zur Verfügung stehen.

Das TFHB-Campus-Netz (als *Backbone*) ist ein Ethernet und wird hauptsächlich mit den TCP/IP-Protokollen betrieben. Neben TCP/IP werden auf dem gleichen physikalischen Netz XNS-Protokolle der Firma XEROX eingesetzt, allerdings mit einer deutlich geringeren Anwendungsbreite. In den Laboratorien der TFHB sind neben dem Campus-Netz vielfältig strukturierte und organisierte lokale Netzwerke entstanden, so daß eine ausgesprochen heterogene Netzwerk-Landschaft vorhanden ist.

Im Rechenzentrum der TFHB wird seit Mitte der achziger Jahre mit verteilten Systemen experimentiert. Campusweit steht derzeit mit NFS ein verteiltes Dateisystem zur Verfügung. Die praktische Berufstätigkeit des Autors, insbesondere beim Aufbau und Betrieb des Netzes und seiner Software, schlägt sich in Lehrveranstaltungen über verteilte Systeme nieder. Die ausgesprochen positive Aufnahme des Themas durch die Informatikstudentinnen und -studenten der TFHB hat mit zum Entstehen dieses Buches beigetragen. Eine ganz wesentliche Motivation ist durch Seminare entstanden, die der Autor im Schulungszentrum des zum Daimler-Benz-Konzern gehörenden *debis*-Systemhauses in Frankfurt hält. Gerade die überaus konstruktiven Diskussionen mit den Praktikern aus den Betrieben des Daimler-Benz-Konzerns haben einen großen Teil der Ausführungen geprägt.

Das Buch beginnt mit grundsätzlichen Bemerkungen über die Begriffe Parallelität und Kommunikation, problematisiert Mehrprozessorsysteme und gelangt so zu den Daten- und Rechnernetzen. Im dritten Kapitel werden, vom ISO-OSI-Referenzmodell ausgehend, Netzprotokolle vorgestellt. Der Schwerpunkt liegt auf TCP/IP. Ethernet wird als typische und sehr weit verbreitete Basis für TCP/IP relativ ausführlich behandelt. Diese Schwerpunktbildung liegt zum einen an der praktischen Tätigkeit des Autors, die TCP/IP-geprägt ist, zum andern an der nur zögerlich vorankommenden Verbreitung OSI-konformer Software, mit der eine Stärkung der Marktposition von TCP/IP durch innovative Produkte wie NFS und X-Window einhergeht. Bevor auf konkrete Anwendungen eingegangen werden kann, ist ein kurzer Einschub über die Programmiersprache C und das Betriebssystem UNIX unerläßlich. Dort sollen im wesentlichen die später in den Anwendungen und den Beispielen benutzten Begriffe im Kontext der Sprache bzw. des Betriebssystems vorgestellt werden.

Als Anwendungsdienste werden TELNET (eine virtuelle Terminalverbindung) und FTP (für Dateiübertragungen) vorgestellt und durch verteilte Systeme, wie NFS und X-Window, ergänzt.

Mit den mehr theoretischen Voraussetzungen, allerdings mit vielen praktischen Bezügen, für die Konzeption und Implementierung verteilter Systeme befaßt sich das sechste Kapitel, während das siebte die Programmierung unter dem Gesichtspunkt der Interprozeßkommunikation behandelt. Dort wird insbesondere die Socket-Schnittstelle zu den TCP/IP-Protokollen aufgearbeitet.

Zu jedem Kapitel werden als kleine Erfolgskontrolle Übungsaufgaben gestellt, deren Lösungen sich an das siebte Kapitel anschließen. Ihnen folgen Literaturangaben für vertiefende Studien. Das Buch schließt mit einem Register.

Der Einfluß der englischsprachigen Literatur beeinflußt die Schreibweise von Fachausdrücken in erheblichem Ausmaß. Im Englischen können beispielsweise mehrere einen Begriff bildende Hauptwörter nebeneinander stehen, wie in *Print Server*. Im Deutschen ist dies nicht möglich, zumindest nicht ohne Sinnentstellung. Wo solche englischen Begriffe unübersetzt im Text vorkommen, werden sie mit Bindestrich geschrieben, wie in *Print-Server*. Es ist versucht worden, dort, wo Eindeutschungen sinnvoll erschienen, die deutschen Begriffe zu benutzen, also *Dateisystem* statt *File-System* oder *Systemaufruf* statt *System-Call* zu schreiben. Allerdings hat der große Einfluß des Englischen eine konsequente Haltung verhindert. Dazu kommt, daß manche Begriffe sehr schwierig oder nur umständlich ins Deutsche zu übertragen sind. Andere, wie zum Beispiel der Ausdruck *Compiler*, sind bereits Teil einer (deutschen) Fachsprache geworden.

In einigen Abschnitten werden Einheiten mit Bits und Bytes benutzt. Unter anderem sind folgende Abkürzungen im Text zu finden:

b	Bits
Kb	Kilobits (1K = 1000)
Mb	Megabits (1M = 1000K)
Gb	Gigabits (1G = 1000M)
B	Bytes
KB	Kilobytes
MB	Megabytes
GB	Gigabytes
b/s	Bits pro Sekunde
Kb/s	Kilobits pro Sekunde
Mb/s	Megabits pro Sekunde
Gb/s	Gigabits pro Sekunde

B/s	Bytes pro Sekunde
KB/s	Kilobytes pro Sekunde
MB/s	Megabytes pro Sekunde
GB/s	Gigabytes pro Sekunde

Einige Worte des Dankes sind angebracht. Das gilt insbesondere meiner Familie, die mich zur entscheidenden Zeit in Ruhe hat arbeiten lassen. Die Kollegen Prof. Dr. Buchholz, Prof. Christaller und Prof. Ratsch haben das Manuskript gelesen. Ihnen verdanke ich viele Anregungen und manche interessante Diskussion. Das Rechenzentrum der TFHB hat mir bei programmier- und gerätetechnischen Fragen zur Seite gestanden. Schließlich gebührt dem Verlag Dank für die unbürokratische Zusammenarbeit und die Betreuung. Die Druckvorlage für das Buch ist mit WORD 5.0 unter Zuhilfenahme von Druckformatvorlagen des Hauses Vieweg erstellt und auf einem LaserJet Series II ausgedruckt worden.

1 Parallelität und Kommunikation

1.1 Netze als abstrakte Computer

Durch eine Kopplung von mehreren Rechenanlagen, die möglicherweise voneinander verschieden und meist räumlich voneinander getrennt sind, entsteht ein *Rechnernetz*. Ein solches Netz besteht aus Knoten, das sind Rechner, und aus Kanten, mit denen die Kopplung der Rechner ausgedrückt wird. Abbildung 1.1 zeigt ein ringförmiges Rechnernetz. Die Quadrate symbolisieren die möglicherweise unterschiedlichen Rechner, die Kanten die Verbindung zwischen ihnen. Andere weit verbreitete Netzformen sind sternförmig oder baumartig.

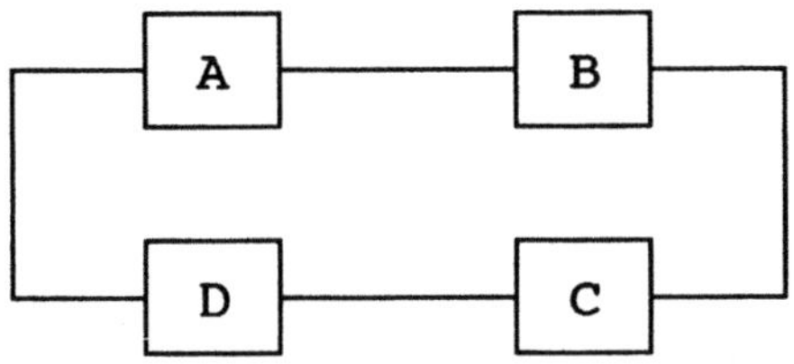

Abb. 1.1: Ein ringförmiges Rechnernetz

Anwendungen

Über ein Rechnernetz kann auf räumlich (weit) entfernte Datenbestände zugegriffen werden. Damit kann für mehrere voneinander unabhängige Aufgaben ein Datenbestand gemeinsam benutzt werden. Spezielle, vielleicht sehr teuere oder selten vorhandene Geräte, wie Hochleistungsplotter oder Magnetbandanlagen für Langzeit-Datensicherungen, stehen über ein Netzwerk für unterschiedliche und räumlich getrennte Aufgaben zur Verfügung.

Ein Rechnernetz erlaubt die Übertragung bestimmter, vielleicht rechenintensiver (Compute-Serving) oder ein- und ausgabeintensiver (Display-Serving, X-Window) Programme auf schwach belastete oder besser geeignete Rechner. Wenn es von der Aufgabenstellung her möglich ist, eine Problemlösung in parallel bearbeitbare Teile zu zerlegen, dann kann durch die Zusammenarbeit mehrerer Rechner eine Leistungssteigerung erreicht werden. Da beim Ausfall einer oder mehrerer Komponenten des Rechnernetzes eine Grundfunktionalität erhalten bleibt, wird eine Steigerung der Zuverlässigkeit des Gesamtsystems erreicht. Eine Erhöhung der Sicherheit von Datenbeständen kann durch Mehrfachkopien, eine Erhöhung der Sicherheit von Programmläufen durch parallele Abarbeitung auf anderen Rechnern erzielt werden. Nicht zuletzt realisiert ein Rechnernetz einen Kommunikationsdienst. Die Kopplung der Rechner erlaubt eine Datenübertragung, die in der Regel wenigstens eine Dateiübertragung (Filetransfer) zuläßt und eventuell als Mailbox-Dienst gestaltet ist. Die Möglichkeit, den Ausbau des Rechnernetzes dynamisch und an den Bedürfnissen der Anwendungen orientiert vorzunehmen, bringt außerdem ein günstiges Preis-Leistungsverhältnis mit sich. Man denke an Netze mit vielen kleinen, preiswerten Rechnern und einigen wenigen, leistungsstarken Dienstleistungsmaschinen (Servern).

Zentrale Begriffe

Allen hier geschilderten Eigenschaften von Rechnernetzen ist gemeinsam, daß die einzelnen Rechner gleichzeitig und eigenständig, also ohne zentrale Kontrolle arbeiten können, und daß sie untereinander durch die Kopplung Nachrichten austauschen können. Die Begriffe *Parallelität* und *Kommunikation* sind für Rechnernetze von zentraler Bedeutung. Parallelität bedeutet, daß die Rechner gleichzeitig arbeiten; Kommunikation heißt, daß sie Nachrichten austauschen. Erst durch Kommunikation wird eine *Kooperation* zwischen Rechnern möglich. Ein Rechnernetz kann in seiner Funktionalität als ein Rechner auf einer hohen Abstraktionsstufe verstanden werden. Die Software, mit der sich ein großer Teil des vorliegenden Buches beschäftigt, versucht, dem Benutzer ein Rechnernetz als einen einzigen (abstrakten) Computer erscheinen zu lassen.

Sequentialität

Die Rechner, die die Knoten des Netzes bilden, sind im einfachsten Fall *von Neumann-Rechner*. Sie bestehen aus

- einer Zentraleinheit (CPU: Central-Processing-Unit),

- einem Speicher (Memory) und
- Verbindungen (Busse) zwischen beiden.

Die von Neumann-Architektur ist in dem Sinne minimal, daß der Rechner nicht mehr arbeitsfähig ist, wenn eine seiner drei Komponenten weggelassen wird. Charakteristisch ist seine sequentielle Arbeitsweise, die durch die Funktionalität des genau einmal vorhandenen *Befehlszählers* (Program-Counter, Instruction-Pointer) hervorgerufen wird. Der Befehlszähler ist ein immer vorhandenes, notwendiges Register der CPU. Es enthält stets die Adresse des Befehls, der als nächster auszuführen ist. Anschaulich ist der Befehlszähler (BZ) ein Zeiger auf einen Programmbefehl im Hauptspeicher (Abbildung 1.2).

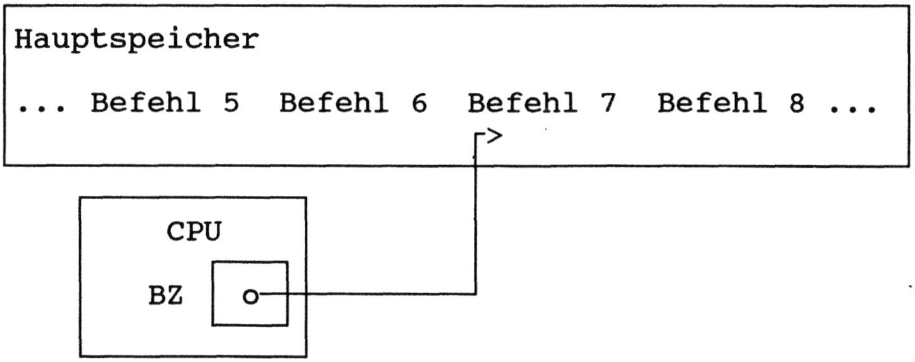

Abb. 1.2: Hauptspeicher und CPU mit Befehlszähler BZ

Daß ein von Neumann-Rechner sequentiell arbeitet, heißt, daß (durch den Befehlszähler) immer genau ein Befehl ausgewählt wird, der zur Ausführung kommt, sobald die Abarbeitung seines Vorgängers abgeschlossen ist. Der ausgewählte Befehl muß nicht der im Hauptspeicher zu seinem Vorgänger physikalisch benachbarte sein (Sprungbefehle). Er ist nur sein *logischer* Nachbar.

Ein *Betriebssystem* kann durch einen schnellen und systematischen Wechsel zwischen laufbereiten Programmen die Illusion erzeugen, es seien mehrere gleichzeitig aktive Befehlszähler vorhanden. Es entsteht der Eindruck, daß jedes Programm von einer eigenen CPU abgearbeitet wird. Frühe Betriebssysteme (bis etwa 1965) hatten diese Eigenschaft noch nicht.

Bei ihnen fand ein Programmwechsel nur dann statt, wenn ein Programm fertig geworden war. Dann wurde das nächste geladen und ausgeführt. Ein typisches Betriebssystem dieser Zeit war IBSYS von der Firma IBM für ihre Rechenanlagen vom Typ 7094 [TAN87]. Erst durch ein *Multiprogramming*, bei dem mehrere Programme laufbereit im Hauptspeicher gehalten werden können, wurden Programmwechsel auch während der Abarbeitung der Programme möglich. Dabei gibt ein Programm die (nur einmal vorhandene) CPU ab, wenn es fertig geworden ist oder auf das Eintreten eines bestimmten Ereignisses, in der Regel auf das Ende eines Ein- oder Ausgabevorgangs, warten muß. OS/360 (um 1965) für die Rechner der IBM/360-Serie ist ein Beispiel für ein Betriebssystem mit Multiprogramming [TAN87]. Eine typische Anwendung des Multiprogrammings ist ein *Dialog-Betrieb*, bei dem im *Time-Sharing* mehrere Terminals, das sind Datenein- und -ausgabestationen, reihum bedient werden. Beim Time-Sharing findet ein Programmwechsel zusätzlich auch noch dann statt, wenn ein kleines Zeitintervall, eine sogenannte Zeitscheibe, von ungefähr 10 bis 100 Millisekunden Dauer abgelaufen ist [PET85]. Ein sehr bekanntes Time-Sharing-System ist UNIX, dessen Entwicklung 1968 begann (vgl. Abschnitt 4.2).

Prozesse

Der Begriff Prozeß wurde entwickelt, um der Komplexität des Multiprogrammings Herr zu werden. Im Bereich der Prozeßdatenverarbeitung wird der Begriff *Task* verwendet, weil dort unter einem Prozeß ein (zu steuernder) technischer Prozeß verstanden wird. Grob gesagt ist ein (Betriebssystem-) Prozeß ein Programm in der Ausführung. Ein ablauffähiges Programm besteht aus Befehlen der Maschinensprache des zugrundeliegenden Prozessors. Man spricht oft vom *Objektkode*, um eine Unterscheidung zu einem Programm in einer höheren Programmiersprache (*Quellkode*) zu haben. Ein Programm ist statisch, und erst durch seine Abarbeitung entsteht etwas Dynamisches, nämlich ein Prozeß. Anschaulich entspricht einem Prozeß die Wanderung des Befehlszählers durch ein Programm. Ein Betriebssystem heißt *multitaskingfähig*, wenn es in der Lage ist, so wie zum Beispiel UNIX, mehrere Prozesse gleichzeitig zu verwalten.

Parallele Prozesse entstehen dadurch, daß, zum Beispiel durch die Verwendung mehrerer Prozessoren, mehrere voneinander unabhängige Befehlszähler eingerichtet werden. Von *Pseudoparallelität* spricht man, wenn das Vorhandensein mehrerer Befehlszähler von der Software durch einen Prozeßwechsel vorgetäuscht wird.

Ein Programm kann zu mehreren Prozessen führen, weil es gleichzeitig mehrfach abgearbeitet werden kann. Als Anwendungsbeispiel denke man an einen Editor, dessen Programm mehreren Benutzern gleichzeitig zur Verfügung steht. Auf der anderen Seite kann ein (und derselbe) Prozeß erst das eine Programm abarbeiten, dann ein anderes. UNIX beispielsweise benutzt dies (mit dem exec()-Befehl) unter anderem im Rahmen der Erzeugung neuer Prozesse (vgl. Abschnitt 4.2).

Es ist bereits gesagt worden, daß ein Prozeß ein Programm in der Ausführung ist. Genauer besteht ein Prozeß aus dem ablauffähigen Programm mitsamt der zugehörigen Speicherbelegung (Core-Image) und aus Angaben über die Umgebung (vgl. Kapitel 4) und den erreichten Zustand der Abarbeitung des Programms. Die Speicherbelegung spiegelt wider, daß ein Programm in natürlicher Weise in folgende Teile zerfällt, die unter UNIX *Regions* genannt werden:

- Text-Region	:	Das Programm, der Programmkode;
- Data-Region	:	Globale Variablen und dynamisch verwaltete Speicherplätze;
- Stack-Region	:	Rückkehradressen, lokale Variablen und Parameter.

Dazu kommen bei bestimmten Anwendungen Shared-Memory-Regions. Das sind Speicherplätze, die ein Prozeß gemeinsam mit anderen Prozessen benutzt (vgl. Abschnitt 7.2). Beispiele für Angaben über die Umgebung und über den erreichten Zustand der Abarbeitung des Programms sind:

- der Adreßraum des Programms im Speicher;
- der Adreßraum des Programms auf einer Festplatte;
- die Inhalte aller CPU-Register (insbesondere des Befehlszählers);
- der Prozeßzustand (STATE) (siehe nächste Seite);
- die bislang verbrauchte Zeit (TIME);
- die Prozeßkennung (PID);
- der Programmname (COMMAND);
- die Benutzerkennung (UID);
- das zugehörige Terminal (TTY).

Prozeßtabelle

Ein Betriebssystem, wie zum Beispiel UNIX, verwaltet Prozesse mit Hilfe einer Prozeßtabelle. Abbildung 1.3 veranschaulicht diesen Sachverhalt.

PID	UID	STATE	COMMAND	TTY	
0	0	sleep	swapper	xxx	...
...	...	...	...	...	...
25017	1025	run	ps -axl	032	...
...	...	...	...	...	...

Abb. 1.3: Prozeßtabelle

Jede Zeile dieser Tabelle beschreibt einen Prozeß. Die Spalten entsprechen den Attributen, den beschreibenden Merkmalen eines Prozesses. Das UNIX-Shell-Kommando ps mit seiner Vielzahl von Optionen gibt einen Einblick in den gerade aktuellen Inhalt der Prozeßtabelle. Das Betriebssystem stellt Mechanismen bereit, um die Verwaltung von Prozessen zu unterstützen, insbesondere um sie zu erzeugen und zu beenden. Unter UNIX sind das u.a. die Systemaufrufe fork() und exec() zur Prozeßerzeugung und exit(), um einen Prozeß zu beenden. Ein Prozeß hat eine Lebensdauer. Er lebt solange, bis sein Kode, der mehrere Programme umfassen kann, abgearbeitet ist. Im Verlauf seiner Existenz kann er verschiedene Zustände annehmen. Im wesentlichen sind es die folgenden:

- Laufend (running):
  Der Prozeß benutzt gerade die CPU.

- Blockiert (blocked, sleeping):
  Er wartet darauf, daß ein externes Ereignis eintritt, z.B. daß ein Ein- oder Ausgabevorgang beendet ist.

- Laufbereit (ready):
  Er wartet auf die CPU.

Zwischen den Zuständen sind nur ganz bestimmte Übergänge möglich (Abbildung 1.4). Beispielsweise kann ein blockierter Prozeß, der auf ein Ereignis wartet, nicht unmittelbar in den Zustand *laufend* gelangen. Wenn das Ereignis, auf das er gewartet hat, eingetreten ist, kommt er in den Zustand *laufbereit*. Ein Teil des Betriebssystems, der Scheduler, wählt aus den laufbereiten Prozessen denjenigen aus, der als nächster die CPU bekommen, also *laufend* werden soll.

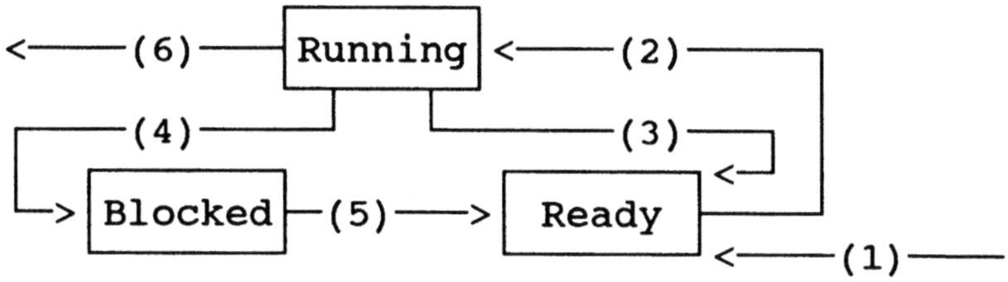

(1) Der Prozeß wird erzeugt;
(2) der Scheduler gibt ihm die CPU;
(3) der Scheduler nimmt ihm die CPU weg;
(4) er muß auf ein externes Ereignis warten;
(5) das externe Ereignis ist eingetreten;
(6) der Prozeß wird beendet.

Abb. 1.4: Prozeßzustandsübergänge

Bei einer Vielzahl von Aufgabenstellungen können Programme entwickelt werden, die die Prozeßorientierung eines Betriebssystems ausnutzen, indem aus ihnen parallel bearbeitbare Prozesse entstehen, die gemeinsam, kooperativ, die Aufgabe lösen. In vielen Fällen wird durch eine solche *parallele Modularisierung* die Aufgabenstellung strukturell einfacher und die Laufzeit der Programme erheblich verringert. Eine Vertiefung dieser Überlegungen erfolgt im sechsten Kapitel, das parallele Prozesse zum Inhalt hat.

Synchronisation, Kommunikation

Prozesse, die gemeinsam eine Aufgabe lösen sollen, müssen in der Lage sein, miteinander zu kommunizieren. Sie müssen zumindest in der Lage sein, sich zu synchronisieren. Man denke an zwei gleichzeitige (parallele, miteinander konkurrierende) Zugriffe auf einen Drucker. Synchronisation bedeutet anschaulich, daß ein Prozeß wartet, bis ein anderer Prozeß an einem bestimmten Punkt seiner Abarbeitung, bei einem bestimmten Ereignis, angekommen ist. Erst dann arbeitet er weiter. Unter UNIX gibt es für die Synchronisation von Prozessen:

- Sperrdateien (Lock-Files),
- Dateisperren (File-Locking),
- den exit()-wait()-Mechanismus am Prozeßende,
- Signale zwischen Prozessen und
- Semaphore.

Ein Datenaustausch zwischen Prozessen erfolgt entweder über den Hauptspeicher oder über das Dateisystem oder über beide. Folgende Methoden der Interprozeßkommunikation sind weit verbreitet und werden zusammen mit den oben genannten Synchronisationsmechanismen im siebten Kapitel vertieft:

- Shared-Memory,
- Pipes und
- Message-Passing.

Sowohl bei den Synchronisationsmechanismen als auch beim Datenaustausch war stillschweigend vorausgesetzt worden, daß die zugehörigen Prozesse sich alle auf genau einem Rechner befinden. Zwar sind Prozesse lokal, jedoch läßt sich das Prozeßmodell sehr einfach auf Rechnernetze abbilden. Bei dieser Abbildung ist ein Prozeß zu einem bestimmten Zeitpunkt genau einem der Rechner zugeordnet.

Sockets

Interprozeßkommunikation in einem Rechnernetz benötigt rechnerübergreifende Methoden. Aus der UNIX-Entwicklung an der Universität von Berkeley in Kalifornien stammt der Begriff Socket. Er steht für eine Übertragung der oben genannten Methode der Pipes über Rechnergrenzen hinweg. Sockets sind in den Kern des UNIX-Betriebssystems integriert worden; erst nur in den Versionen der Universität von Berkeley, später auch im System-V der Firma AT&T (American Telephone and Telegraph) (vgl. Abschnitt 4.2). Im siebten Kapitel werden Sockets ausführlich behandelt.

1.2 Prozessor-Architektur

Die im letzten Abschnitt kurz vorgestellten von Neumann-Rechner haben im wesentlichen zwei Schwachstellen, die unter den Schlagwörtern *von Neumann-Flaschenhals* und *semantische Lücke* bekannt sind.

Von Neumann-Flaschenhals

Der von Neumann-Flaschenhals entsteht dadurch, daß die CPU, um einen Befehl oder ein Datum bearbeiten zu können, diesen oder dieses erst aus dem Speicher holen muß. Dazu muß vorher seine Adresse bestimmt und übertragen werden. Ein Teil der CPU-Leistung fließt in die Adreßberechnung, und ein Teil der Übertragung besteht aus Adressen und nicht aus den eigentlich benötigten Informationen. Der Flaschenhals entsteht dadurch, daß Befehle und Daten über den selben Bus übertragen werden.

Semantische Lücke

Zwischen den Konzepten einer höheren Programmiersprache, wie zum Beispiel Pascal, und denen einer Maschinensprache eines Prozessors besteht eine Diskrepanz, die als semantische Lücke bezeichnet wird. Höhere Programmiersprachen arbeiten mit Blöcken, Funktionen und Prozessen. Sie enthalten Sprachelemente wie *if*, *case*, *while*, *for*, usw. Diese Konzepte müssen in Befehlsfolgen der jeweiligen Maschinensprache mit einer Vielzahl von LOAD-, MOVE-, ADD-, STORE- und JUMP-Befehlen übersetzt werden. Dazu kommt die Unstrukturiertheit des Hauptspeichers. Der Speicher ist eine Bitfolge, die sich durch die Adressierung meist als Bytefolge darstellt. Höhere Programmiersprachen arbeiten jedoch mit Gebilden wie Integer- und Realzahlen, Arrays, Records u.ä. Diese Datenstrukturen sind auf den unstrukturierten Speicher abzubilden. Sowohl bezüglich der Programm- als auch bezüglich der Datenstrukturen klafft zwischen den höheren Programmiersprachen und den Maschinensprachen eine semantische Lücke.

Klassifikation von Flynn

Gegen die Schwachstellen der von Neumann-Architektur wird prinzipiell dadurch angekämpft, daß die Hardware um nicht unbedingt notwendige Komponenten erweitert wird. Eine wegen ihrer großen Einfachheit nicht unumstrittene [GOO89] [GIL81] Klassifikation von Rechnerarchitekturen stammt von Flynn [FLY66] und benutzt die Wahrheitswerte der folgenden beiden Aussagen:

[1] Die Maschine bearbeitet in einem gegebenen Zeitpunkt mehr als einen Befehl.

[2] Die Maschine bearbeitet in einem gegebenen Zeitpunkt mehr als ein Datum.

Dies führt auf folgende Architekturbegriffe.

Wahrheitswerte [1]	[2]	Architektur	
0	0	SISD	Single Instruction, Single Data
0	1	SIMD	Single Instruction, Multiple Data
1	0	MISD	Multiple Instruction, Single Data
1	1	MIMD	Multiple Instruction, Multiple Data

Die von Neumann-Rechner bilden die SISD-Klasse. Die MISD-Klasse wird meist als leer angegeben [GOO89]. Zwar kann man sich im Bereich von Datenbankmaschinen Situationen vorstellen, wo ein einziger Datenstrom von mehr als einem Suchwerk bearbeitet wird, aber das ist zu speziell, um daraus eine Architekturklasse abzuleiten. Innovative Ansätze finden sich demnach nur bei SIMD- und MIMD-Rechnern. In die letztgenannte Klasse gehören alle Multiprozessorsysteme einschließlich der Rechnernetze. Das zweite Kapitel vertieft die Betrachtungen über Multiprozessor-Systeme.

Maßnahmen zur Überwindung der Schwächen der von Neumann-Architektur können dieses Architekturmodell verbessern oder es verlassen. Eine Vertiefung der Entwicklungen, die die von Neumann-Architektur verlassen (Datenflußmaschinen, Logikmaschinen, Neuronale Netze, ...), ist im Rahmen dieses Buches nicht möglich. Hier kann nur auf die Literatur [GOO89] verwiesen werden.

Register

Maßnahmen, die die von Neumann-Architektur verbessern, erweitern den Rechner um redundante, um nicht unbedingt notwendige Komponenten. Ein erstes Beispiel stellen Register dar. Das sind Speicherplätze, die einen eigenen Adreßraum bilden. Auf sie kann die CPU schneller zugreifen als auf den Hauptspeicher.

Bei einer CPU, die keine Register besitzt, hat ein Additionsbefehl in Assemblerschreibweise im Prinzip folgenden Aufbau:

```
ADD Adr1, Adr2, Adr3
```

Die Argumente des Additionsbefehls sind Speicheradressen. Dabei stehen beispielsweise auf Adr1 und Adr2 die beiden Summanden und Adr3 nimmt die Summe auf. Der Befehl wird in sechs Teiloperationen abgearbeitet. Vier davon sind Speicherzugriffe und mit einem Sternchen (*) markiert. Der Pufferungsmechanismus im Prozessor soll hier nicht problematisiert werden [GIL81].

* 1: Befehl holen und puffern;
   2: Befehl dekodieren;
* 3: Summand 1 von *Adr1* holen und puffern;
* 4: Summand 2 von *Adr2* holen und puffern;
   5: Addition ausführen und Ergebnis puffern;
* 6: Ergebnis nach *Adr3* schreiben.

Bei vielen Prozessoren mit Registern ist eines davon ausgezeichnet. Man nennt es *Akkumulator* oder kurz *Akku*. Mit ihm ist eine bestimmte Funktionalität einiger Maschinenbefehle verbunden. Beispielsweise braucht man bei einem Additionsbefehl den Akku nicht explizit anzugeben, er wird automatisch benutzt. In der Regel wird der Inhalt einer Speicherstelle auf den Akku-Inhalt addiert. Eine dafür typischer Befehl hat folgendes Aussehen:

```
ADD Adr
```

Er wird folgendermaßen abgearbeitet:

* 1: Befehl holen und puffern;
   2: Befehl dekodieren;
* 3: Summand 2 von Adresse *Adr* holen und puffern;
   4: Addieren (Summand 1 steht im Akku).

Durch die Addition wird der Inhalt des Akkus mit dem Ergebnis der Addition überschrieben. Jetzt werden nur noch zwei Speicherzugriffe (das sind wieder die mit dem Sternchen markierten Zeilen) benötigt. Allerdings ist bei dem hier durchgeführten Vergleich weder das Laden des Akkus vor, noch das Speichern des Ergebnisses nach der Addition berücksichtigt worden. Die Verminderung der Zahl der Speicherzugriffe macht sich nur bemerkbar, wenn es gelingt, Werte für mehrere Operationen im Akku, allgemeiner in einem Register, zu halten. Die in Programmen häufig vorkommenden Zählvorgänge sind dafür besonders günstig. So bietet es sich beispielsweise bei der Umsetzung von Schleifen der Art

```
for (i von 1 bis 1000) { führe eine Aktion durch }
```

geradezu an, den Wert der Variablen i in einem Register zu halten, anstatt ihn ständig zwischen Hauptspeicher und Register hin und her zu übertragen.

Cache

Ein Cache (Versteck) besteht aus Speicherplätzen und einer speziellen, autonomen Logik (Hardware). Die Speicherplätze eines Caches sind in der Regel in ihrem Zugriffsverhalten langsamer als Register, aber schneller als der Hauptspeicher. Ein Cache ist teurer als ein Hauptspeicher, jedoch billiger als das Einbringen von Registern in die CPU. Die spezielle Logik versorgt den Cache aus dem Hauptspeicher mit den Programmbefehlen (Befehlscache) oder Daten (Datencache), die als nächstes zur Verarbeitung erwartet werden. Abbildung 1.5 zeigt die Position des Caches in der Hierarchie der Speicher einer Rechenanlage.

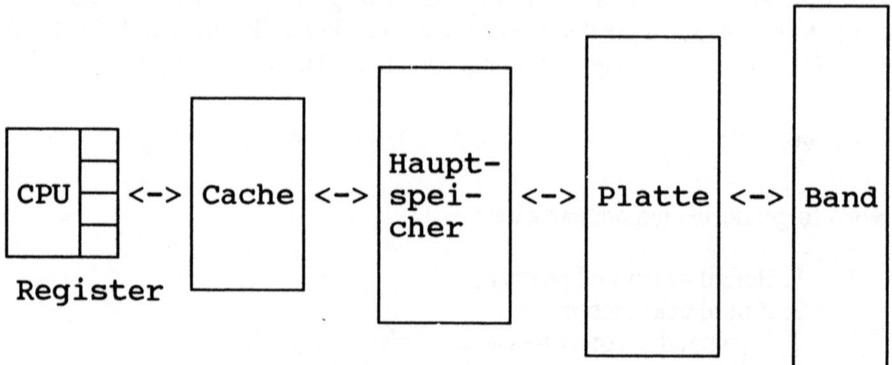

Abb 1.5: Der Cache in der Speicherhierarchie

Die Wirksamkeit eines Caches, der verglichen mit dem Hauptspeicher klein ist, hängt ganz wesentlich von der Art der Programme und der Daten ab. Muß der Cache ständig neu geladen werden, verliert er seine Wirksamkeit und kann wegen der hohen Zahl der Speicherzugriffe ins Gegenteil umschlagen.

Vektorparallelität

Bei einer weiteren Technik zur Verbesserung der von Neumann-Architektur werden Hardwarefunktionen (Baugruppen) in voneinander unabhängige Teile zerlegt und diese hintereinandergeschaltet. Die Ausgabe der einen Teilfunktion wird Eingabe der nächsten. Ein solches *Fließband* (Pipeline) kann auf unterschiedlichen Ebenen eingerichtet werden. Die damit erreichte Parallelität wird Vektorparallelität genannt. Die zugehörigen Rechner heißen *Vektorrechner*. Der Begriff wird deutlich, wenn man das Fließbandprinzip am Beispiel einer Vektoraddition betrachtet. Der folgende Auszug aus einem C-Programm (vgl. Abschnitt 4.1) zeigt die komponentenweise Addition der beiden N-stelligen Vektoren a und b zu einem Vektor c. Der Indexbereich geht von 0 bis N-1; die Komponenten sind Realzahlen (*float* in C).

```
float a[N], b[N], c[N];
for (i=0; i<N; i++) c[i] = a[i] + b[i];
```

Die konkrete Berechnung erfordert die N-malige Durchführung folgender voneinander unabhängiger Einzelschritte:

1. Aus a und i wird die Adresse von a[i] berechnet.
2. a[i] wird aus dem Speicher geholt.
3. Aus b und i wird die Adresse von b[i] berechnet.
4. b[i] wird aus dem Speicher geholt.
5. a[i] und b[i] werden addiert.
6. Aus c und i wird die Adresse von c[i] berechnet.
7. c[i] wird in den Speicher gebracht.

Eine Pipeline aus sieben Teilfunktionen, je eine für jeden der genannten Einzelschritte, unterstützt die Vektoraddition. Eine Momentaufnahme könnte zum Beispiel zeigen, daß die Teilfunktion 3 der Pipeline aus b und dem Index 2 (willkürlich gewählt) die Adresse von b[2] berechnet, während gleichzeitig die Teilfunktion 2 den Wert a[3] aus dem Speicher holt und die Teilfunktion 1 aus a und dem Index 4 die Adresse von a[4] berechnet. Anschaulich wird jede der N Komponentenadditionen c[i]=a[i]+b[i] auf dem Fließband an den Teilfunktionen vorbeigeschoben und von ihnen bearbeitet. Im günstigsten Fall können sieben Komponenten des Vektors c gleichzeitig in Berechnung sein. Abbildung 1.6 zeigt das schrittweise Füllen der Pipeline. Die Spalten entsprechen den (sieben) Komponenten.

1.	2.	3.	4.	5.	6.	7.
Adr. von a[0] ber.						
Adr. von a[1] ber.	a[0] holen					
Adr. von a[2] ber.	a[1] holen	Adr. von b[0] ber.				
Adr. von a[3] ber.	a[2] holen	Adr. von b[1] ber.	b[0] holen			
Adr. von a[4] ber.	a[3] holen	Adr. von b[2] ber.	b[1] holen	a[0] und b[0] add.		
Adr. von a[5] ber.	a[4] holen	Adr. von b[3] ber.	b[2] holen	a[1] und b[1] add.	Adr. von c[0] ber.	
Adr. von a[6] ber.	a[5] holen	Adr. von b[4] ber.	b[3] holen	a[2] und b[2] add.	Adr. von c[1] ber.	c[0] schreiben
...	...	...	...	...	...	...

Abb. 1.6: Vektorparallelität

Das Beispiel mit der Vektoraddition sollte lediglich das Fließbandprinzip deutlich machen. Eine allgemeine Anwendung findet sich bei der Befehlsabarbeitung in einem Prozessor, die im Prinzip aus folgenden voneinander unabhängigen Schritten besteht:

1. Befehl aus dem Hauptspeicher holen;
2. Befehl dekodieren;
3. Operand holen;
4. Befehl ausführen;
5. Ergebnis speichern.

Bei einer Pipeline aus fünf entsprechenden Komponenten können im günstigsten Fall fünf Befehle gleichzeitig abgearbeitet werden. Da bei einer Fließbandarchitektur, wie gezeigt, zeitlich überlappend mehrere Daten in Bearbeitung sein können, werden Vektorrechner in die SIMD-Klasse eingeordnet. Bekannte Vertreter dieser Rechnerklasse sind der Supercomputer CRAY-1 (1978) und die Anlage CYBER 200 (Control-Data-Corporation, 1979). Die $n*10^7$ FLOPS (Floating-Point-Operations-Per-Second) des CRAY-1 werden von seinen Nachfolgern weit übertroffen. Inzwischen ist die Pipelinetechnik bis in die Prozessoren vorgedrungen.

Arrayparallelität

Zur Klasse der SIMD-Rechner gehören auch Spezialrechner mit genau einer Steuereinheit und n Rechenwerken (ALUs: Arithmetic and Logic Units). Man spricht von Arrayparallelität (Abbildung 1.7).

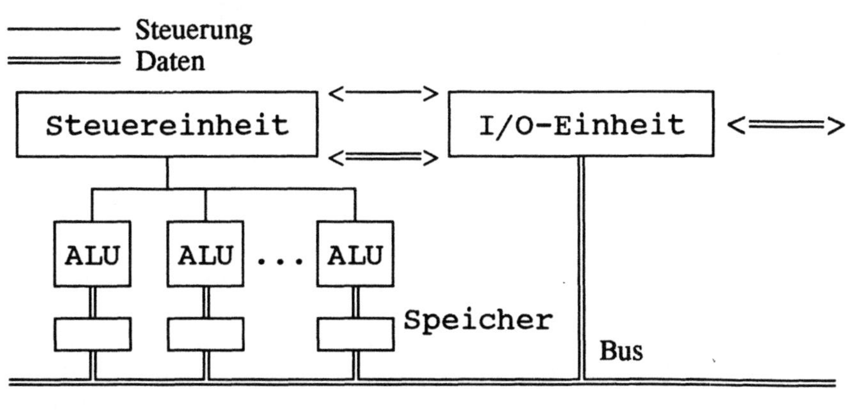

Abb. 1.7: Arrayparallelität

Die Steuereinheit veranlaßt, daß die Speicher der einzelnen Rechenwerke mit Daten geladen werden. Dann wird auf allen Rechenwerken der gleiche Befehl ausgeführt. Ausgangspunkt dieser Entwicklung war die digitale Bildverarbeitung. Die Digitalisierung eines Bildes erzeugt eine Matrix von Zahlen. Dann wird mit allen diesen Zahlen die gleiche Operation durchgeführt, wie beispielsweise bei einer geometrischen Transformation oder bei der Prüfung eines Schwellwertes. Beispiele für Rechner mit Arrayparallelität sind die Systeme ILLIAC IV (1970) und CYBER 74 (CDC 6600, 1972).

RISC-Maschinen

Die Begriffe CISC (Complex-Instruction-Set-Computer) und RISC (Reduced-Instruction-Set-Computer) beziehen sich auf die Art und den Umfang des Befehlsvorrats eines Rechners. Als Beispiel für einen komplexen Befehl denke man an eine Stringmanipulation, die eine Zeichenkette von einem Speicherbereich in einen anderen überträgt und dabei Prüfungen und gegebenenfalls Ersetzungen vornimmt. Dagegen ist das Laden des Akkumulators mit einem Wert aus dem Hauptspeicher (LOAD Adr) ein einfacher Befehl.

Ein CISC-Rechner wie beispielsweise eine DEC-VAX11/780 hat etwa 300 Befehle, ein RISC-Rechner kommt mit etwa 50 bis 100 aus. Bei Transputern, das sind von der englischen Firma INMOS hergestellte RISC-Prozessoren, sind die (drei) Register hardwaremäßig als Stack (Kellerspeicher) ausgebildet. Bei einem Stack werden die zu speichernden Datenelemente in der Reihenfolge ihres Eintreffens abgelegt, wobei immer nur auf das jeweils neueste Element zugegriffen werden kann. Es kann entfernt oder alternativ kann ihm ein noch neueres Element vorangestellt werden. Das führt sinngemäß zu folgenden Befehlsfolgen. (In jeder Zeile leitet ein Semikolon einen Kommentar bis zum Zeilenende ein.)

```
LOAD Adr1          ; Speicher   -> Stack
LOAD Adr2          ; Speicher   -> Stack
ADD                ; Stack      -> Stack
STORE Adr3         ; Stack      -> Speicher
```

Die Entwicklung von RISC-Architekturen wurde durch Untersuchungen von Befehlshäufigkeiten bei der Ausführung von Programmen unterstützt. Die Untersuchungen [GOO89] zeigen, daß in Programmen bestimmte Befehle und bestimmte Konstanten wesentlich häufiger angesprochen werden als andere.

Ein Auszug aus einer von van de Goor angegebenen Zusammenstellung [GOO89] der Ergebnisse von Experimenten mit Programmen in den Programmiersprachen FORTRAN und Pascal zeigt die folgende prozentuale Verteilung des Ansprechens von Anweisungen, Operanden und Konstanten. Alle nicht angegebenen Sprachelemente kommen wesentlich seltener vor.

FORTRAN-Anweisungen:		Pascal-Anweisungen:	
Wertzuweisung	-> 41 %	Wertzuweisung	-> 37 %
IF	-> 14 %	call (Prozedur)	-> 31 %
GOTO	-> 13 %	if	-> 19 %

Operanden:	Konstanten	-> 40 %
	Variablen	-> 35 %
	Array-Elemente	-> 9 %

Konstanten:	16-255	-> 27 %
	0	-> 24 %
	3-15	-> 21 %
	1	-> 19 %
	>255	-> 5 %
	2	-> 4 %

RISC-Architekturen sollen diesen Untersuchungen Rechnung tragen. Ihre Befehle sind sehr einfach aufgebaut, um möglichst einen Befehl pro Maschinenzyklus abarbeiten zu können. Oft sind die Prozessoren registerintensiv und verfügen über 256 und mehr Register. Man beachte, daß daraus wiederum Probleme beim Prozeßwechsel entstehen, der zeitintensiv werden kann.

Nahezu alle Hersteller haben inzwischen RISC-Maschinen in ihrem Angebot. Beispiele sind:

- IBM RT PC,
- IBM RISC System/6000,
- HP Spectrum,
- Intel 80960,
- INMOS Transputer.
- Sun Sparc-Prozessor und
- Mips R3000.

Übungen

1.1 Wodurch wird die sequentielle Arbeitsweise eines von Neumann-Rechners verursacht?

1.2 Wie heißt die Datenstruktur, mit deren Hilfe ein Betriebssystem Prozesse verwaltet? Nennen Sie drei Prozeßattribute.

1.3 Welche der folgenden Prozeßzustandsübergänge sind zulässig?

- o Von Running nach Ready;
- o von Running nach Blocked;
- o von Blocked nach Running.

1.4 Welche zwei Schwachstellen der von Neumann-Architektur sind besonders kritisiert worden?

1.5 Welche der Architekturklassen von Flynn wird als leer angesehen? Können Sie sich eine Anwendung vorstellen, bei der eine solche Architektur wenigstens teilweise Sinn machen würde?

1.6 Durch welche Maßnahme wird Vektor-, durch welche Array-Parallelität erreicht?

1.7 Wie groß ist die Zahl der Maschinenbefehle eines Prozessors?

2 Multiprozessorsysteme

2.1 Enge und lose Kopplung

MIMD-Architekturen (vgl. Abschnitt 1.2) umfassen alle Rechnersysteme, bei denen die Maschine in einem bestimmten Zeitpunkt an mehr als einem Befehl und an mehr als einem Datenwert arbeitet. In diese Klasse gehören insbesondere Systeme aus autonomen Rechnern, die in der Lage sind, durch Kooperation gemeinsam eine Aufgabe zu lösen.

Enge Kopplung

Prozessoren, die auf einen gemeinsamen Hauptspeicher zugreifen und eine gemeinsame Zeitablaufsteuerung benutzen, heißen eng gekoppelt. Um den jetzt möglichen gleichzeitigen Zugriff von Prozessoren auf den gemeinsamen Speicher zu koordinieren, bedarf es einer Speicherzugriffskontrolle (Abbildung 2.1).

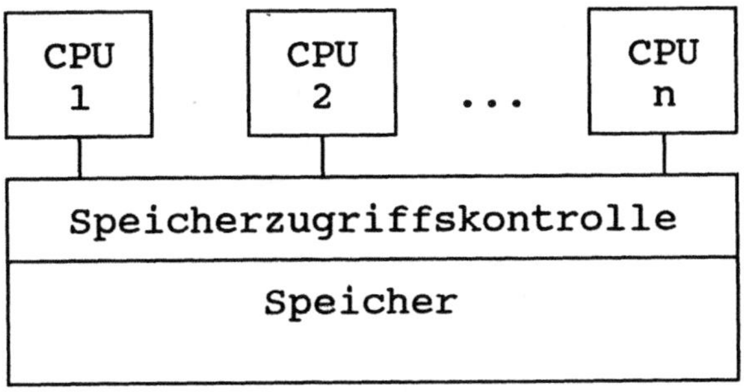

Abb. 2.1: Speicherzugriffskontrolle

Die Speicherzugriffkontrolle führt zu einer Einbuße an Leistung. Man betrachte dazu die gleichzeitige Abarbeitung von zwei identischen Additionsbefehlen der Form

```
ADD Adr1, Adr2, Adr3
```

auf zwei verschiedenen Prozessoren. Die Befehlsabarbeitung besteht aus den folgenden sechs Teilschritten:

h : Befehl holen,
d : Befehl dekodieren,
l1 : Operand von Adresse *Adr1* lesen,
l2 : Operand von Adresse *Adr2* lesen,
a : Operanden addieren,
s : Ergebnis nach Adresse *Adr3* schreiben.

Die gleichzeitige Befehlsabarbeitung wird durch die Speicherzugriffskontrolle (wait) beeinträchtigt. So könnte sich folgender Verlauf einstellen:

CPU 1 :	h	d	l1	l2	a	s	-	-	-
CPU 2 :	wait	h	d	wait	l1	wait	l2	a	s

Auf einer einzigen CPU hätte man für die beiden Befehle bei sequentieller Ausführung 12 (6 + 6) Teilschritte benötigt. Bei paralleler Ausführung sind es insgesamt 9 Teilschritte. Die Verbesserung ist nicht so gut wie vielleicht erwartet. Das liegt an der Sperrung des Speichers durch die Speicherzugriffskontrolle. Auch die Verwendung eines Akkumulators verbessert dieses Verhältnis nicht wesentlich. Da auf eine Speicherzugriffskontrolle nicht verzichtet werden kann, bleibt nur der Weg, die Zahl der Speicherzugriffe zu verringern. Dies wird dadurch erreicht, daß jeder Prozessor mit einem lokalen Speicher ausgestattet wird, der neben dem Hauptspeicher existiert (Abbildung 2.2). Ein Beispiel sind die Rechner vom Typ MX500 der Firma SNI (Siemens-Nixdorf-Informationssysteme). Sie sind mit bis zu acht Prozessoren vom Typ NS 32032 (National-Semiconductor) ausrüstbar. In der Beispielkonfiguration des Rechenzentrums der Technischen Fachhochschule Berlin verfügen sie über jeweils sechs Prozessoren mit einem gemeinsamen Hauptspeicher von 8 MB. Jeder Prozessor hat zusätzlich 2 MB lokaler Speicher.

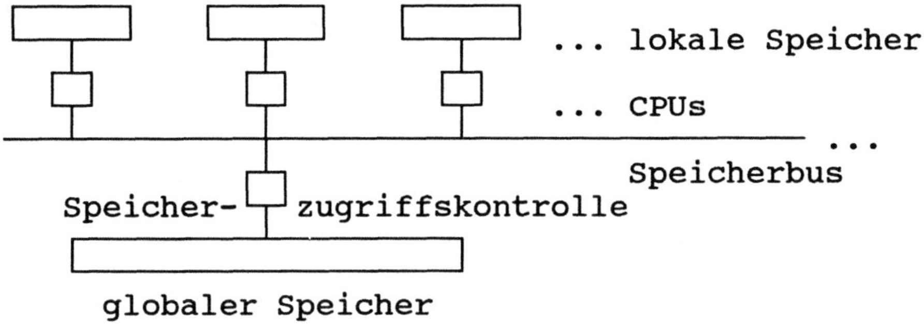

Abb. 2.2: Lokale und globaler Speicher

Lose Kopplung

Gibt es keinen gemeinsamen Hauptspeicher und keine gemeinsame Zeitablaufsteuerung, so nennt man die Prozessoren lose gekoppelt, sofern sie in der Lage sind, untereinander Nachrichten auszutauschen. Rechnernetze sind typische lose gekoppelte Multiprozessorsysteme. Sie sind mit einer Software ausgestattet, die Prozessen auf einem Rechner eine Zusammenarbeit mit Prozessen auf einem anderen Rechner gestattet. Die Software FTP (File-Transfer-Protocol) beispielsweise dient dazu, unter Ausnutzung des Rechnernetzes, Dateien von einem Rechner zu einem anderen zu übertragen (vgl. Abschnitt 5.2).

Verteilte Systeme

Programme, die ein Rechnernetz benutzen, nennt man *Netzsoftware*. Dabei ist die sogenannte *Transparenz* des Netzes ein besonderer Aspekt dieser Software. Man sagt, ein Programm mache ein Rechnernetz transparent (im Sinne von unsichtbar), wenn seine Befehle durch nichts erkennen lassen, daß sie sich möglicherweise nicht auf den lokalen, sondern auf einen fernen Rechner beziehen. Insbesondere gibt es keine Befehlsvorsätze, wie *remote*, oder spezielle Parametrisierungen, die auf Dienstleistungen eines fernen Rechners schließen lassen. Beispielsweise macht der Befehl, mit dem das FTP-Programm gestartet wird, das Netz <u>nicht</u> transparent:

```
--->$ ftp mx303
```

Der Befehl enthält den Namen eines (fernen) Netzrechners und setzt demnach Kenntnisse, das meint man mit der Sichtbarkeit, über das Netz voraus. Auch die folgenden Dienstleistungsprogramme (vgl. Abschnitt 5.2) machen für ihre Benutzer das Netz nicht transparent.

TELNET	Remote-Login (Dialog mit einem fernen Rechner);
RJE	Remote-Job-Entry (Start eines Nicht-Dialogprogramms (Batch) auf einem fernen Rechner);
SMTP	Simple-Mail-Transfer-Protocol (Mailbox-Dienst).

Man spricht von einem *verteilten System*, wenn das Netzwerk für die Anwendung transparent ist. Ein Anwendungsprogramm in einem verteilten System, das beispielsweise eine Datei öffnen möchte, hat keine Kenntnis darüber, ob diese Datei auf dem lokalen oder auf einem fernen Rechner zur Verfügung steht. Von der Anwendung wird die Datei so behandelt, als sei sie lokal. In der Sprache C beispielsweise (vgl. Kapitel 4) wird eine Datei namens abc.txt mit dem Befehl

```
open("abc.txt", ...);
```

geöffnet. open() ist ein Systemaufruf und hat neben dem Dateinamen noch weitere Parameter, die hier jedoch bedeutungslos sind. In einem verteilten System wird dieser Befehl ohne Kenntnis darüber benutzt, ob abc.txt lokal oder fern vorhanden ist. Nicht das Anwendungsprogramm, sondern das den open()-Aufruf umsetzende Programm, das das verteilte System realisiert und logisch Teil des Betriebssystems ist, weiß, wo abc.txt zu finden ist. Eine Möglichkeit, derartige Programme zu implementieren, sind Remote-Procedure-Calls (RPCs), die im Abschnitt 5.4 vorgestellt werden. Beispiele für verteilte Systeme sind:

- Print-Serving;
- File-Serving mit NFS (vgl. Abschnitt 5.4);
- Compute-Serving;
- Display-Serving mit X-Window (vgl. Abschnitt 5.4).

Ein Netzwerk ist in Bezug auf seine Rechner oft nicht homogen. Es kann Personal-Computer, Arbeitsplatzrechner (Workstations), Minicomputer und Großrechner (Mainframes) unterschiedlicher Hersteller mit unterschiedlichen Betriebssystemen enthalten. Die Netzsoftware bzw. die verteilten Systeme müssen diesen Gegebenheiten Rechnung tragen.

2.2 Netzwerkcharakteristika

Netzwerke können durch eine Vielzahl von Attributen charakterisiert werden. Üblicherweise benutzt man

- die Abstände der Prozessoren,
- die Art ihrer Verbindung,
- die Topologie der Vernetzung und
- den nachrichtentechnischen Rahmen, zu dem
    - das Übertragungsmedium,
    - die Übertragungstechnik,
    - die Betriebsart und
    - die Zugriffssteuerung gehören.

WAN und LAN

Eine grobe Einteilung nach den Abständen zwischen den Prozessoren führt auf die Begriffe WAN (Wide-Area-Network) und LAN (Local-Area-Network) (Abbildung 2.3).

Bezeichnung	Entfernung zwischen den Prozessoren
Wide-Area-Network (WAN)	Über 10 km
Local-Area-Network (LAN)	Von 1 m bis 10 km

Abb. 2.3: WAN und LAN

Ein WAN, auch Fernbereichsnetz genannt, hat eine relativ niedrige Datenrate von unter 1 Mb/s ($1024*10^6$ b/s). Zum Beispiel kommt das Datex-P-Netz der Deutschen Telekom (früher: Deutsche Bundespost) auf 64 Kb/s ($64*1024*10^3$ b/s). Ein LAN dagegen arbeitet mit Datenraten von 1 Mb/s aufwärts. Ethernet, ein typisches LAN, wird mit 10 Mb/s betrieben. Mit Glasfasertechnik wird 1 Gb/s ($1024*10^9$ b/s) angestrebt.

Die Einteilung in WAN und LAN ist grob. Häufig werden zwischen diesen beiden noch weitere Netzarten angesiedelt. Als Beispiel seien Metropolitan-Area-Networks (MANs) genannt, deren Ausdehnung sich auf Stadtgebiete beschränkt.

Kanal, Broadcast

Eine logische Verbindung zwischen Rechnern wird als Kanal bezeichnet. Eine Vernetzung kann ein- oder vielkanalig sein. Einkanalig heißt, daß alle Rechner den selben Kanal benutzen. Man spricht auch von einer Broadcast-Fähigkeit. Typisch für diese Verbindungsart sind Bus- oder Funk- (auch Satelliten-) Netze. Vielkanalige Vernetzungen benutzen in der Regel Punkt-zu-Punkt-Verbindungen zwischen den Rechnern. Diese Verbindungen werden durch ihre *Topologie*, d.h. durch die Art und Weise, wie die Rechner physikalisch miteinander verbunden sind, weiter klassifiziert. Die Verbindung der Rechner kann

- vollständig oder teilweise,
- dynamisch oder undynamisch,
- symmetrisch oder asymmetrisch sein.

Bei einer vollständigen Vernetzung ist jeder Rechner mit jedem anderen durch eine Leitung verbunden. Dabei steigt die Zahl der Verbindungsleitungen mit der Zahl der Prozessoren sehr stark an. Bei n Prozessoren werden n*(n-1)/2 Leitungen und n-1 Anschlüsse an jedem Prozessor benötigt. Dynamische Vernetzungen sind konfigurierbar. Zu ihnen gehören Radio- und Satellitenfunk sowie Busverbindungen. Ein *Ring* (Abbildung 1.1) realisiert eine teilweise, symmetrische Rechnerverbindung, die dynamisch oder undynamisch sein kann.

Übertragungsmedium

Je nach Leistungsanforderung, räumlichen und technischen Gegebenheiten und finanziellem Aufwand kommt eine Vielzahl von Übertragungsmedien zum Einsatz. Preiswert sind verdrillte Kupferkabel (Twisted-Pair), deren bekannteste Anwendung das Telefonnetz ist. Teurer sind *Koaxialkabel*; das sind besonders abgeschirmte Kupferleitungen.

Am oberen Ende des Leistungsspektrums liegen die *Lichtwellenleiter* (Glasfaserkabel, FDDI: Fiber-Distributed-Data-Interface), mit denen Datenübertragungsraten von 100 Mb/s bei 1 km Länge erreicht werden. Angestrebt wird 1 Gb/s. Die Glasfasertechnik ist nicht einfach zu handhaben. Problematisch sind insbesondere Verbindungen von Glasfasern.

Unter dem Begriff *Erdfunk* werden Radio-, Mikro-, Infrarot- und Laserwellen zusammengefaßt. Eingesetzt werden sie häufig dort, wo landschaftliche Gegebenheiten den Einsatz anderer Vernetzungsmedien nicht gestatten oder sehr erschweren. In den verglichen mit den europäischen Ländern großflächigen Landstrichen der Vereinigten Staaten von Amerika hat die Nachrichtenübertragung mittels Erdfunk eine wesentlich größere Bedeutung erlangt als in Europa. Die Deutsche Telekom benutzt Richtfunkstrecken, um im Telefonverkehr größere Entfernungen zu überbrücken. Der Einsatz ist wetterabhängig, die Datenübertragungsrate liegt bei 3 Gb/s und ist in dieser Höhe erforderlich, um der Vielzahl der Anforderungen (Sprache, Daten), die über diesen einen Kanal gehen, gerecht zu werden. Im Rahmen der Automatisierungstechnik sind drahtlose Netze (optisch oder elektromagnetisch) häufig als private Netze anzutreffen. Ende 1990 hat die Firma APPLE Funkfrequenzen beantragt, um lokale Netze mit Funk-Datenübertragung und mobilen Stationen aufzubauen. Bei Entfernungen von unter 50 m können dabei Datenübertragungsraten von 10 Mb/s erreicht werden. Beim *Satellitenfunk* dienen geostationäre Satelliten in 36000 km Höhe als Mikrowellen-Verstärker im Weltraum. Ihre Datenübertragungsrate wird auf sogenannte Transponder mit je 50 Mb/s verteilt.

Übertragungstechnik

Eine Bitübertragung kann in ihrem zeitlichen Verlauf (x-Achse) durch eine Rechteckfunktion beschrieben werden. Der y-Wert kodiert das Bit, zum Beispiel direkt durch:

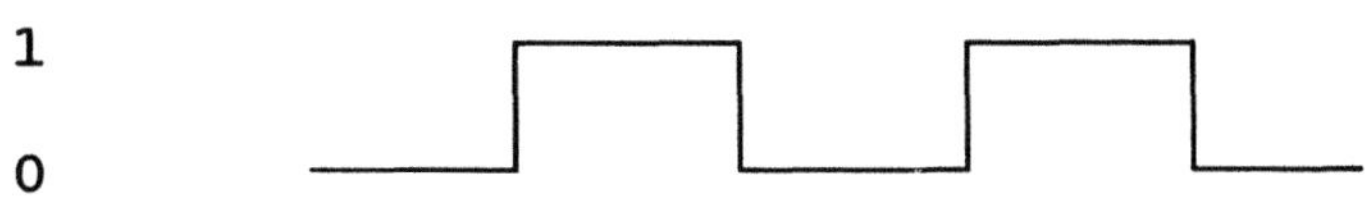

Übertragung: 0 1 0 1 0

Eine weit verbreitete Bitkodierung ist der Manchester-Kode [TAN89], bei dem ein Flankenwechsel der Rechteckfunktion jeweils in die Mitte eines Bits gelegt wird.

Ein solches Verfahren ist vorteilhaft, weil bei einer naiven (direkten) Bitkodierung Anfang und Ende eines Bits bei einer Folge von Einsen oder Nullen nicht erkennbar sind. Beim Manchester-Kode dagegen ist festgelegt, daß eine Eins durch einen Wechsel von einem hohem Niveau (Spannung) zu einem tiefen und eine Null durch einen Wechsel von einem tiefen Niveau zu einem hohen beschrieben wird (Abbildung 2.4). Damit kann die Rückgewinnung des Taktes sichergestellt werden.

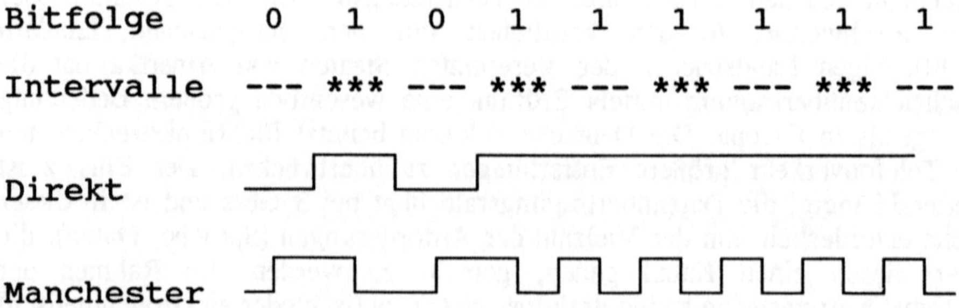

Abb. 2.4: Manchester-Kodierung.

Die Übertragungstechnik unterscheidet *digitale* und *analoge* Netze. Bei der digitalen Übertragung gibt es nur ein einziges Übertragungssignal. Es entspricht direkt der oben genannten Rechteckfunktion. Man spricht von einem *Basisband*. Bei der analogen Technik wird eine Sinusfunktion als Träger der Bitkodierung übertragen. Die Kodierung der Bits erfolgt durch Modulation der Amplitude, der Frequenz oder der Phase dieser Funktion. Man spricht von einer *Breitband*-Übertragung, weil mehrere Übertragungskanäle gleichzeitig vorhanden sind. Bekannte Beispiele für analoge Netze sind das Telefon- und das Telex-Netz der Deutschen Telekom. Die Analogtechnik ist relativ aufwendig. Sie benötigt Modems (Modulatoren-Demodulatoren) und Verstärker und ist teuer in Unterhalt und Wartung. Verglichen mit der Analogtechnik ist die Digitaltechnik einfacher zu handhaben. Beispiele für digitale Übertragungen sind Ethernet (vgl. Abschnitt 3.4) und das *dienste-integrierende digitale Netzwerk* ISDN (Integrated-Services-Digital-Network) der Deutschen Telekom.

Betriebsart

Die Datenübertragung auf einem Medium kann auf mehrere Arten betrieben werden. Sie kann

- Seriell : Bit für Bit nacheinander oder
  Parallel : z.B. 32 Bits gleichzeitig;

- Simplex : nur in einer Richtung oder
  Halbduplex : abwechselnd in je einer Richtung oder
  Duplex : gleichzeitig in beiden Richtungen;

- Synchron : mit gemeinsamer Zeitablaufsteuerung oder
  Asynchron : zeitlich entkoppelt

erfolgen. Asynchrone Protokolle benutzen ein *Handshake*-Verfahren, das in der in Abbildung 2.5 angegebenen Version drei Leitungen benötigt. Bei ihm wird zuerst vom Sender das Datenbit auf die Data-Leitung gelegt und anschließend eine 1 auf die Data-Ready-Leitung. Dies signalisiert dem Empfänger, daß die Data-Leitung abgegriffen werden kann. Nach dem Abgriff des Datenbits legt der Empfänger eine 1 auf die Data-Accepted-Leitung. Sobald der Sender die 1 auf der Data-Accepted-Leitung erkennt, wandelt er die 1 auf der Data-Ready-Leitung in eine 0 um. Dies wiederum veranlaßt den Empfänger, die 1 auf der Data-Accepted-Leitung ebenfalls in eine 0 zu wandeln. Jetzt kann der ganze Vorgang von vorn beginnen.

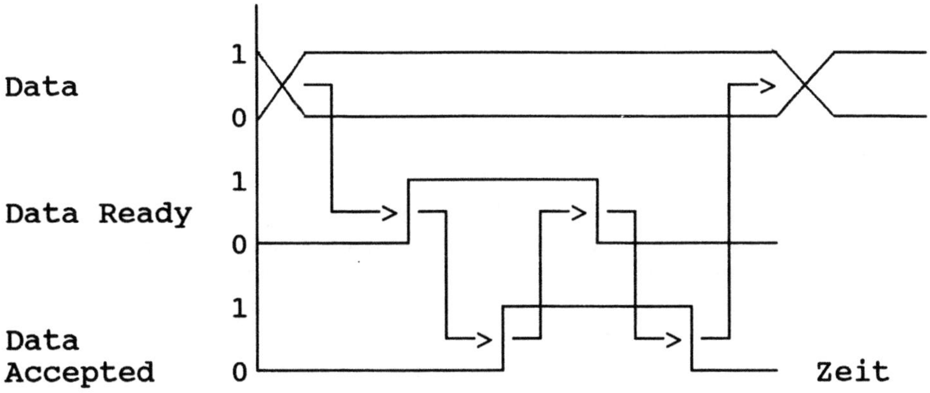

Abb. 2.5: Handshake (Zeitdiagramm)

Zugriffsverfahren

Bei einkanaligen Netzen (Funk, Bus) greifen mehrere Sender gleichzeitig auf das Medium zu. Man unterscheidet *kollisionsbehaftete* und *kollisionsfreie* Verfahren. Etwa ab 1970 wurde an der Universität Hawai ein Rechnernetz auf der Basis von Radiofunk entwickelt [TAN89]. Das dabei eingesetzte kollisionsbehaftete Zugriffsverfahren ist unter dem Namen ALOHA bekannt. Bei diesem Verfahren kann jeder sendewillige Teilnehmer sofort mit dem Senden beginnen. Ist er fertig, wartet er auf eine Bestätigung des Empfängers, ein sogenanntes *Acknowledge*. Bleibt ein Acknowledge über einen festgelegten Zeitraum (Timeout) aus, dann war entweder die eigentliche Sendung oder aber die Bestätigung gestört. Der Sender wiederholt dann seine Sendung, bei ALOHA bis zu sechzehnmal. Das weit verbreitete Ethernet, ein Bus, arbeitet mit einem verbesserten ALOHA-Verfahren. Darauf wird im Abschnitt 3.4 ausführlich eingegangen.

Bei kollisionsfreien Verfahren wird die Zugriffsreihenfolge der Sender geregelt. Beim *Polling* hat ein ausgezeichneter Sender, *Master* genannt, das Senderecht. Er fragt reihum die anderen Sender, die *Slaves* heißen, ob einer von ihnen sendewillig ist, und vergibt dann ein in der Regel zeitlich eingeschränktes Senderecht. Bei den ebenfalls kollisionsfreien *Token-Passing*-Verfahren wandert ein Token, das ist ein spezielles Bitmuster, durch das Netz. Der Rechner, der das Token besitzt, darf senden. Er gibt das Token weiter, wenn er nicht senden will oder mit dem Senden fertig ist.

Ausprägungen des Token-Passing sind die Verfahren *Token-Ring* und *Token-Bus*. Beim Token-Ring bilden die Rechner physikalisch einen Ring, durch den das Token zyklisch wandert. Ein Token-Ring ist ein Netz aus Punkt-zu-Punkt-Verbindungen mit dem Zugriffsverhalten eines einkanaligen Netzes. Beim Token-Bus bilden die Rechner am Bus für die Wanderung des Tokens logisch einen Ring (sie sind zyklisch adressiert). Bei allen Token-Passing-Verfahren sind besondere Maßnahmen für die Fälle zu ergreifen, daß das Token verlorengeht oder daß mehrere Token mit gleicher Bedeutung unterwegs sind. In der Regel gibt es einen Token-Monitor, das ist ein Rechner, genauer gesagt ein Programm auf einem Rechner, das für die Token verantwortlich ist.

2.3 Weite und lokale Netze

Die Begriffe WAN für *weites Netz* und LAN für *lokales Netz* sind bereits am Anfang des Abschnitts 2.2 vorgestellt worden. Dort wurden Netzwerke über die Abstände zwischen den Prozessoren charakterisiert. Weite Netze dienen der Fernkommunikation, wobei es sich fast ausschließlich um öffentliche Netze handelt. Lokale Netze sind häufig auf einen Raum oder ein Gebäude oder auf einen Gebäudekomplex konzentriert. In der Regel sind sie in privater Hand. In vielen Ländern müssen öffentliche Dienste, in Deutschland die der Deutschen Telekom, in Anspruch genommen werden, sobald ein Netz Grundstücksgrenzen überschreitet, wenn beispielsweise eine Straße zwischen zwei Gebäuden überbrückt werden soll. Je nach Entfernung kommen Wählleitungen oder Standleitungen, das sind fest geschaltete Leitungen, zum Einsatz. Die Fernkommunikation überbrückt Stadtteile, Städte, Länder und Kontinente. In ihren Bereich fallen Telefonnetze, Richtfunkstrecken und Satellitenübertragungen. Die Zuständigkeiten sind länderspezifisch geregelt. In den USA gibt es etwa 1600 private Telefongesellschaften [TAN89], in Deutschland ist allein die Deutsche Telekom zuständig. Beispiele für eine öffentliche Fernkommunikation in Deutschland sind das Datex-P-Netz und das sich im Aufbau befindende ISDN.

Bildschirmtext (BTX)

Bildschirmtext ist ein Datenkommunikationsdienst der Deutschen Telekom. Er ist seit 1980 im Einsatz und geht auf ein in den siebziger Jahre in England unter der Bezeichnung Prestel entwickeltes System zurück. BTX kombiniert das Telefon als Datenübertragungseinrichtung mit dem Fernsehgerät als Datensichtstation. Für PCs gibt es entsprechende Einsteckkarten und auch Software-Decoder. In Frankreich sind für einen ähnlichen Dienst eigene kleine und sehr preiswerte Terminals (Minitels) anstelle des Fernsehgerätes im Handel. Bildschirmtext verwendet regional das öffentliche Telefonnetz und überregional Datex-P. Zum Benutzer übertragen werden Texte, Bilder und Daten mit einer Übertragungsgeschwindigkeit von 1200 b/s. Die Übertragung in umgekehrter Richtung ist mit 70 b/s wesentlich langsamer. Benutzer können Informationen von Anbietern abrufen und einen Mailbox-Dienst verwenden. Damit sind Bestellvorgänge im Rahmen des Versandhandels möglich.

Deutsches Wissenschaftsnetz (WIN)

Das Deutsche Wissenschaftsnetz benutzt derzeit das öffentliche Datex-P-Netz. Die Bezeichnung X.25 einer Norm des CCITT (Comité Consultatif International de Télégraphique et Téléphonique, in Genf), der auch die Anschlüsse von Rechnern an das Datex-P-Netz folgen, hat dazu geführt, daß oft vom X.25-Wissenschaftsnetz gesprochen wird. Mitgliedern des Vereins Deutsches Forschungsnetz (DFN-Verein) steht das Deutsche Wissenschaftsnetz derzeit (1991) für eine monatliche Pauschale von

- DM 1500,- mit 9600 b/s (9.6 Kb/s) oder
- DM 5000,- mit 64000 b/s (64 Kb/s) zur Verfügung.

Geplant sind ab Ende 1991 Übertragungsraten von 2 Mb/s. Dienstleistungen des Deutschen Wissenschaftsnetzes sind Remote-Login, File-Transfer und Electronic-Mail. In das europäische Wissenschaftsnetz IXI und in das allgemeine Datex-P-Netz existieren Übergänge, die allerdings durch die oben genannte Pauschale nicht mehr gedeckt sind.

Lokale Netze (LANs)

Lokale Netze haben eine Ausdehnung von höchstens einigen Kilometern. Zwischen ihnen und den weiten Netzen der Fernkommunikation liegen sogenannte Metropolitan-Area-Networks (MANs), das sind stadtgebietsbezogene Netze. Funktional sind sind sie eher den weiten als den lokalen Netzen zuzuordnen. Lokale Netze sind neben der örtlichen Konzentration auf Räume und Häuser oder Gebäudekomplexe insbesondere dadurch charakterisiert, daß im Prinzip allen Benutzern alle Betriebsmittel aller Rechner zur Verfügung stehen. Der Begriff Betriebsmittel umfaßt Hard- und Software. Insbesondere können Rechner eingesetzt werden, die selbst keine eigenen Peripheriegeräte haben, sondern die anderer Rechner benutzen. Ein Beispiel sind Arbeitsplatzrechner (Workstations) ohne Plattenlaufwerke. Weiterhin kann ein lokales Netz relativ einfach erweitert werden und hat eine hohe Datenübertragungsrate von 1 Mb/s bis zum Teil über 100 Mb/s. Häufig gibt es im LAN einige Rechner, die leistungsfähiger sind als die anderen und oft über mehr und höherwertige Peripherie verfügen. Sie werden *Server* (Dienstleistungsrechner) genannt. Ihre Dienstleistung (ihr Service) bezieht sich beispielsweise auf Druckvorgänge (Print-Serving), auf die Datenhaltung (File-Serving) oder auf den Anschluß an andere Netze gleicher oder unterschiedlicher Art (Communication-Serving, Gateways).

Bei LANs wird eine einfache und leicht zu handhabende Übertragungstechnik angestrebt. Erweiterungen des Netzes sollen möglichst vom vorhandenen Bedienungspersonal vorgenommen werden können. Diese Forderung spricht für den Einsatz verdrillter Kupferkabel (Twisted-Pair) oder für Koaxialkabel und gegen den Einsatz von Glasfasertechnik oder von Funkstrecken.

Die Übertragungstechnik in einem LAN kann digital (Basisband) oder analog (Breitband) sein. Mit der Breitband-Technik können mehrere Signale unabhängig voneinander übertragen werden. Allerdings benötigt sie einen höheren Verkabelungs- und Pflegeaufwand als die Basisband-Technik. Derzeit bieten weltweit mehrere hundert Hersteller LANs in jeder gewünschten Technik an. Einige Beispiele sind in Abbildung 2.6 angegeben. Bezüglich der Bezeichnung des Standards sei auf den ersten Abschnitt des direkt folgenden dritten Kapitels hingewiesen.

Standard	Bezeichnung	Technik	Art	Zugriff	Mb/s
IEEE 802.3	Ethernet	Basisband, Breitband	Bus	CSMA/CD	10
IEEE 802.4	Token-Bus	Basisband, Breitband	Bus	Token	1; 5; 10
IEEE 802.5	Token-Ring	Basisband, Breitband	Ring	Token	4; 16

Abb. 2.6: LANs

Weite und lokale Netze treten häufig in Verbindung miteinander auf. Dann ist (wenigstens) einer der Rechner des lokalen Netzes insofern ausgezeichnet, als er auch Rechner im weiten Netz ist. Ein solcher Rechner heißt *Gateway*.

Übungen

2.1 Durch welche Einrichtung entsteht bei einer engen Kopplung eine Leistungseinbuße? Ist die Situation bei einer CPU mit Registern besser?

2.2 Ist der Begriff *verteiltes System* ein Hard- oder ein Softwareaspekt?

2.3 Wie erfährt beim Handshake der Sender, daß der Empfänger das Bit abgelesen hat?

2.4 Was ist Polling?

2.5 Durch welche Eigenschaften sind neben der räumlichen Konzentration LANs charakterisiert?

2.6 Wie werden Rechner bezeichnet, die weite und lokale Netze miteinander verbinden?

3 Netzprotokolle

3.1 Normung

Eine Kommunikation zwischen Rechnern bedarf der Einhaltung gewisser Regeln. So müssen die Steckverbindungen physikalisch zueinander passen, es muß festliegen, was elektrisch unter einem Bit zu verstehen ist und die Kommunikationspartner müssen sich darüber einig sein, wie die auszutauschenden Daten kodiert sein sollen. Offensichtlich sind Absprachen auf einer Vielzahl von Ebenen erforderlich.

Protokolle

Vereinbarungen, die die Art und Weise einer Rechnerkommunikation regulieren, sind in Protokollen beschrieben. Ein Protokoll besteht aus Regeln, Datenformaten und Programmen, die den Datenaustausch zwischen zwei Kommunikationspartnern bestimmen. Erst durch das Einhalten von Protokollen sind *offene Systeme* möglich. Damit ist gemeint, daß Systeme verschiedener Hersteller miteinander kommunizieren können und Benutzer damit unabhängig von Systemen und Herstellern werden.

Normungsgremien

Mit Netzprotokollen sind eine Vielzahl von nationalen und internationalen Gremien befaßt, von denen viele nur Empfehlungen aussprechen können. Bekannte Normungsgremien sind:

ISO
International-Standardization-Organization.

Mitglieder der 1946 gegründeten ISO sind die nationalen Normungsorganisationen der Mitgliedsländer. Für die USA ist ANSI (American-National-Standards-Institute), für Deutschland DIN (Deutsche Industrie-Norm) in der ISO vertreten.

IEEE
Institute for Electrical and Electronic Engineers.

IEEE ist ein nationales (USA) Normungsinstitut für die Bereiche Elektrotechnik und Elektronik. Rechnernetze sind durch IEEE-Normen in ihren elektrischen Eigenschaften betroffen.

CCITT
Comité Consultatif International de Télégraphique et Téléphonique.

Dieses internationale Gremium mit Sitz in Genf trifft Festlegungen zur Telegraphie und zum Telefon. Das wohl bekannteste Beispiel für eine CCITT-Norm ist die V.24-Schnittstelle zwischen einem Endgerät (Terminal) und einem Modem. Entwickelt wurde V.24 unter der Normenbezeichnung RS232 von der EIA, der Electronics-Industry-Association, und dann von CCITT übernommen.

ECMA
European Computer Manufacturers Association.

Auch Verbände von Industrieunternehmen legen Normen fest. Beispielsweise hat ECMA, der Verband europäischer Computerhersteller, eine Ethernet-Spezifikation (CSMA/CD, 10 Mb/s, Basisband) vorgelegt.

IAB, RFC
Internet-Activities-Board, Request for Comments.

Aus Firmenaktivitäten heraus sind pragmatische Normungen entstanden. Ein Teil von ihnen ist im Laufe der Jahre von offiziellen Normungsgremien übernommen worden. Viele sind firmenspezifisch geblieben. Eine sehr bekannte firmenunabhängige pragmatische Normung findet im Bereich der Internet-Protokolle statt. Diese Protokolle werden später ausführlich behandelt. Der Internet-Activities-Board am Stanford-Research-Institute (SRI) gibt Standardisierungsvorschläge heraus, die Requests for Comments (RFC) genannt werden.

3.2 Das ISO-OSI-Referenzmodell

Unter der Bezeichnung Open-Systems-Interconnection (OSI) hat die ISO einen Rahmen geschaffen, in dem konkrete Festlegungen über die Kommunikation in einem Netzwerk getroffen werden können [ISO83]. Konkrete Protokolle unterschiedlicher Hersteller können diesen Rahmen ausfüllen. Man spricht von einem Referenzmodell. Der OSI-Protokoll-Rahmen reicht von physikalischen (Zahl der Steckkontakte) und elektrischen (Darstellung eines Bits) Gegebenheiten bis hin zu der Funktionalität von Dienstleistungen, die dem Anwender zur Verfügung stehen sollen.

Die sieben OSI-Schichten

Das OSI-Referenzmodell ist in sieben Protokollschichten eingeteilt (Abbildung 3.1).

7	Application-Layer	Anwendungsdienste
6	Presentation-Layer	Darstellung
5	Session-Layer	Kommunikationssteuerung
4	Transport-Layer	Transport
3	Network-Layer	Vermittlung
2	Data-Link-Layer	Sicherung
1	Physical-Layer	Bitübertragung

Abb. 3.1: Das ISO-OSI-Referenzmodell

Schichtenmodelle haben sich, durch die Unterstützung von Modularisierungen, nicht nur beim Systementwurf und beim Implementieren bewährt, sondern spielen insbesondere bei der Zusammenarbeit von Systemen eine tragende Rolle. Werden zum Beispiel Rechnernetze miteinander verbunden und gibt es eine Protokollschicht, die in beiden Netzen übereinstimmend ausgeprägt ist, so braucht die von einem Netz auf das andere zu übertragende Information von dem Verbindungsrechner nur bis zu dieser Protokollschicht umgeformt werden.

Eine Nachricht von einer Anwendung zu einer anderen durchläuft beim Sender und beim Empfänger der Reihe nach alle Schichten. Auf dem Weg von der Anwendung zur physikalischen Übertragung wird die Nachricht in jeder Schicht entsprechend umgeformt, gekennzeichnet und eventuell zerlegt (fragmentiert). Als Beispiel denke man an die Übertragung einer größeren Datei, die in Pakete, letztlich in Bits zerlegt werden muß. Beim Empfänger werden auf dem Weg von der physikalischen Übertragung zur Anwendung die eventuell vorhandenen Fragmente wieder zu der ursprünglichen Nachricht (zu der Datei) zusammengesetzt. In Abbildung 3.2 ist ein Sender gezeigt, der mit der Anwendung put (aus dem FTP-Dienst; vgl. Abschnitt 5.2) eine Datei namens a.txt zu einer Anwendung eines Empfängers überträgt. Die Pfeile mit den Doppelstrichen in der Abbildung sollen den logischen Datenfluß symbolisieren.

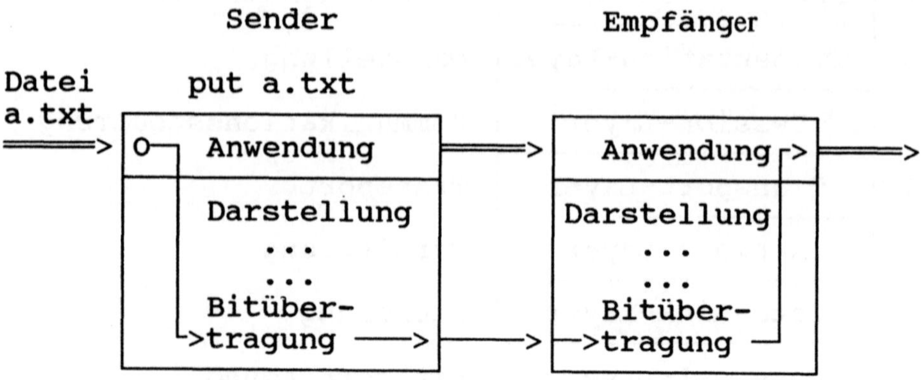

Abb. 3.2: Eine Nachricht von Anwendung zu Anwendung

Jede Schicht (mit der entsprechenden Einschränkung auch die erste und siebte) erbringt Dienstleistungen für die jeweils darüberliegende Schicht, und sie benutzt die Dienste der Schicht unmittelbar unter ihr.

Dadurch können Programme für eine bestimmte Schicht so erstellt werden, als würde unmittelbar eine Schicht-zu-Schicht-Verbindung (Peer-to-Peer) zwischen den Kommunikationspartnern bestehen.

OSI-Schicht 1: Bitübertragung

Die unterste Schicht des OSI-Referenzmodells legt unter anderem das Übertragungsmedium, die Betriebsart und das Zugriffsverfahren fest. Zum Beispiel beschreibt der Standard IEEE 802.3 (identisch mit ISO 8802/3) einen Bus mit Koaxialkabel, synchroner Datenübertragung und einem verbesserten ALOHA-Verfahren. Als Bitkodierung wird ein Manchester-Kode (Abbildung 2.4) mit einem hohen y-Wert von +0.85 Volt und einem niederen mit -0.85 Volt festgelegt (Es handelt sich um Ethernet). IEEE 802.5 beschreibt einen Token-Ring mit verdrillten Kupferleitungen.

OSI-Schicht 2: Sicherung

Die Protokolle der Schicht 1 regeln die physikalische Bitübertragung. Dabei wird nicht geprüft, ob ein als 1 gesendetes Bit auch als 1 empfangen worden ist. Es ist Aufgabe der Schicht 2, die Bitübertragung sicher zu machen. Dazu wird die zu übertragende Bitfolge in Pakete (Rahmen, Frames) zerlegt und mit Kontrollinformationen versehen. Im einfachsten Fall wird ein Parity-Bit hinzugenommen, üblich sind (berechnete) Prüfzahlen. Der Empfänger quittiert einen Rahmen durch das Zurücksenden eines speziellen *Acknowledge*-Rahmens. Damit meldet er den korrekten Empfang oder fordert die Wiederholung der Sendung. Auf der OSI-Schicht 1 war die Kommunikation einseitig. Es gab einen Sender und einen Empfänger. Auf der Schicht 2 werden durch den Acknowledge-Mechanismus beide Partner zu Sendern und Empfängern. Da nicht nur Datenrahmen, sondern auch Acknowledges während der Übertragung gestört werden können, wird in der Kontrollinformation eine Exemplarnummer (Sequence-Number) mitgeführt. Dadurch kann der Empfänger feststellen, ob ein neuer Rahmen gesendet oder ein alter wiederholt worden ist. Bei streng abwechselndem Senden von Datenrahmen und Acknowledges genügt dafür 1 Bit. Beispiele für Protokolle der zweiten OSI-Schicht sind HDLC (High-Level-Data-Link-Control), das Teil der X.25-Protokolle (vgl. den nächsten Absatz) ist, und CSMA/CD (Carrier-Sense, Multiple-Access with Collision-Detection), das bei der synchronen Datenübertragung, unter anderem bei Ethernet, eingesetzt wird.

OSI-Schicht 3: Vermittlung

Die Schichten 1 und 2 befassen sich bit- bzw. paketbezogen mit jeweils zwei zu verbindenden Stationen. In der Vermittlungsschicht wird erstmals das Netzwerk einbezogen. Zum Beispiel wird ein Weg durch das Netz festgelegt, man spricht vom *Routing*. Bei einem Bus ist kein besonderer Weg anzugeben, wodurch das Protokoll vereinfacht wird. Jedoch werden bei jeder Art von Netzwerk in der Vermittlungsschicht zumindest die Adressen der sendenden und der empfangenden Station mit den zu übertragenden Daten verbunden.

In dieser OSI-Schicht kann erstmals entschieden werden, ob die Verbindung zwischen Sender und Empfänger für die nächst höhere Schicht *verbindungsorientiert* (Virtual-Circuit) oder *verbindungslos* (Datagram-Service, Datagramm-Dienst) sein soll. Das ist eine Entscheidung, die noch einmal in der Schicht 4 für die Schichten 5, 6 und 7 zu treffen ist.

Ein Protokoll heißt verbindungsorientiert, wenn wie beim Telefonieren für die Dauer der Kommunikation eine feste Verbindung zwischen den Kommunikationspartnern aufgebaut, aufrecht erhalten und dann wieder abgebaut wird. Damit hat der Benutzer anschaulich die Illusion eines Datenstroms, der auf einem festen Weg durch das Netz fließt. Die zugehörige Software garantiert eine zuverlässige Übertragung.

Man spricht von einem verbindungslosen Protokoll, wenn die einzelnen Pakete, die Datagramme genannt werden, unabhängig voneinander auf möglicherweise verschiedenen Wegen durch das Netz transportiert werden. Dabei wird von manchen Protokollen weder die Zustellung, noch die Beibehaltung der ursprünglichen Reihenfolge der Datagramme garantiert. Das heißt, es ist dann Aufgabe der darüberliegenden Schichten ein Acknowledge-Verfahren abzuwickeln bzw. die Datagramme wieder in die richtige Reihenfolge zu bringen.

Um die physikalisch vorhandenen Leitungen möglichst effizient (durch möglichst viele Teilnehmer gleichzeitig) benutzen zu können, überwiegt bei LANs in der Vermittlungsschicht die verbindungslose Vermittlung. Das sieht allerdings bei höher liegenden Protokollen anders aus. Für die Übertragung einer größeren Datei beispielsweise ist eine verbindungsorientierte Betrachtungsweise durchaus angemessen. Es ist Aufgabe der Protokollsoftware, die entsprechende Umsetzung auf Datagramme tieferer Schichten vorzunehmen.

IP, das Internet-Protocol, ist ein bekanntes und weit verbreitetes verbindungsloses Protokoll der Vermittlungsschicht. Die Empfehlungen unter dem Sammelnamen X.25 des CCITT aus dem Jahr 1974, die von der ISO übernommen worden sind, sind ein Beispiel für ein verbindungsorientiertes Protokoll, das die OSI-Schichten 1, 2 und 3 abdeckt. X.25 legt die Schnittstellen zwischen Datenpaketvermittlungsnetzen wie zum Beispiel Datex-P (der Deutschen Telekom) und paketorientierten, das heißt paketproduzierenden und paketakzeptierenden, Datenendeinrichtungen fest. X.25 benutzt HDLC (High-Level-Data-Link-Control) als Sicherungsprotokoll und eine Norm mit der Bezeichnung X.21 (CCITT) für eine Bitübertragung von maximal 56 Kb/s.

OSI-Schicht 4: Transport

Die OSI-Schichten 1, 2 und 3 beziehen sich auf Rechner als Kommunikationspartner. Auf diesen Rechnern sind jedoch Prozesse aktiv, und diese Prozesse sind die Gesprächspartner auf der nächst höheren Abstraktionsstufe. Auf der Transportschicht werden die Namen der beteiligten Prozesse (Senderprozeß und Empfängerprozeß) mit den Daten verbunden. Zusätzlich wird eine Punkt-zu-Punkt-Verbindung zwischen diesen beiden Prozessen hergestellt. Transportprotokolle können verbindungslos oder verbindungsorientiert sein. Sind sie verbindungslos, wird die Punkt-zu-Punkt-Verbindung nur für jeweils ein Datagramm garantiert, sonst für die Dauer der Verbindung. Bekannte Transportprotokolle sind das verbindungslose UDP (User-Datagram-Protocol) und das verbindungsorientierte TCP (Transmission-Control-Protocol), die beide zu den Internet-Protokollen (vgl. Abschnitt 3.5) gehören und das verbindungslose Protokoll IP der Vermittlungsschicht benutzen.

OSI-Schicht 5: Kommunikationssteuerung

In der Schicht 5 wird auf der Grundlage einer, von der Schicht 4 garantierten, Punkt-zu-Punkt-Verbindung zwischen zwei Prozessen die Kommunikationssteuerung festgelegt. Hier wird beispielweise entschieden, ob zwischen den beiden Prozessen, dem Sender und Empfänger, lediglich ein Simplex-Betrieb möglich sein soll. Kommunikationsmodelle der Anwendungen benutzen die Möglichkeiten der gegebenen Kommunikationssteuerung. Ein einfaches und weit verbreitetes Kommunikationsmodell ist das Frage-Antwort- oder Client-Server-Modell.

Bei ihm wartet der eine der beiden Prozesse, der eine Dienstleistung anzubieten hat und Server genannt wird, bis ihm von dem anderen Prozeß, dem Client, eine Dienstleistung abverlangt wird. Bei dieser Art des Kommunikationsverlaufs beginnt niemals der Server mit der Kommunikation. Er wartet (passiv) auf einen Auftrag eines Clients. Dann wird er aktiv, bearbeitet den Auftrag und kehrt in den Zustand des Wartens zurück. Eine bekannte Implementierung eines Client-Server-Modells sind Remote-Procedure-Calls (RPC), die im Abschnitt 5.4 vorgestellt werden.

OSI-Schicht 6: Darstellung

Unterschiedliche Prozessoren verwenden unterschiedliche Darstellungen der Daten. Davon sind nicht nur ASCII- und EBCDIC-Kodierungen von Texten gemeint. Auch Integer- und Floatzahlen werden unterschiedlich dargestellt. Beispielsweise kann eine Integerzahl, die als 4-Byte-Wert dargestellt wird, so abgespeichert werden, wie es unserer gewohnten Anschauung entspricht. Dann wird das Byte, das die Koeffizienten der höchsten Zweierpotenzen enthält, auf das Byte im Hauptspeicher gelegt, das die kleinste Adresse hat. Man nennt diese Speicherungsart *Big-Endian*. IBM/370-Mainframes (Großrechner) und Motorola-680x0-Prozessoren benutzen dieses Format.

2475103	als Dezimalzahl,

00000000001001011100010001011111	als Dualzahl,

0000,0000	0010,0101	1100,0100	0101,1111	als

Dualzahl, in Bytes und Halbbytes eingeteilt,

00	25	C4	5F	und als Hexadezimalzahl.

Abb. 3.3: Dezimal-, Dual- und Hexadezimalzahlen

Wird das Byte mit den Koeffizienten der höchsten Zweierpotenzen auf den Hauptspeicherplatz mit der höchsten Adresse gelegt, liegt *Little-Endian* vor. DEC-VAX11- und Intel-80x86-Prozessoren speichern in dieser Form. Die Bezeichnungen sind eine Reverenz an Jonathan Swift und seine *Gullivers Reisen*. Dort wird gestritten, ob ein Frühstücksei an der spitzen oder an der runden Seite aufzuklopfen sei. Abbildung 3.3 zeigt ein und dieselbe Zahl dezimal, dual und hexadezimal. In Abbildung 3.4 sind die beiden Formate Little- und Big-Endian für diese Zahl dargestellt.

...	5F	C4	25	00	...
Byte Nr.	n	n+1	n+2	n+3	

Speicherung als Little-Endian

...	00	25	C4	5F	...
Byte Nr.	n	n+1	n+2	n+3	

Speicherung als Big-Endian

Abb. 3.4: Little-Endian und Big-Endian

Die Protokolle der OSI-Schicht 6 legen eine einheitliche Darstellung der Daten fest. In diesem Zusammenhang können auch Textkompressionen und Verschlüsselungen vorgenommen werden [TAN89]. Die ISO-Norm 8824 beschreibt ASN.1, die *Abstract-Syntax-Notation-1*, bei der einer zu übertragenden Datenstruktur ein strukturbeschreibendes Zeichen vorangestellt wird.

OSI-Schicht 7: Anwendungsdienste

In der Schicht 7 werden die eigentlichen Netzdienste beschrieben. Sie werden von den Anwendungen im Dialog mit Benutzern oder eingebettet in Programme aufgerufen. Die folgenden Beispiele stammen zum Teil aus den TCP/IP-Protokollen. Diese werden im Abschnitt 3.5 ausführlich behandelt.

Für den kleinen Vorgriff ist es ausreichend, zu bemerken, daß im Rahmen der Internet-Entwicklung unabhängig von der ISO eine ebenfalls in verschiedene Ebenen eingeteilte Sammlung von Protokollen unter der Bezeichnung TCP/IP entstanden ist. Zusammen mit dem UNIX-Betriebssystem haben sie weltweite Verbreitung gefunden haben und sind im Bereich vernetzter UNIX-Rechner ein Quasistandard geworden.

File-Transfer

Darunter versteht man die Übertragung einer Datei von einem Rechner zu einem anderen. Zusammen mit den TCP/IP-Protokollen wird häufig der Dienst FTP, das File-Transfer-Protocol eingesetzt. Als OSI-Dienst wird FTAM (File-Transfer, -Access and -Management) angeboten.

Remote-Login

Ein Remote-Login ist eine Rechnerverbindung, bei der beim lokalen Rechner ein Terminal an einen fernen Rechner simuliert wird. Der Begriff Emulation (Terminalemulation) ist hier gebräuchlich, weil lokal die Funktionalität eines Gerätes, hier eines Terminals, nachgebildet wird. Unter TCP/IP sind TELNET und RLOGIN bekannt, als OSI-Dienst kann auf VT (Virtual-Terminal) zurückgegriffen werden.

Remote-Job-Entry

Mit diesem Dienst können auf einem fernen Rechner Programme zur Ausführung gebracht werden, ohne daß dafür die Abwicklung einer Login-Prozedur notwendig ist. Remote-Job-Entry ist für Dialoganwendungen ungeeignet und findet dort Verbreitung, wo Programme ohne ständigen Eingriff durch einen Anwender arbeiten können (Batch-Jobs). Man kann an Lohnabrechnungen in einem großen Unternehmen denken, aber auch an rechenintensive Programme im wissenschaftlichen Bereich. Der zugehörige OSI-Dienst heißt Job-Transfer and -Management (JTM).

Electronic-Mail

Wird ein File-Transfer-Dienst um Sende-, Speicherungs- und Selektionsmechanismen erweitert, die dem Benutzer die Funktionalität eines Briefkastens bieten, so spricht man von Electronic-Mail. SMTP, das Simple-Mail-Transfer-Protocol ist ein TCP/IP-Anwendungsdienst, MHS-X.400 (Message-Handling-System) steht als OSI-Protokoll für den gleichen Zweck zur Verfügung.

Network-File-System (NFS)

Werden Benutzern Dateien so zur Verfügung gestellt, daß vom Zugriff her nicht erkennbar ist, ob eine Datei auf dem lokalen Rechner existiert, oder ob der Zugriff auf sie über das Netz auf einen fernen Rechner erfolgt, so spricht man von einem transparenten Dateizugriff im Netz. Die zugehörige Software macht das Rechnernetz an dieser Stelle für diese Anwendung unsichtbar. Von der Firma Sun-Microsystems stammt NFS, das Network-File-System (vgl. Abschnitt 5.4), das mit den TCP/IP-Protokollen arbeitet.

X-Window

X-Window ist ein verteiltes Fenstersystem, ein Display-Serving, das bisher fast ausschließlich mit den TCP/IP-Protokollen implementiert worden ist. Ein äquivalentes OSI-konformes Produkt ist derzeit nicht auf dem Markt. Auf X-Window wird im Abschnitt 5.4 näher eingegangen.

3.3 XNS, SNA, NetBIOS und UUCP

Für verteilte Systeme unter dem UNIX-Betriebssystem haben bislang ausschließlich die TCP/IP-Protokolle größere Bedeutung erlangt. Bevor sie vorgestellt werden, sollen andere Protokolle, die einen gewissen Bekanntheitsgrad haben, wenigstens kurz erwähnt werden. Ihre Entwicklung war nicht vom ISO-OSI-Referenzmodell beeinflußt. Auch ist häufig das Regelwerk nicht explizit formuliert worden, sondern ist Teil der jeweiligen Programme. Dennoch soll versucht werden, das Äquivalent zu den sieben OSI-Schichten herauszustellen.

XNS

Das XEROX-Network-System XNS ist eine Ende der siebziger Jahre von der Firma XEROX für Berkeley-orientierte UNIX-Systeme (vgl. Abschnitt 4.2) entwickelte Netzarchitektur. Sie ist ähnlich strukturiert wie TCP/IP (vgl. Abschnitt 3.5) und findet ihre hauptsächliche Anwendung in XEROX-Hardware-Umgebungen [STE90]. Unterschieden werden vier Protokoll-Schichten. Sie sind in Abbildung 3.5 angegeben. Rechts sind die zugehörigen OSI-Schichten vermerkt.

4	Anwendungsprogramme	OSI 7, 6, 5
3	RIP, PEX, SPP, ...	OSI 4
2	IDP	OSI 3
1	Hardware-Interface	OSI 2, 1

Abb. 3.5: XNS-Architektur

IDP, das Internet-Datagram-Protocol, ist verbindungslos und arbeitet mit einem Bus (Ethernet) oder mit Terminal- bzw. Telefonleitungen. Über IDP liegen mit SPP (Sequenced-Packet-Protocol) ein verbindungsorientiertes und mit PEX (Packet-Exchange-Protocol) ein verbindungsloses Transportprotokoll. Dazu kommt mit RIP, dem Routing-Information-Protocol, der Zugriff auf eine kleine Datenbank mit Routing-Informationen für die Weitergabe von Datagrammen im Netzwerk.

SNA

SNA (Systems-Network-Architecture) wurde 1974 von der IBM freigegeben. Die Entwicklung hatte den Zweck, IBM-Terminals und IBM-Drucker an IBM/370-Großrechner (Mainframes) anzuschließen [STE90]. SNA unterscheidet Funktions- und Protokoll-Schichten (Abbildung 3.6). Das Netz ist in der Regel ein Token-Ring. Das Protokoll der SNA-Schicht 2 (Path-Control) ist verbindungsorientiert [STE90].

	Funktion	SNA-Schicht	OSI
4	User-Process	Transaction-Services	7
3	Logical-Unit	Presentation	6
		Data-Flow-Control	5
		Transmission-Control	4
2	Path-Control	Path-Control	3
1	Data-Link	Data-Link-Control	2
		Physical-Control	1

Abb. 3.6: Systems-Network-Architekture (IBM)

NetBIOS

NetBIOS ist eine IBM-Entwicklung aus dem Jahre 1984 für IBM-PC-Netzwerke auf der Basis einer Bus-Verbindung. Erkennbar ist ein Drei-Schichten-Modell (Abbildung 3.7).

3	User-Process	OSI 7, 6, 5
2	Name-Service Session-Service Datagram-Service General-Commands	OSI 4, 3
1	Hardware-Interface	OSI 2, 1

Abb. 3.7: NetBIOS (IBM)

In der mitttleren NetBIOS-Schicht sind ein verbindungsorientiertes (Session-Service) und ein verbindungsloses (Datagram-Service) Protokoll vorhanden. Dazu kommen ein Protokoll für die Pflege von Namen für Betriebsmittel, wie zum Beispiel Rechner im Netz, und Kommandos zum Abrufen von Statusinformation [STE90].

UUCP

UUCP, als Dienst verstanden, ist eine seit etwa 1978 vorhandene Sammlung von Programmen, die entwickelt worden ist, um über eine serielle (V.24-) Schnittstelle und Terminal- bzw. Telefonleitungen zwei UNIX-Anlagen miteinander zu verbinden. Inzwischen gibt es Implementierungen über TCP/IP und OSI-konform über X.25. Die wesentlichen Dienstleistungen von UUCP sind Dateiübertragungen und die Möglichkeit, ein Kommando auf einem fernen Rechner zu starten.

uucp

Zu dem Dienst UUCP gehören mehrere Programme, unter anderem auch uucp (UNIX-to-UNIX-Copy), das dem Dienst seinen Namen gegeben hat. Mit diesem Programm können Dateien von einem Rechner auf einen anderen kopiert werden.

uux

Mit uux (UNIX-to-UNIX-Execute) wird ein Programm auf einem anderen Rechner zur Ausführung gebracht.

uucico

Bei UUCP übertragen die Programme uucp und uux Daten nicht direkt, sondern tragen Dateinamen in ein spezielles Directory, in /usr/spool/uucp ein. Das Programm uucico (UNIX-to-UNIX-Copy-In-Copy-Out) wird von dem UNIX-cron-Utility regelmäßig gestartet und sucht in diesem speziellen Directory nach Aufträgen. Erst uucico veranlaßt zum Beispiel einen File-Transfer. Auf dem Zielrechner muß ein Partner-uucico-Programm die Verteilung übernehmen.

USENET, das mit über 10000 Rechnern und einigen Millionen Benutzern wahrscheinlich größte Netzwerk der Welt, baut auf UUCP auf. Als einzigen Service bietet es einen Mailbox-Dienst an. Die Nachrichten werden (oft nachts) von Rechner zu Rechner weitergereicht [TAN89].

3.4 Ethernet

Anfang der siebziger Jahre wurde von der Firma XEROX am Palo-Alto-Research-Center (PARC) ein Netzwerk entwickelt, das so erfolgreich war, daß die Firmen XEROX, DEC und Intel es unter der Bezeichnung Ethernet (*Ether: Äther*) im Jahre 1978 standardisierten. Inzwischen hat es weltweit Verbreitung gefunden. Der Standard bezieht sich lediglich auf die untersten beiden Schichten des OSI-Referenzmodells. ECMA, die European-Computer-Manufacturers-Association, IEEE und ISO haben den XEROX-DEC-Intel-Standard mit gewissen Modifikationen, zum Beispiel bezüglich des Zugriffsverfahrens und der Datenrate, übernommen [HAL88].

ISO 8802/3 und IEEE 802.3

ISO 8802/3 bzw. IEEE 802.3 beschreibt eine serielle, synchrone Schnittstelle zu einem Bus auf der Basis eines Koaxialkabels mit einer Datenübertragungsrate von 10 Mb/s. Die Bitübertragung erfolgt in einer Manchester-Kodierung (vgl. Abschnitt 2.2). Jedes Datenpaket beginnt mit einem Synchronisationsbitmuster, einer Präambel, von 64 Bits. Sie besteht aus einer 1-0-Folge, die mit der Kombination ...1011 endet.

CSMA/CD

Die Stationen am Bus greifen mit einem modifizierten ALOHA-Verfahren auf das Medium zu. Bei dem kollisionsbehafteten ALOHA (vgl. Abschnitt 2.2) darf eine sendewillige Station sofort mit dem Senden beginnen. Danach wartet sie auf eine Bestätigung, auf ein Acknowledge des Empfängers. Trifft innerhalb einer bestimmten Zeit (Timeout) keine Bestätigung ein, so war die ursprüngliche Übertragung oder die Übertragung der Bestätigung gestört. Der Sender wiederholt dann die Sendung, bei ALOHA höchstens sechzehnmal. Als Verbesserung wurde 1975 CSMA (Carrier-Sense, Multiple-Access) entwickelt. CSMA prüft im Gegensatz zu ALOHA vor Sendebeginn, ob bereits ein anderer Sender aktiv ist (Carrier-Sense). Gesendet wird nur, wenn das Medium frei ist. Der Sender wartet nach seiner Sendung auf ein Acknowledge. Durch die Prüfung des Mediums vor Sendebeginn werden viele Kollisionen vermieden.

Eine weitere Verbesserung beschreiben IEEE 802.3 und ISO 8802/3. Sie ist als CSMA/CD (Carrier-Sense, Multiple-Access with Collision-Detection) bekannt. Wie bei CSMA wartet eine sendewillige Station bis das Medium frei ist und beginnt dann zu senden. Bei diesem Verfahren wird während des Sendens geprüft, ob eine Kollision auftritt (Collision-Detection). Im Gegensatz zu ALOHA und CSMA wird eine begonnene Sendung nicht zu Ende geführt, sondern abgebrochen, sobald eine Kollision entdeckt wird. Der Sender wartet dann eine kurze, zufällig gewählte Zeitspanne. Erst danach prüft er wieder das Medium und wiederholt, wenn es frei ist, seine Sendung. Die Wartezeit wird zufällig gewählt, um nicht erneut in die gleiche Kollisionsituation zu kommen.

Netzausdehnung

Durch das Zugriffsverfahren ist die Netzausdehnung begrenzt. Sie wird durch eine minimal notwendige Paketlänge und durch die Bitübertragungsrate bestimmt. Eine kleinste Paketlänge ist notwendig, damit sichergestellt werden kann, daß ein Sender noch sendet, wenn durch die am weitesten von ihm entfernte Station eine Kollision verursacht wird. Eine kleine Rechnung zeigt die Zusammenhänge: Ein Ethernet-Paket hat eine minimale Länge von 64 Bytes. Reichen die Daten dafür nicht aus, wird das Paket entsprechend aufgefüllt [SAN90]. 64 Bytes sind 512 Bits. Bei einer Bitübertragungsrate von 10 Mb/s dauert die Übertragung eines solchen Pakets 51.2 Mikrosekunden. Im ungünstigsten Fall befinden sich die beiden Stationen an je einem Ende des Kabels. In Abb. 3.8 beginnt der rechte Rechner mit dem Senden und entdeckt sofort eine Kollision. Er legt ein spezielles Signal (Jam-Signal) auf das Kabel, um alle anderen Stationen von der Kollision zu unterrichten. Dieser Vorgang dauert 6.2 Mikrosekunden. Da der (linke) Sender noch senden muß, um eine Kollision zu entdecken, dauert es höchstens (51.2-6.2)/2 = 22.5 Mikrosekunden, bis er von der Kollision erfährt.

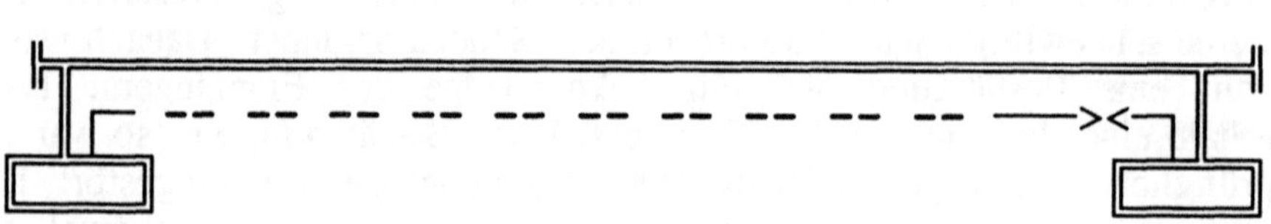

Abb. 3.8: Kollision auf einem Ethernet

Signale auf einem Kabel breiten sich mit etwa 77% der Lichtgeschwindigkeit aus. Mit

$$s = v * t$$

wird eine maximale Kabellänge berechnet:

$$(0.77 * 0.3*10^6 \text{ km/s} * 22.5*10^{-6} \text{ s}) = 5.2 \text{ km}.$$

Repeater

Das Ethernet-Kabel ist an beiden Enden mit einem Abschlußwiderstand versehen, der Reflexionen verhindert und dadurch ein unendlich langes Kabel vortäuscht. Wegen der Dämpfung der Signale im Kabel kann die errechnete Kabellänge nicht ausgenutzt werden. Nach 500 m ist ein Verstärker erforderlich. Ein derartiges höchstens 500 m langes Ethernet-Kabel wird Segment genannt. Der Verstärker heißt Repeater. Jeder Repeater verursacht eine Verzögerungszeit, die etwa einer Kabellänge von 500 m entspricht. Damit ist die oben berechnete Kabellänge von 5.2 km mit fünf Segmenten und vier Repeatern erschöpft. Das heißt, daß eine Gesamtlänge von 2.5 km nicht überschritten werden kann (Abbildung 3.9). Aus Gründen der Betriebssicherheit darf jedoch (ECMA) ein Ethernet nur aus höchstens drei Koaxialkabelsegmenten und einem Verbindungselement aus Lichtwellenleiterkabel bestehen.

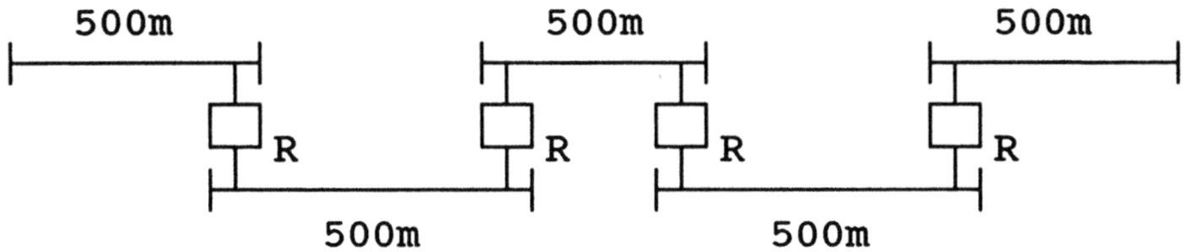

Abb. 3.9: Ethernet-Segmente und Repeater (R)

Transceiver

Eine Anschlußstelle für einen Rechner an ein Segment heißt Transceiver, ein Begriff, der von *Transmitter* (Sender) und *Receiver* (Empfänger) abgeleitet worden ist, und beider Funktionalität ausdrücken soll. Er realisiert die Schnittstelle zwischen Computer und Netzkabel und enthält die Elektronik für die Signalbehandlung auf dem Kabel. Dazu gehört auch die Entdeckung von Kollisionen.

In einem solchen Fall erzeugt er (durch kurzfristiges Weitersenden) ein sogenanntes Stör- oder Jam-Signal, um anderen Transceivern das Auftreten einer Kollision zu melden. Vom Transceiver führt ein Drop-Kabel (Transceiver-Kabel) zum Ethernet-Board im Rechner. Ein Drop-Kabel kann maximal 50 m lang sein. Zwei benachbarte Anschlüsse an einem Segment müssen mindestens einen Abstand von 2.50 m haben. Das heißt, daß ein Segment höchstens 200 Transceiver aufnehmen kann. Aus Sicherheitsgründen sind jedoch lediglich 100 zugelassen (ECMA). Der Abstand von 2.50 m kommt zustande, weil der Anschluß an das Kabel, das ist ein Dorn, der in das Koaxialkabel gebohrt wird, eine Störung der Signale hervorruft, die erst nach 2.50 m abgeklungen ist.

Bridges

Inzwischen gibt es Repeater mit mehr als zwei Anschlüssen und Schnittstellenvervielfacher, mit denen an einen Transceiver mehrere Rechner angeschlossen werden können. Die oben skizzierten Einschränkungen werden dadurch etwas gemildert. Ein Repeater überträgt jedes Signal (ungefiltert) von einem Segment auf das andere. Qualitativ über eine Verstärkerfunktion hinausgehende Geräte, sogenannte Bridges, selektieren den Datenfluß und erlauben Verbindungen zwischen einzelnen Ethernets. Dadurch können sehr große und komplexe Computernetze entstehen. Die oben genannten Einschränkungen gelten dann nur für die einzelnen (Teil-) Netze. Diese Betrachtungen führen in den Bereich des *Internetworking*, der Netzverbindungen, und werden im Abschnitt 3.6 noch einmal aufgegriffen.

Cheapernet

Ethernet beruht auf einem 0.4-Zoll-Koaxialkabel, das nach seiner gelben Farbe Yellow-Cable genannt wird. Für diese Technik wird die Bezeichnung 10Base5 verwendet. 10Base5 steht als Kürzel für 10 MBit/s, Basisband, 500m Länge. Inzwischen sind preiswerte technische Varianten entwickelt worden. Sie unterscheiden sich vom ursprünglichen Ethernet durch ihre Anschlußcharakteristika. Das sogenannte Cheapernet oder Thin-Wire-Ethernet verwendet dünnere Koaxialkabel von 0.25 Zoll, die noch Segmentlängen bis zu 185m zulassen. Die Bezeichnung dafür ist 10Base2, wegen der knapp 200 m Kabellänge, die erreicht werden kann. Manchmal werden auch verdrillte Kupferleitungen (10BaseT: Twisted-Pair) benutzt, mit denen Segmentlängen bis zu 30 m erreichbar sind. Repeater verbinden problemlos die unterschiedlichen Kabelarten.

Adressierung

Jedes Ethernet-Board, das ist eine Schnittstelle (Prozessor und Speicher) zu einem Ethernet mit ihrer Hard- und Software, trägt eine 48-Bit-Adresse (6 Bytes), die die Hardware identifiziert. Ursprünglich wurde sie von IEEE weltweit und eindeutig vergeben. IEEE hat Herstellern die ersten 24 Bits (3 Bytes) der Adresse eindeutig zugeordnet. Die Hersteller haben dann die restlichen 24 Bits ihren einzelnen Boards zugeordnet. Inzwischen sind die Ethernet-Adressen individuell von den Kunden (um-)setzbar. Ethernet-Adressen werden hexadezimal und byteweise mit Bindestrich als Trenner geschrieben. Abbildung 3.10 zeigt die Ethernet-Adresse des Boards der Firma EXCELAN meines PCs in der TFH-Berlin.

```
08 - 00 - 14 - F1 - 05 - 92
|__________|   |__________|

  Excelan        Board-Nr.
```

Abb. 3.10: Ethernet-Adressen

Ethernet-Pakete

Jedes Ethernet-Paket enthält die 6-Byte-Adresse des sendenden Rechners (Boards) und die des Ziels. Besteht die Zieladresse ausschließlich aus binären Einsen, so wird das Paket als Broadcast aufgefaßt. Alle Stationen am Ethernet sind dann Ziel. Neben der bereits weiter oben erwähnten 64-Bit-Präambel für die Synchronisation, enthält ein Ethernet-Paket noch eine Angabe (2 Bytes) über den Typ des übergeordneten Protokolls. Das ist beispielsweise IP, wenn Ethernet zusammen mit den TCP/IP-Protokollen verwendet wird. Darauf wird im Abschnitt 3.5 eingegangen. Am Ende eines Ethernet-Pakets wird noch eine 4-Byte-Prüfzahl (CRC: Cyclic-Redundancy-Check) mitgeführt. Die Angabe einer Paketlänge wird nicht benötigt, da durch den elektrischen Zustand auf dem Bus ein Paketende erkennbar ist. Abbildung 3.11 zeigt den Aufbau eines Ethernet-Pakets. Aus dem Aufbau der Pakete ist ersichtlich, daß sie höchstens 1526 Bytes lang sein können. Ein Beteiligter an der Ethernet-Entwicklung hat ausgeführt [SEI91], daß die Entscheidung für gerade diese Paketlänge pragmatisch getroffen worden ist.

Wird von den 1500 Daten-Bytes der Platzbedarf der höheren Protokolle subtrahiert, so bleiben etwa 1 KB Nutzdaten, für die ein Puffer zur Verfügung gestellt werden muß. Dazu kommt, daß mit steigender Paketgröße die Gefahr von Übertragungsfehlern steigt und Kollisionen durch das Verzögern sendewilliger Stationen wahrscheinlicher werden. 1526 Bytes sind ein Kompromiß, der für akzeptabel gehalten worden ist.

Präambel	8 Bytes
Empfänger	6 Bytes
Sender	6 Bytes
Protokoll	2 Bytes
Daten	≤ 1500 Bytes
Prüfsumme	4 Bytes

Abb. 3.11: Aufbau eines Ethernet-Pakets

3.5 Die TCP/IP-Protokolle

Das im letzten Kapitel vorgestellte Ethernet wird von einer Vielzahl von Herstellern für Netzwerke benutzt, die ganz unterschiedliche höhere Protokolle verwenden. Bereits erwähnt worden ist die Protokoll-Familie XNS der Firma XEROX. In diesem Zusammenhang sind auch die Produkte der Firma Novell zu nennen. Es handelt sich um PC-Netzwerke auf Ethernet-Basis, bei denen ein ausgezeichneter PC als Netzwerk-Server arbeitet. Er ist mit dem Netzwerk-Betriebssystem NetWare von Novell ausgestattet. Das übergeordnete Vermittlungsprotokoll (OSI-Schicht 3) ähnelt dem XEROX-XNS-IDP-Protokoll (vgl. Abschnitt 3.3).

Im folgenden sollen mit TCP/IP die wohl bekanntesten mit Ethernet arbeitenden Protokolle behandelt werden. Ihre Entstehung geht auf ein Projekt in den sechziger Jahren zurück.

Internet

ARPA, die Advanced-Research-Project-Agency, (heute DARPA: Defence-ARPA), eine Behörde des Verteidigungsministeriums der USA, initiierte und förderte gegen Ende der sechziger Jahre die Entwicklung einer Protokoll-Familie für ein Netzwerk, das ARPANET genannt wurde, und mit gemieteten (Telefon-) Leitungen arbeitete. 1969 stand ein Experimentiersystem zur Verfügung, das weltweit als Basis für eine ganze Reihe von Netzwerken diente. Unter anderem entstand unter der Bezeichnung ARPA-Internet, oder kurz Internet, eine rein zivile Entwicklung an den amerikanischen Hochschulen, die bald auf andere Länder und Kontinente übergriff. Die ARPANET- oder Internet-Protokolle wurden nach ihren beiden wichtigsten Komponenten TCP/IP (Transmission-Control-Protocol / Internet-Protocol) genannt. Weltweite Verbreitung fanden sie durch die Einbindung in die UNIX-Versionen der University of California in Berkeley seit etwa 1982. Die Internet-Protokolle sind herstellerunabhängig und umfassen viele Betriebssysteme und Netzarten. Beispielsweise stehen sie unter UNIX, IBM/MVS, DEC/VMS und MS-DOS zur Verfügung. Sie setzen die Existenz eines physikalischen Netzwerks voraus. Genauer gesagt beginnen sie auf der OSI-Schicht 3, der Vermittlungsschicht. Bekannte physikalische Netze, auf denen Internet-Protokolle implementiert worden sind, sind unter anderem Ethernet, Token-Bus und Token-Ring.

Hosts

In einem Internet werden alle Geräte, die Daten auf das Netz geben bzw. von ihm nehmen können, das sind insbesondere die Rechner, Hosts genannt. Der Begriff wurde mit den TCP/IP-Protokollen übernommen. Inzwischen ist er nicht mehr auf sie beschränkt, sondern wird von vielen Autoren in jeder Art von Netz verwendet. Ein Internet verbindet alle seine Hosts miteinander. Logisch ist diese Verbindung vollständig. Jeder Host hat einen Namen, und er kann einen anderen Host, dessen Namen er kennt, direkt ansprechen.

RFC-Standards

Protokolle bedürfen einer ständigen Pflege. Sie werden an neue technische Gegebenheiten angepaßt und müssen auf Grund neuer Anforderungen überdacht und weiterentwickelt werden. Dafür ist das Internet-Activities-Board (IAB) am Stanford-Research-Institute (SRI) zuständig. Es gibt Standardisierungsvorschläge für Internet-Protokolle, sogenannte Requests for Comments (RFC) heraus. Sie können über das dortige Network-Information-Center (NIC) unter der Adresse

SRI International
DDN Network Information Center
333 Ravenswood Avenue
Menlo Park, CA 94025

angefordert werden. Als Beispiel für einen Request for Comments sei RFC 791 genannt, mit dem IP, das zentrale Protokoll der Internet-Familie, spezifiziert wird. Im Lauf der Jahre sind über 1000 RFCs erschienen.

TCP/IP-Dienste

Internet ist entwickelt worden, um Remote-Login (Terminalverbindung mit einem fernen Rechner), File-Transfer (Dateiübertragung zwischen Rechnern) und Electronic-Mail (Postdienst zwischen Rechnern) zu ermöglichen. Deshalb sind auch die bekanntesten TCP/IP-Dienste, wie TELNET, FTP (File-Transfer-Protocol) und SMTP (Simple-Mail-Transfer-Protocol) in diesen Anwendungsbereichen angesiedelt. Jedoch ist die Entwicklung der Internet-Protokolle keineswegs abgeschlossen. So ist das Network-File-System (NFS) der Firma Sun-Microsystems aus dem Jahr 1988 eine neuere TCP/IP-Entwicklung. Mit ihr wurde im SunOS (Sun-Operating-System) die UNIX-Entwicklung aus Berkeley mit dem System-V von AT&T zusammengeführt. NFS ist ein transparentes, netzweites Dateisystem. Auch X-Window, eine fensterorientierte Benutzeroberfläche für multitaskingfähige Betriebssysteme, verwendet die Internet-Prokolle. Beide Systeme, NFS und X-Window werden im Abschnitt 5.4 vorgestellt.

Schichtenmodell

TCP/IP ist etwa zehn Jahre älter als das OSI-Referenzmodell. Seine Protokolle sind in ursprünglich vier Schichten eingeteilt, deren Zuordnung zum OSI-Modell nicht sehr schwierig ist. Die relativ neue Entwicklung des NFS folgt dagegen in den oberen Schichten bereits unmittelbar der Einteilung der OSI-Protokoll-Rahmen. In Abbildung 3.12 sind die OSI- und TCP/IP-Schichten einander gegenübergestellt worden, und in Abbildung 3.13 werden die zugehörigen TCP/IP-Protokolle angegeben.

OSI	TCP/IP
Anwendung	Application-Level
Darstellung	
Kommunikation	
Transport	Transmission-Level
Vermittlung	Internet-Level
Sicherung	Network-Level
Bitübertragung	

Abb. 3.12: OSI- und TCP/IP-Schichten

Der linke Teil der TCP/IP-Spalte in Abbildung 3.13 nennt die frühen Dienste, der rechte die von NFS. Die beiden ersten OSI-Schichten sind zusammengefaßt und werden Network-Level genannt. Auf der Vermittlungsschicht, die hier Internet-Level heißt, gibt es im wesentlichen nur ein Protokoll, nämlich IP. Auf die sehr spezielle, mit Ethernet zusammenhängende Rolle von ARP und RARP in dieser Schicht, wird etwas später noch eingegangen, ebenso auf ICMP. In der Transport-Schicht, dem Transmission-Level, stehen zwei Protokolle zur Auswahl. Das eine (UDP) ist verbindungslos, realisiert also einen Datagramm-Dienst, das andere (TCP) ist verbindungsorientiert.

Die letzte TCP/IP-Schicht, der Application-Level, enthält bereits die Anwendungsdienste und unterscheidet bei den frühen Entwicklungen nicht mehr zwischen weiteren Schichten. Die (spätere) NFS-Entwicklung ist jedoch der OSI-Schichtung auch bei den höheren Protokollen gefolgt. Auf die Anwendungsdienste wird ausführlich im fünften Kapitel eingegangen.

OSI	TCP/IP		
Anwendung		NFS	
Darstellung	TELNET FTP SMTP	XDR	
Kommunikation		RPC	
Transport	TCP, UDP	UDP	
Vermittlung	IP (ARP, RARP) {ICMP}		
Sicherung	(CSMA/CD)	Token	Token
Bitübertragung	Ethernet (Bus)	Bus	Ring

Abb. 3.13: TCP/IP-Protokolle

Internet-Adressen

Die Hosts, das sind die Rechner in einem Internet, sind eindeutig adressiert. Diese Adressen sind selbstverständlich unabhängig von der Adressierung, die in dem konkreten, die Internet-Protokolle tragenden physikalischen Netzwerk verwendet wird. Wird zum Beispiel TCP/IP auf einem Ethernet betrieben, so gibt es neben den 6-Byte-Ethernet-Adressen, wie 08-00-14-F1-05-92, noch davon unabhängige Internet-Adressen. Es handelt sich um 4-Byte-Integerzahlen. Dem Benutzer gegenüber werden sie in einer Byte-Schreibweise dargestellt, bei der jedes Byte einzeln (hexadezimal, oft dezimal) und durch einen Punkt getrennt angegeben wird. Ein Beispiel für eine derartig (dezimal) geschriebene Internet-Adresse ist

89.241.5.146

Internet-Adressen sind strukturiert. Der erste Teil der Adresse bezeichnet ein Teilnetz, der Rest einen Host. Dabei sind, je nach Aufteilung der 32 Bits, verschiedene Adreßklassen möglich [SAN90]. Die Adreßvergabe liegt in den Händen einer Netzverwaltung. Das für Internet zentrale Protokoll IP enthält Felder für die 4-Byte-Adressen des Senders und des Empfängers im Internet.

ARP und RARP

Internet-Adressen müssen auf Hardware-Adressen abgebildet werden und umgekehrt. Liegt ein Ethernet zugrunde, so übernimmt das Address-Resolution-Protocol ARP (genauer das zugehörige Programm) die Abbildung von Internet-Adressen auf Ethernet-Adressen. ARP führt eine anfangs leere Liste von Paaren der Form (Internet-Adresse, Ethernet-Adresse). Anschaulich ist das, wie in Abbildung 3.14 dargestellt, eine zweispaltige Tabelle mit den Attributen (Spaltenbezeichnungen) Internet-Adresse und Ethernet-Adresse.

Internet-Adresse	Ethernet-Adresse
...	...
89.241.5.146	08-00-14-F1-05-92
...	...

Abb. 3.14: ARP-Tabelle

Die Ethernet-Adresse eines Hosts ist Teil seiner Hardware, seine Internet-Adresse Teil seiner Software. Die Internet-Adresse eines Hosts wird in einer Verwaltungsdatei, auf UNIX-Systemen in der Datei /etc/hosts, geführt. Auf jedem Host sind dort alle Hosts des Internets mit ihren Internet-Adressen eingetragen. Um zu der Internet-Adresse eines fernen Hosts die noch nicht bekannte, das heißt die in der ARP-Tabelle noch nicht enthaltene, Ethernet-Adresse zu erhalten, wird ein spezielles Broadcast-Paket, das ist ein an alle Hosts gerichtetes Paket, in das Netz gegeben. Auf dieses Paket antwortet nur der betreffende Host und sendet seine Ethernet-Adresse zurück. ARP erweitert damit seine Tabelle.

Bei einer plattenlosen (diskless) Workstation fehlen alle Dateien. Deshalb kennt ein solcher Host anfangs seine Internet-Adresse nicht und kann nicht sinnvoll arbeiten. Aber sein Ethernet-Board trägt seine Ethernet-Adresse.

RARP, das Reverse-ARP, genauer das zugehörige Programm, sendet ebenfalls ein spezielles Broadcast-Paket in das Netz. Damit wendet sich die plattenlose Workstation an einen ihr unbekannten Internet-Adressenverwalter und fragt nach der Internet-Adresse zu seiner eigenen Ethernet-Adresse. Ein solcher Adressenverwalter, ein Adressen-Server, muß auf wenigstens einem ausgezeichneten Host eingerichtet worden sein. Der Adressenverwalter antwortet mit der Internet-Adresse des anfragenden Hosts. Ethernet-Pakete enthalten in ihrem Header ein Feld, in dem das übergeordnete Protokoll eingetragen ist. Dort steht unter TCP/IP in der Regel IP (als Zahl kodiert). Transportiert jedoch ein Ethernet-Paket eine ARP- oder RARP-Nachricht, so ist dies in diesem Feld entsprechend vermerkt.

Ports

Internet-Adressen beziehen sich auf Hosts. Sender und Empfänger von Datenpaketen sind jedoch Prozesse auf den Hosts. Um ein Paket einem bestimmten Empfänger zustellen zu können, reicht die Internet-Adresse nicht aus. Ein Port, bezeichnet durch eine Portnummer, ist die Adresse eines Prozesses auf einem Host. Es gibt wichtige Prozesse (Erbringer von Dienstleistungen), die auf jedem Host den gleichen wohlbekannten Port haben. Man spricht konsequent von Well-Known-Ports. Als Beispiel sei die Dienstleistung TELNET angeführt, zu der auf der Server-Seite, das ist der Host, auf dem die Dienstleistung erbracht wird, ein telnet-Prozeß gehört. Dieser Prozeß hat den wohlbekannten Port 23. Portnummern bis 1023 sind reserviert und dürfen nur von einem Systemverwalter vergeben werden. Portnummern zwischen 1024 und 5000 werden von einer Portverwaltung vergeben. Ein Benutzerprozeß kann sich eine freie Portnummer geben lassen (vgl Abschnitt 7.4). Portnummern über 5000 sind frei verwendbar und unterliegen keiner Kontrolle.

Die beiden Transport-Protokolle TCP und UDP sehen Felder vor, um den Sender- und Empfänger-Port zu adressieren. Ein Port (eine Portnummer) bezeichnet eindeutig einen Prozeß, d.h. er ist so etwas wie eine Prozeßkennzahl, eine PID (Process-ID). Die vom Betriebssystem im Rahmen der Prozeßverwaltung vergebenen Prozeßkennzahlen können nicht selbst als Portnummern verwendet werden. Das liegt daran, daß das Betriebssystem nicht garantieren kann, daß ein Prozeß, insbesondere ein Server, nach jedem Hochfahren des Systems die gleiche PID, den Well-Known-Port, erhält. Den aber braucht ein Server, damit seine Clients ihn ansprechen können. Auch wenn man mit einem Port-Verwalter das Verfahren der Portzuweisung dynamisiert, muß zumindest der Port des Port-Verwalters allen Clients bekannt sein, also festliegen.

Prozeßverbindungen, Sockets

Eine Prozeßverbindung zwischen zwei Prozessen ist ein Folge von Adressen, die bei dem Port des einen Prozesses beginnt, die verschiedenen Adressierungsebenen bis zu der Internet-Adresse des Hosts durchläuft und von dort auf dem Partner-Host wieder nach oben bis zu dem Port des Partnerprozesses führt. Die Abbildung der Internet-Adresse auf die physikalische Adresse (z.B. mit ARP bei Ethernet) ist intern und nicht Bestandteil von TCP/IP. Formal kann eine Prozeßverbindung als 5-Tupel in folgender Form geschrieben werden:

(Protokoll, lokale Internet-Adresse, lokaler Port,
ferne Internet-Adresse, ferner Port).

Die Angabe *Protokoll* in diesem 5-Tupel ist ebenfalls eine Adresse. Adressiert, im Sinne von angesprochen, wird dadurch ein Transportprotokoll, also TCP oder UDP. Die Begriffe lokal und fern sind relativ zu dem jeweiligen Prozeß. Ein Beispiel für eine Prozeßverbindung ist:

```
(TCP,  89.241.5.146, 1013,   89.241.5.138, 21)
       └─────────────────┘   └──────────────┘
             lokal                remote
```

Durch dieses Beispiel wird ein Prozeß auf dem Host mit der Internet-Adresse 89.241.5.146 und dem Port 1013 mit dem Prozeß auf dem Host 89.241.5.138 verbunden, der den Port 21 benutzt. Das ist übrigens das ftp-Dienstleistungsprogramm, der ftp-Server. Beide Prozesse verwenden als Transportprotokoll TCP, d.h. sie arbeiten verbindungsorientiert. Sockets sind Halbverbindungen. Sie beschreiben lediglich eine Seite der Prozeßverbindung:

(Protokoll, Internet-Adresse, Port).

Trotz einer gewissen Adressierungsvielfalt macht der Begriff Prozeßverbindung die Adreßzuordnung zwischen Prozessen eindeutig. Abb. 3.15 zeigt dies anschaulich. Allerding zeigt die Graphik nicht, daß TCP-UDP-Kombinationen nicht möglich sind. Das Transportprotokoll muß eindeutig sein. Ein Spezialfall sind TCP- oder UDP-Verbindungen auf nur einem einzigen Rechner. Dafür gibt es spezielle Protokollausprägungen. Dadurch kann Interprozeßkommunikation über Prozeßverbindungen (über Sockets) einheitlich gestaltet werden, gleich ob sich die beiden Partner-Prozesse auf einem einzigen Host oder auf zwei verschiedenen Hosts befinden.

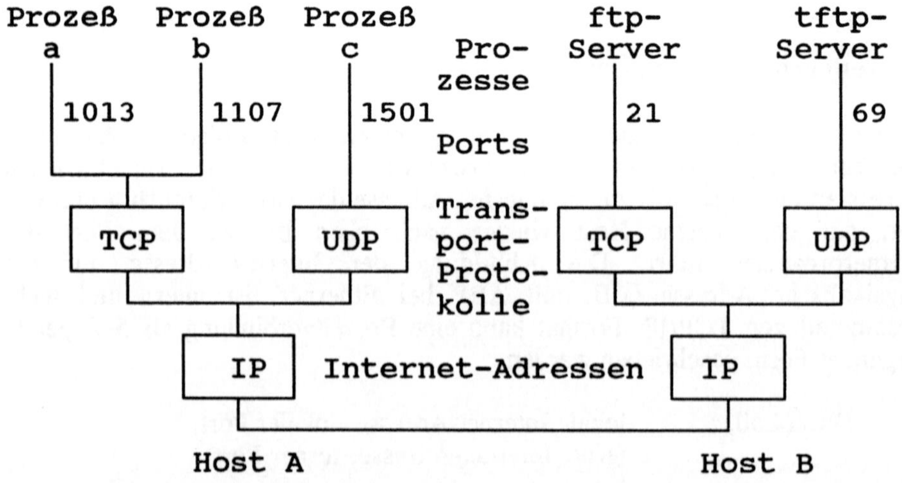

Abb. 3.15: Prozeßverbindungen

IP

Das Internet-Protocol IP, spezifiziert im RFC 791, ist das zentrale Protokoll der TCP/IP-Familie. In OSI-Sprechweise ist es ein Protokoll der Vermittlungsschicht. Es ist verbindungslos und garantiert keine Zustellung der Datagramme. Jedes IP-Paket besteht aus einem Protokollkopf, dem Header, dem die Daten unmittelbar folgen. Der IP-Header ist normalerweise 20 Bytes lang, wobei die genaue Längenangabe Bestandteil des Headers ist. Unter anderem wird dort auch eine Kopf-, jedoch keine Datenprüfsumme mitgeführt. Ein IP-Paket kann einschließlich Header 65535 Bytes groß sein. Diese Größe ist durch ein 2-Byte-Feld im Protokollkopf vorgegeben. Für das konkrete Netzwerk, das von IP benutzt wird, z.B. für ein Ethernet, müssen die IP-Pakete beim Senden in entsprechend kleinere Pakete zerlegt und beim Empfang wieder zusammengesetzt werden. Man nennt diesen Vorgang *Fragmentierung*. Er wird von IP durchgeführt, das Fragmentnummern vergibt und überwacht. Im folgenden sind einige der Angaben aus dem IP-Protokollkopf wiedergegeben:

- die Länge des Headers,
- die Länge des ganzen IP-Pakets,
- eine Sequenznummer für die Fragmentierung,
- das Transportprotokoll (TCP oder UDP, eventuell ICMP),
- eine Kopfprüfsumme,
- die Internet-Adresse des Senders,

- die Internet-Adresse des Empfängers und
- eine Lebensdauer.

Daß ein IP-Paket eine zu überwachende Lebensdauer hat, wird einsichtig, wenn man sich einen Datenpaketverkehr in einem praktischen Netzbetrieb vor Augen führt. Dort können Rechner, Rechnerverbindungen oder Teilnetze außer Betrieb, kurzzeitig gestört oder momentan überlastet sein. Es können viele Situationen auftreten, bei denen ein Paket sein Ziel nicht erreichen kann. Bleibt ein solches unzustellbares Paket unbegrenzt lange im Netz, so entsteht sehr schnell ein Paketstau. Die Lebensdauer eines Pakets wird über einen Zähler realisiert, der bei jedem Zugriff, der IP betrifft, durch die IP-Software verkleinert wird. Hat er den Wert Null erreicht, wird das Paket von dem Host zerstört, der dies als erster erkennt.

ICMP

IP garantiert nicht, daß Pakete ihr Ziel erreichen, und IP stellt keine Hilfsmittel für Überwachungen oder für Fehlerbehandlungen zur Verfügung. Für diesen Zweck ist das Internet-Control-Message-Protocol ICMP geschaffen worden, das Teil jeder IP-Implementierung ist. IP-Pakete gehören, wenn auch über mehrere OSI-Schichten hinweg, zu Anwendungsprozessen und tragen Anwendungsdaten. Für ICMP-Pakete ist jedoch die IP-Software Sender und Empfänger. Ein ICMP-Paket wird als Datenteil eines IP-Paketes geführt. Insofern ist es ein Transportprotokoll, und ganz konsequent wird im IP-Header im Feld Transportprotokoll dann auch ICMP, kodiert als 1, eingetragen. In der Abbildung 3.13 ist ICMP allerdings in der Vermittlungsschicht neben IP in geschweifter Klammer aufgeführt. Damit soll der Bearbeitung durch die IP-Software Rechnung getragen werden. Typische ICMP-Nachrichten sind das Melden nicht erreichbarer Rechner oder eine Aufforderung an einen Sender, seine Senderate zu drosseln. Letzteres zeigt, daß mit der IP-Software eine gewisse *Flußkontrolle* der Nachrichten vorhanden ist. Der ICMP-Protokollkopf ist acht Bytes lang und spezifiziert im wesentlichen die mit dem Paket verbundene Nachricht.

Mit dem Anwendungsprogramm ping können ICMP-Pakete gezielt als Echo-Auftrag versendet werden. Damit kann man auf einer sehr tiefen Protokoll-Ebene feststellen, ob die TCP/IP-Software auf einem fernen Host aktiv ist und die Datenübertragung zu ihm funktioniert. Der Kommandoaufruf

```
ping wx200 50 2
```

sendet zwei (der letzte Parameter) ICMP-Pakete zu je 50 Bytes an den Host namens wx200, der sie, wenn seine TCP/IP-Software aktiv ist, zurücksendet.

Die Daten-Bytes können nicht mit Werten belegt werden. Zusammen mit dem ICMP-Header werden im obigen Beispiel zwei Pakete zu je 58 Bytes gesendet. Im (angegebenen) Beispiel meldete das ping-Programm über den Zustand der Verbindung zum Host wx200 mit der Internet-Adresse 89.0.0.41:

```
PING wx200: 50 data bytes
58 bytes from 89.0.0.41: icmp_seq=0.  time=0.  ms
58 bytes from 89.0.0.41: icmp_seq=1.  time=0.  ms

----wx200  PING  Statistics----
2 packets transmitted, 2 packets received, 0% packet loss
round-trip (ms)  min/avg/max = 0/0/0
```

TCP

Das Transmission-Control-Protocol (TCP) ist ein verbindungsorientiertes Protokoll des TCP/IP-Transmission-Levels bzw. der OSI-Transport-Schicht. Es garantiert eine Punkt-zu-Punkt-Verbindung zwischen zwei Hosts. Das heißt, daß der Benutzer anschaulich keinen Paketverkehr sieht, sondern die Illusion eines Datenstroms hat, der (voll duplex) zwischen zwei Stationen fließt. Wie IP besteht auch TCP aus einem Protokollkopf (Header) und einem Datenteil und führt ebenfalls in seinem Header eine Kopfprüfsumme. Um die virtuelle Punkt-zu-Punkt-Verbindung zu realisieren, verwaltet TCP in seinem Header eine Sequenznummer und eine Quittungsnummer. Um Daten mit TCP zu transportieren, werden sie in IP-Pakete zerlegt. TCP zählt jedoch keine Pakete, sondern Bytes. Der Empfänger quittiert entsprechend. Dabei wird kein festes Alternieren von Byte-Senden und Byte-Qittieren eingehalten, sondern mit einer *Sliding-Window* genannten Technik gearbeitet. Dabei darf der Sender eine ganze Reihe von Bytes senden, ohne auf eine Quittung warten zu müssen. Allerdings muß er über seine Sendungen buchführen. Kommen Quittungen an, so bringt er seine Buchführung auf den neuesten Stand. Das sogenannte Fenster (die Differenz) zwischen gesendeten Bytes und ausstehenden Quittungen wird dynamisch in seiner Größe verändert, darf jedoch eine bestimmte Größe (4 KB unter Berkeley-UNIX, Release 4.3) nicht überschreiten.

Der TCP-Protokollkopf besteht aus 20 Bytes, die unter anderem folgende Angaben enthalten:

- 2 Bytes für den Port des Senders,
- 2 Bytes für den Port des Empfängers,
- 4 Bytes für eine Sequenznummer und

- 4 Bytes für eine Quittungsnummer zur Realisierung der virtuellen Punkt-zu-Punkt-Verbindung,
- 2 Bytes für die aktuelle Fenstergröße und
- eine Kopfprüfsumme.

UDP

Das User-Datagram-Protocol (UDP) ist ein verbindungsloses Protokoll der Transportschicht. Auch UDP hat einen Protokollkopf und einen Datenteil. Der Protokollkopf ist sehr einfach aufgebaut und enthält im Gegensatz zu TCP keine Information, mit deren Hilfe die Einhaltung der Reihenfolge der Datagramme garantiert werden könnte. Der Protokollkopf besteht aus den folgenden 8 Bytes:

- 2 Bytes für den Port des Senders,
- 2 Bytes für den Port des Empfängers
- 2 Bytes für die Länge des gesamten UDP-Paketes in Bytes und
- 2 Bytes für eine Kopfprüfsumme.

UDP garantiert weder die Zustellung eines Paketes noch die Einhaltung einer Reihenfolge. Aber gerade das Fehlen der dafür notwendigen Informationen und das damit verbundene Fehlen der entsprechenden Prüfungen macht UDP zu einem äußerst effizienten Transportprotokoll. Ist das zugrundeliegende physikalische Netzwerk bereits sehr sicher, kann UDP erfolgreich eingesetzt werden. Die Firma Sun-Microsystems beispielsweise hat ihr NFS (Network-File-System), ein verteiltes Dateisystem für lokale Netze, mit UDP als Transportprotokoll implementiert.

Ethernet-Pakete mit TCP/IP

Wie auf der Bitübertragungsebene ein Ethernet-Paket mit TCP/IP-Daten aussieht, zeigt die Abbildung 3.16. Die Schachtelung der Protokollköpfe ist deutlich erkennbar. Die TCP- bzw. UDP-Daten können weitere Protokolle mit deren Protokollköpfen und Daten enthalten. Beispiele dafür sind die zu NFS gehörenden Protokolle RPC (Remote-Procedure-Call) und XDR (External-Data-Representation), die im Abschnitt 5.4 vorgestellt werden.

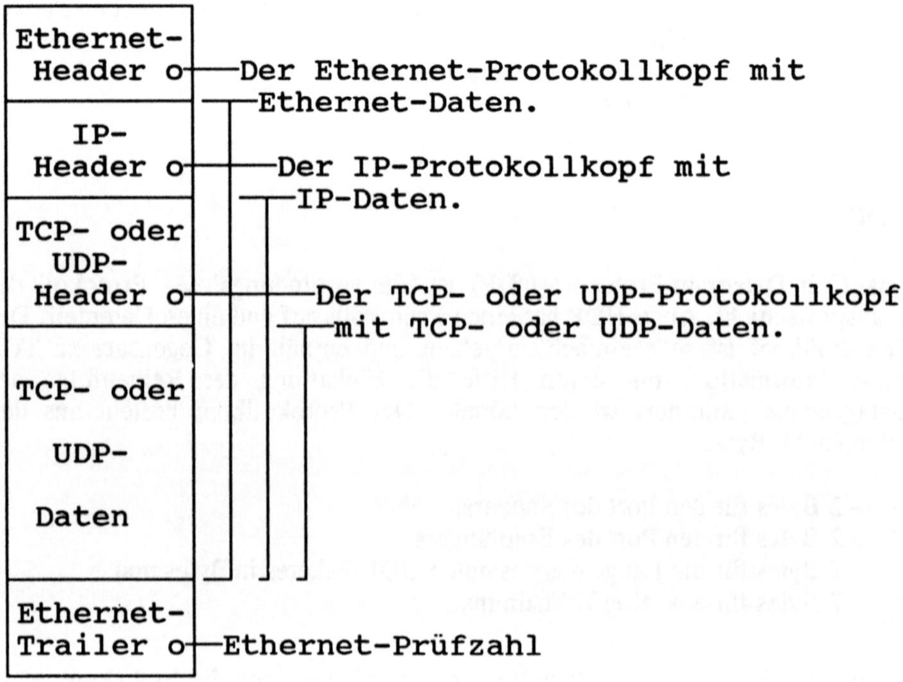

Abb. 3.16: Ethernet-Paket mit TCP/IP

Verwaltungsdateien

Die Verwaltungsinformation für TCP/IP-Netze wird in Textdateien geführt, die sich unter UNIX in der Regel alle im Verzeichnis /etc befinden und von einer Systemverwaltung gepflegt werden. Im folgenden werden sie kurz vorgestellt.

/etc/protocols

In dieser Datei sind die Transportprotokolle mit der Kodierung aufgeführt, die sie im IP-Protokollkopf haben. Wie Abb. 3.17 zeigt, sind ein benutzerbezogener Alias-Name (großgeschrieben) und Kommentar (nach der Raute) angebbar.

udp	17	UDP	# user datagram protocol
tcp	6	TCP	# transmission control protocol
icmp	1	ICMP	# internet control message protocol
ip	0	IP	# internet protocol, pseudo protocol number

Abb. 3.17: Die Datei /etc/protocols

/etc/networks

Der erste Teil einer Internet-Adresse heißt *Netzwerknummer* und wird benutzt, um Netzwerke in Subnetzwerke einzuteilen. Die Datei /etc/networks enthält die Namen der installierten Subnetze, ihre Nummern und eventuell Kommentare. Es gibt immer ein spezielles Subnetz mit der Nummer 127, das dazu dient das lokale TCP/IP-System zu testen. Der zugehörige sogenannte Loopback-Treiber gibt gesendete Pakete sofort zurück, ohne sie erst auf das physikalische Netz zu übertragen. Die Subnetznummern, wie überhaupt die Internetadressen, werden von der zuständigen Netzverwaltung festgelegt. Werden Internet-Netze miteinander verbunden, so ist eine globale Vergabe dieser Adressen und damit der Subnetznummern erforderlich. Abbildung 3.18 zeigt eine Datei /etc/networks. Einträge in der dritten Spalte sind optional.

loopback-net	127	software-loop
tfhlan	89	Technische Fachhochschule Berlin
fb4lan	4	Fachbereich Architektur

Abb. 3.18: Die Datei /etc/networks

/etc/hosts

In der Datei /etc/hosts werden Internet-Adressen mit benutzerbezogenen Rechnernamen, sogenannten Hostnamen, verbunden. Dabei sind mehrere Namen (Aliasnamen) für einen Host zulässig. /etc/hosts ist die Datei, die dem Benutzer zeigt, welche Hosts in dem vorliegenden Internet erreichbar sind und wie sie angesprochen werden können. Die Rechnernamen dienen allein der leichteren Bedienbarkeit. Abbildung 3.19 zeigt einen Auszug aus einer Datei /etc/hosts. Der Host 89.127.0.1 kann mit den Namen *mx302*, *localhost* oder *lserver* angesprochen werden. Der Host 89.47.200.0 heißt *ibm01*, hat keinen weiteren Namen und befindet sich (Kommentar) im Datenbank-(Db-)Labor.

127.0.0.0	loopback lb		
89.127.0.1	mx302	localhost lserver	
89.17.40.148	c4001		
89.47.200.0	ibm01		# Db-Labor
89.127.0.2	mx303	itw	# in Pflege
89.2.33.233	mx501	lservant_1	
89.2.33.81	mx502	lservant_2	
89.0.0.41	wx200		
4.0.0.1	ws305		# FB 04
4.0.0.2	ws306		
4.0.0.3	ws307		

Abb. 3.19: Die Datei /etc/hosts

/etc/services

Prozesse werden in den TCP/IP-Protokollen durch Ports, durch Portnummern, identifiziert. Für bekannte und häufig verwendete Dienstleistungen (Prozesse) sind feste und wohlbekannte (also nicht frei vergebbare) Ports festgelegt worden. Ein Client, der z.B. den ftp-Server auf einem fernen Rechner sucht, findet dessen Port in der Datei /etc/services samt zugehörigem Transportprotokoll. Die Ports sind nach TCP und UDP gruppiert und innerhalb einer Gruppe eindeutig. Abbildung 3.20 zeigt einen Auszug aus einer Datei /etc/services.

uucp	540/tcp
tftp	69/udp
netstat	15/tcp
login	513/tcp
telnet	23/tcp
smtp	25/tcp
ftp	21/tcp
sunrpc	111/udp

Abb. 3.20: Die Datei /etc/services

Netzkontrolle

Herstellerunabhängige Netzdiagnosesysteme und Protokollanalysatoren, wie beispielsweise das *LAN Protocol Tester Module K1102* der Firma SIEMENS, sind Werkzeuge für eine professionelle Netzverwaltung. Es sind in der Regel Erweiterungsbaugruppen für AT-kompatible Rechner. Sie registrieren den Datenverkehr auf dem Netz und zeichnen ihn auf. Pakete mehrerer Protokollfamilien, wie Ethernet, Token-Bus und Token-Ring werden erkannt und geprüft. Festgestellte Fehler werden angezeigt. Durch das Setzen von Filtern kann die Beobachtung des Netzbetriebs auf bestimmte Pakete, zum Beispiel auf die fehlerhaften, konzentriert werden. Häufig gibt es eine Software für graphische Aufbereitungen des aufgezeichneten Netzbetriebs und für statistische Auswertungen. Bei der Aufbereitung kann nach Protokollschichten differenziert werden. Das heißt, daß ein aufgezeichnetes Ethernet-Paket beispielsweise als IP-Paket oder als TCP-Paket oder gar als FTP-Paket ange-zeigt werden kann. Neben den Analysefunktionen stehen meist auch Gene-rierungsfähigkeiten zur Verfügung. Damit können bestimmte Fehlersitua-tionen, zum Beispiel Kollisionen oder bestimmte Netzlasten, gezielt herbeige-führt werden.

In den letzten Jahren hat SNMP, das im RFC 1067 (August 1988) spezifizierte Simple-Network-Management-Protocol, eine gewisse Bedeutung erlangt [ROS91]. Dabei kommuniziert ein Programm (ein *Agent*) auf jedem zu verwaltenden Host mit einem Verwaltungsprogramm auf einem ausgezeichneten Host, einer Network-Management-Station (NMS). Registriert werden statistische Informationen über Netz- und Protokollaktivitäten sowie über den Zustand der Netzschnittstellen. Der Datenaustausch zwischen Agent und NMS erfolgt OSI-konform mit dem ASN.1-Protokoll der OSI-Schicht 6 (vgl. Abschnitt 3.2).

Ohne ein eigenständiges Netzdiagnosesystem hat eine Netzverwaltung nur sehr eingeschränkte Mittel. Beispielsweise besitzt das zum Funktionsumfang der IP-Software gehörende Senden und Empfangen von ICMP-Paketen eine Schnittstelle zu Anwenderprogrammen. Mit dem vor wenigen Absätzen im Zusammenhang mit ICMP beschriebenen Kommando ping wird eine ICMP-Echo-Anforderung an einen Host gesendet und eine Zeitüberwachung (Timeout) gestartet. Kommt innerhalb der gesetzten Zeit keine Antwort, dann gilt der Zielrechner als nicht erreichbar. Aufruf (Parametrisierung) und Bildschirmausgabe von ping sind implementierungsabhängig. Das ping-Kommando bezieht sich nur auf jeweils genau einen Host und liefert damit vergleichsweise wenig Information über die Netzgeschehnisse.

Daneben gibt es in TCP/IP-Netzen das netstat-Kommando. Seine Parametrisierung und sein Ausgabeformat sind implementierungsabhängig. Der folgende Aufruf von netstat ohne jeden Parameter wurde auf einem Rechner MX300 der Firma SNI gestartet. Das Kommando lieferte als Ausgabe:

```
Active connections
Proto Recv-Q    Send-Q    Local Address   Foreign Address     (state)
tcp   0         0         mx303.telnet    ps201.1024          ESTABLISHED
tcp   0         0         mx303.telnet    mx302.1040          ESTABLISHED
```

Dabei ist Proto das verwendete Transportprotokoll, im Beispiel ist das TCP. Recv-Q und Send-Q bezeichnen die mit der Netzschnittstelle verbundene Ein- bzw. Ausgabe-Warteschlange. Die Angabe ist ihr Inhalt in Bytes. Beide Queues (Warteschlangen) sind im Beispiel leer.

Die lokale und die ferne Adresse werden in der Form Host.Port angegeben. Hat der Port in der Verwaltungsdatei /etc/services einen Aliasnamen, so wird dieser eingesetzt. *(state)* schließlich zeigt an, daß die Verbindung eingerichtet ist. Das angegebene (konkrete) Beispiel zeigt übrigens eine TELNET-Sitzung, also ein Remote-Login, von einem PC namens ps201, das war konkret ein MS-DOS-Rechner, zu einem SNI-MX300 namens mx303. Dort wurde über NFS das Dateisystem des mx302 (eines File-Servers vom Typ SNI-MX300) verfügbar gemacht. Die eigene Ethernet-Adresse und die eigenen Internet-Adressen, das können mehrere sein, wenn der Host gleichzeitig zu mehreren Internet-Netzen gehört, wird von netstat durch einen Aufruf mit der Option -e geliefert:

```
$ netstat -e
--->
...
ARP enabled
internet address = 59.7F.0.2
ethernet address = 8-0-14-15-18-94
```

Die Internet-Adresse wird hexadezimal ausgegeben. Die Umrechnung in Dezimalwerte ergibt 89.127.0.2. Ein Blick in die Verwaltungsdatei /etc/hosts zeigt, daß es sich um den Internet-Host namens mx303 handelt. Aufschlußreich ist unter anderem auch ein netstat-Aufruf mit der Option -i, der Angaben über den Paketverkehr seit Start der Netzsystemsoftware und über dabei aufgetretene Kollisionen liefert.

```
netstat -i
--->
Name    Mtu   Network    Addr        Ipkts    Ierrs  Opkts    Oerrs  Coll
ex0     1500  tfhlan     mx303       460857   0      116062   0      26
lo0     1536  loopback   127.0.0.0   413      0      413      0      0
```

Mtu steht für Maximum-Transmission-Unit. Gemeint ist die maximale Zahl von Datenbytes pro Paket. Bei Ethernet sind das 1500 Bytes. Am Internet-Anschluß des Hosts mx303 sind 460857 Pakete registriert worden. Keines davon war fehlerhaft. In der gleichen Zeit sind 116062 Pakete gesendet worden, ebenfalls alle ohne eine Fehlerreklamation. Insgesamt wurden 26 Kollisionen festgestellt. netstat ist ein für einen Netzverwalter geschaffenes Werkzeug. Um die Informationsbedürfnisse anderer Benutzer zu befriedigen, sind eigene Kommandos entwickelt worden. Sie werden im Abschnitt 5.3 vorgestellt.

3.6 Netzverbindungen (Internetworking)

Eine Problemstellung, die die Netzverwaltung in ihrer Komplexität erheblich steigert, kommt dadurch zustande, daß in unterschiedlichen Bereichen einer Institution, unabhängig voneinander und häufig vollkommen unkoordiniert, eigenständige lokale Netzwerke entstehen. Eine derartige Entwicklung kann wohlbegründet sein. In vielen Fällen entstehen in einem Betrieb deshalb ganz unterschiedliche lokale Netze, weil bestimmte Netze bestimmter Hersteller für bestimmte Anwendungen besonders gut geeignet oder besonders preiswert sind. Beispielsweise könnten vorhandene IBM-PCs mit einem Token-Ring unter der Software LAN-Manager vernetzt sein, weil dort Datenbank-anwendungen benutzt werden, die LAN-Manager benötigen. Andere IBM-PCs im gleichen Betrieb könnten mit Novells NetWare-System auf einem Ethernet betrieben werden, weil das eine kostengünstige Lösung für das Benutzen der teuren Druck- und Plot-Peripherie ist. Die Entwicklungsabteilung dieses Betriebs mit ihren UNIX-Workstations wird außerdem von den Herstellern fast zwingend mit Ethernet unter TCP/IP ausgestattet. Mit anderen Worten: Eine heterogene Netzlandschaft mit vielen unterschiedlichen LANs ist mehr die Regel als die Ausnahme.

Internetworking

Der Gedanke, Betriebsmittel gemeinsam zu nutzen, die Verfügbarkeit und die Ausfallsicherheit zu erhöhen, die Kommunikationsmöglichkeiten zwischen den Mitarbeitern technisch zu vereinfachen usw., hat dazu geführt, einzelne Computer zu einem Netzwerk zusammenzuschließen. Dieser Gedanke läßt sich auf das Zusammenfassen von Netzen übertragen. Dies führt zu den Fragestellungen der Netzverbindungen, zum Internetworking. Eine auch nur einigermaßen angemessene Betrachtung würde den Rahmen dieses Buchs bei weitem sprengen. Der Abschnitt beschränkt sich deshalb auf einige wenige Begriffe. Eine ausführliche Darstellung des Internetworking auf der Grundlage von TCP/IP findet sich in dem Buch von Comer [COM88]. Verbindungen zwischen Netzwerken unterscheiden sich durch den Aufwand, der zu treiben ist, um Daten einer Anwendung des einen Netzes einer Anwendung eines anderen Netzes verfügbar zu machen. Der einfachste Fall ist bereits bei der Vorstellung von Ethernet behandelt worden: Ein Repeater überträgt ein Paket von einem Netz (-Segment) ungeprüft auf das andere.

Repeater

Allgemein können Netzverbindungen mit Hilfe der OSI-Schichten klassifiziert werden. Je unterschiedlicher die beiden Netze sind, desto höher in der Hierarchie der OSI-Protokollrahmen ist die Transformation der Datenformate angesiedelt. Ein Repeater verbindet Netze auf der physikalischen Ebene. Es ist ein Signalverstärker, der lediglich die Bitübertragung (OSI-Schicht 1) betrifft. Mit einem Repeater können nur physikalisch gleichartige Netze verbunden werden. Typisch sind Ethernet-Segment-Verbindungen (Abbildung 3.21).

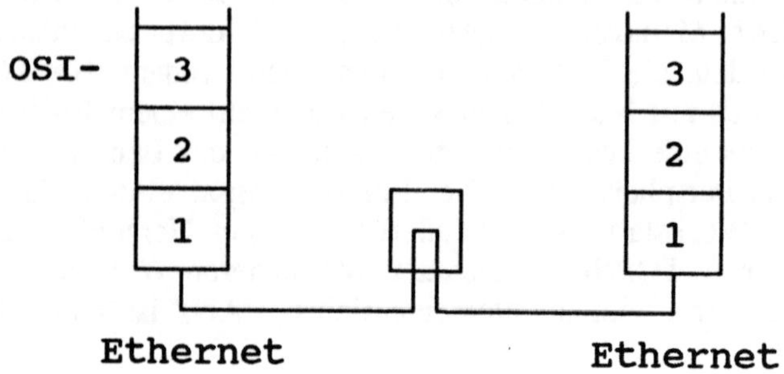

Abb. 3.21: Netzverbindung mit Repeater

Bridge

Eine Bridge verbindet Netze mit unterschiedlichem Paketaufbau und insbesondere unterschiedlichen Hardware-Adressen. Sie formt Paketformate in der Sicherungsschicht (OSI-Schicht 2) um (Abbildung 3.22). Ein Internet beispielsweise kann mit seinem Hauptprotokoll IP sowohl ein Ethernet als unter anderem auch einen Token-Ring benutzen. Eine Bridge reicht aus, um eine Netzverbindung zwischen diesen beiden herzustellen. Auch Ethernet-Netzwerke, die bereits ihre maximale Ausdehnung bezüglich der Signallaufzeiten erreicht haben, können durch Bridges diese Einschränkung überwinden.

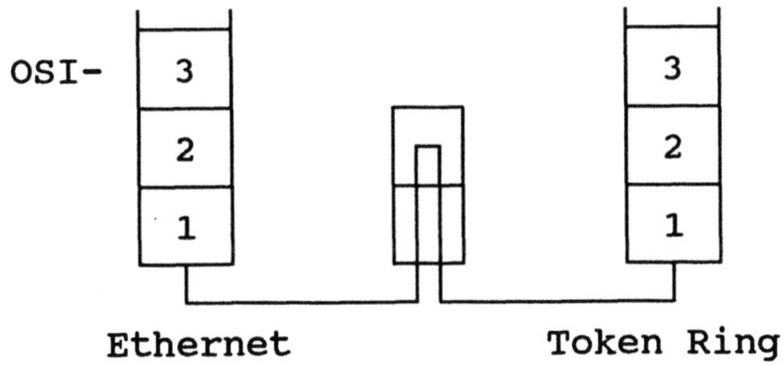

Abb. 3.22: Netzverbindung mit Bridge

Router

Ein Router verbindet Netze über eine Umwandlung zwischen Datenformaten in der Vermittlungsschicht (Abbildung 3.23). Erst ein Router ist in der Lage, verbindungslose und verbindungsorientierte Netze, wie zum Beispiel einen Token-Bus mit einem X.25-Netz, zu koppeln. Der Name Router ist gewählt worden, weil in der Vermittlungsschicht, in der er arbeitet, Entscheidungen über den Transportweg der Daten im Netz (Routing) getroffen werden müssen.

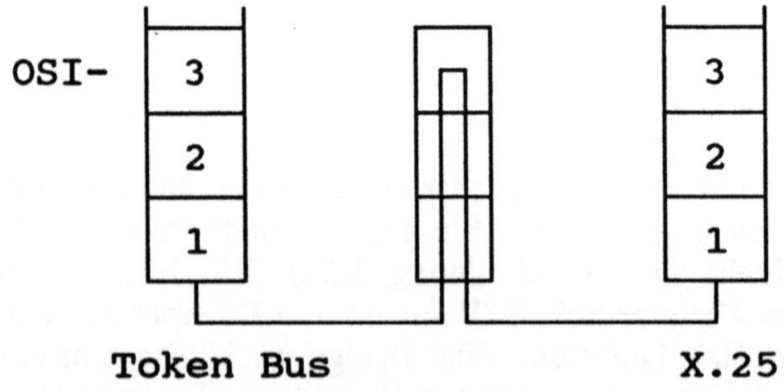

Abb. 3.23: Netzverbindung mit Router

Gateway

In TCP/IP-Umgebungen wird anstelle des Begriffs Router häufig der Begriff Gateway verwendet. Allgemein gilt jedoch, daß für alle Netzverbindungen, die erst oberhalb der Transportschicht realisiert werden können, ein Gateway benötigt wird. Gemeint damit ist ein vollwertiger Rechner, der häufig nicht nur für die Aufgabe als Netzverbindungsrechner eingesetzt wird. Die Netze, die ein Gateway in diesem allgemeinen Sinne erforderlich machen, sind schon sehr unterschiedlich. Ein Beispiel ist eine TCP/IP-Kopplung mit NetBIOS. Kann auf keiner der unteren Protokollschichten eine Transformation durchgeführt werden, so muß die Netzverbindung über die Anwendungsdienste erfolgen.

Übungen

3.1 Aus was besteht ein Protokoll?

3.2 Zu welcher OSI-Schicht gehört die Aufgabe, die Adressen der an einem Datenaustausch beteiligten Prozesse mit den Daten zu verbinden?

3.3 In einem Rechnernetz kann einer der Rechner für die Zeichendarstellung ASCII benutzen, ein anderer EBCDIC. Welche OSI-Schicht berücksichtigt diesen Sachverhalt?

3.4 Welche Eigenschaft von UUCP führt dazu, daß es für verteilte Systeme nicht sinnvoll eingesetzt werden kann?

3.5 Wie unterscheidet sich CSMA von ALOHA?

3.6 Wieso ist bei Ethernet die Netzausdehnung begrenzt?

3.7 Wozu dient die Präambel bei einem Ethernet-Paket?

4 C und UNIX

4.1 Die Programmiersprache C

Bevor im nächsten Kapitel die Anwendungsdienste, das sind die Protokolle der OSI-Schicht 7, vorgestellt werden, sind kurze Betrachtungen zur Programmiersprache C und zum UNIX-Betriebssystem erforderlich. UNIX und C sind gleichzeitig entstanden und eng miteinander verbunden. Das Betriebssystem, seine Kommandos und Werkzeuge (Tools, Utilities) sind fast alle in C geschrieben, und die meisten der im nächsten Kapitel angegebenen Anwendungen sind in C entwickelt worden und in UNIX-Umgebungen eingebettet. Im folgenden werden häufig Beispiele und Erklärungen als C-Programme oder in einem C-ähnlichen Pseudokode angegeben. Allerdings muß deutlich herausgestellt werden, daß das vorliegende Kapitel kein Buch über C und keines über UNIX ersetzen soll. Es werden längst nicht alle C-Sprachkonstruktionen und -Konzepte vorgestellt. Die Ausführungen beschränken sich auf das für die folgenden Kapitel Notwendige. Für Vertiefungen sei auf die entsprechende Literatur, zum Beispiel auf Kernighan/Ritchie [KER90] für C und auf Bach [BAC86] für UNIX verwiesen. C gestattet häufig extrem kurze (und abarbeitungseffiziente) Formulierungen. Auf derartige Konstruktionen ist aus Gründen einer besseren Lesbarkeit prinzipiell verzichtet worden. Auch von UNIX werden lediglich einige fundamentale Arbeitsprinzipien vorgestellt. Die Ausführungen zu UNIX werden im siebten Kapitel durch einen zweiten Teil ergänzt, der sich ausschließlich mit Methoden der Interprozeßkommunikation befaßt.

Historie der C-Entwicklung

Ende der sechziger und Anfang der siebziger Jahre setzte bei Programmiersprachen, die für Aufgaben der Systemprogrammierung geeignet sind, eine Entwicklung ein, die weg von Assembler-Sprachen und hin zu *höheren* Sprachen, zu Sprachen mit komfortableren Kontroll- und Datenstrukturen, führte.

In England entstand CPL (Combined-Programming-Language), die als BCPL (Basic-CPL) am *Massachusetts Institute of Technology* (MIT) weiterentwickelt wurde, und aus der die Sprache B entstand. Alle drei Sprachen waren typenfrei. Das heißt, daß alle Datenobjekte Maschinenwörter (Speicheradressierungseinheiten) des jeweiligen Prozessors waren. Eine Erweiterung von B um ein Typenkonzept führte zu der wenig bekannten Sprache NB, aus der schließlich C hervorging. Parallel zu dieser Entwicklung ist das Betriebssystem UNIX entstanden, das erst in einer Assemblersprache (für eine DEC-PDP11), dann teilweise in B, erfolglos in NB und sehr erfolgreich in C programmiert wurde [BOU88]. Der typenfreie Ursprung von C ist bei einer Vielzahl von C-Compilern noch sichtbar. Dort können Adressen von Variablen, sogenannte Zeiger, als Integerwerte behandelt werden, und bei Unterprogrammaufrufen wird keine Typenüberprüfung der Parameter vorgenommen. Erst neuere C-Entwicklungen wie ANSI-C [KER90] und C++ [BAU89] geben hier dem Programmierer Hilfestellung.

C kennt unter anderem die Standard-Datentypen Integer (int), Real (float) und Character (char). Ein Datentyp Boolean (Logical) existiert nicht. Er wird über die Integerwerte Null (false) und ungleich Null (true) realisiert. Als Kontrollstrukturen stehen Verzweigungen und Iterationen zur Verfügung.

Blockstruktur

C ist eine blockorientierte Sprache. Ein Block besteht aus Vereinbarungen und aus Anweisungen. Er wird mit geschweiften Klammern begonnen und beendet. Der Block

```
{   int i;
    i = 7;
    ...
    }
```

beginnt nach der öffnenden Klammer mit einer Vereinbarung einer Integervariablen, der eine Anweisung, das ist hier eine Wertzuweisung, folgt. Ein Block ohne Vereinbarungen heißt *Verbundanweisung*. Ein Block kann überall dort stehen, wo eine Anweisung steht. Damit können Blöcke in Blöcken geschachtelt auftreten. Jede Anweisung, nicht jedoch ein Block, wird durch ein Semikolon beendet.

Geltungsbereich von Variablen

Eine Variable gilt nur in dem Block, in dem sie vereinbart worden ist. Die Definition einer Variablen in einem inneren Block setzt eine namensgleiche Variable eines äußeren Blocks vorübergehend außer Kraft. Eine Variable, die außerhalb eines Blocks definiert ist, ist für den Block global; eine Variable, die außerhalb aller Blöcke definiert ist, ist für alle Blöcke global.

Funktionskonzept

Funktionen sind die Bauelemente von C-Programmen. Eine Funktion kann über ihren Namen einen Wert zurückgeben. Sie hat (grob) die Form

```
Funktionsname(Parameterliste) Block
```

Die Parameterübergabe ist ein *Call-by-Value*, eine Wertübergabe. Das heißt, daß an eine Funktion lediglich Kopien von Datenobjekten übergeben werden. Ein *Call-by-Reference* ist erreichbar, indem explizit Adressen von Datenobjekten übergeben werden. Über diese Adressen kann eine Funktion dann Variablen des aufrufenden Programms verändern. Auch kann der Rückgabewert einer Funktion die Adresse eines Datenobjekts anstelle eines Datenwertes sein. Im Gegensatz zu der ebenfalls blockorientierten Programmiersprache Pascal werden in C Funktionen nicht innerhalb anderer Funktionen definiert, sondern gleichberechtigt nebeneinander. Wird in einer Funktion eine andere benutzt, die erst später (weiter hinten) definiert wird, so ist eine explizite Vorwärtsreferenz der Form

```
Datentyp Funktionsname();
Beispiel: float berechne();
```

als Vereinbarung erforderlich. Funktionen können rekursiv aufgerufen werden, wie das folgende Beispiel mit einer Fakultätsberechnung zeigt. Mathematisch kann die Fakultät einer natürlichen Zahl n, einer positiven ganzen Zahl, die größer als Null ist, durch die Rekursionsformel

$$1! = 1 \text{ und}$$
$$n! = n * (n-1)!$$

angegeben werden. Die C-Funktion in Abbildung 4.1 setzt diese Formel um. Sie enthält Sprachmittel, die erst später erläutert werden, zeigt jedoch deutlich den rekursiven Funktionsaufruf.

```
faku(n) {
  if(n == 1) return(1);
  return(n * faku(n-1));
  }
```

Abb. 4.1: Fakultätsberechnung

Jedes C-Programm beginnt logisch immer mit der Funktion main(), deren Name fest vorgegeben ist. Abbildung 4.2 zeigt ein Beispiel für ein erstes vollständiges C-Programm.

```
#include <stdio.h>
main() {
  int i, j, k;
  i=2;  j=3;  k=i * j;
  printf("Ergebnis von %d * %d ist %d\n", i,j,k);
  }
```

Abb. 4.2: Ein erstes C-Programm

Man ignoriere vorläufig die Zeile, die mit der Raute (#) beginnt, und betrachte den Block, der die Funktion main() bildet. Erkennbar ist die Vereinbarung von drei Integervariablen. Darauf folgen drei Wertzuweisungen, deren letzte einen Rechenausdruck, eine Multiplikation, enthält.

Formatierte Ausgabe

printf() ist eine vorgegebene Funktion für das formatierte Ausgeben von Daten auf den Bildschirm. Sie hat die Form

```
printf("Text gemischt mit Formatangaben", Wertliste);
```

Dabei müssen die Werte der Wertliste in Reihenfolge und Datentyp zu den Formatangaben im Text passen. Wie im Programmbeispiel sind Werte häufig Variablen. Die Formatangabe %d gibt einen Integerwert in einer voreingestellten Breite aus, und zwar genau an der Stelle, an der im Text diese Formatangabe steht.

Weitere häufig vorkommende Formatangaben sind %f für Floatwerte (Realzahlen), %c für einzelne Zeichen (Characters) und %s für Zeichenfolgen (Strings). Die Zeichenkombination \n im Text der printf()-Funktion ist ein Steuerzeichen und bewirkt einen Zeilenvorschub (Newline) auf dem Bildschirm.

Die Standard-C-Bibliothek

Die Funktion printf() ist einer Bibliothek von Funktionen namens libc.a enthalten. Sie wird Standard-C-Bibliothek genannt und vom C-Compiler, genauer gesagt vom Binder (Linker, Linkage-Editor), unter UNIX in dem Directory /lib mit dem Pfadnamen (vgl. Abschnitt 4.2) /lib/libc.a erwartet. Die im C-Programm angesprochenen Funktionen werden nach der Übersetzung automatisch in das entstehende ausführbare Programm eingebunden.

Aufruf des Compilers und Programmstart

Es wird erwartet, daß das C-Programm, der sogenannte Quellcode, in einer Textdatei mit der Namens-Endung (Extension) .c zur Verfügung gestellt wird. Das oben angegebene C-Programm könnte Inhalt einer Datei namens eins.c sein. Übersetzt und mit libc.a automatisch gebunden wird mit dem cc-Kommando, das in seiner einfachsten Ausprägung lediglich mit dem Namen der Datei parametrisiert wird, die das Quellprogramm enthält:

```
cc eins.c
```

Um anzuzeigen, daß das cc-Kommando in der Regel einem Kommandointerpreter des jeweiligen Betriebssystems, einer sogenannten Shell (vgl. Abschnitt 4.2), übergeben wird, wird häufig die Schreibweise

```
--->$
--->$ cc eins.c
```

benutzt. Dabei soll $ die Eingabeaufforderung (Promptzeichen) des Kommandointerpreters sein. Der Pfeil soll ausdrücken, daß das Promptzeichen vom System kommt und nicht vom Benutzer. Ist dies aus dem Zusammenhang klar, wird meist nur die zweite Zeile geschrieben. Durch den cc-Aufruf entsteht, falls keine Syntaxfehler gefunden werden, eine Datei namens a.out, die das zu eins.c gehörende ausführbare Programm enthält. Komplexere cc-Aufrufe erlauben unter anderem das Einbinden weiterer auch privater Bibliotheken und eine andere Benennung von a.out.

Um nach der Übersetzung ein Programm zur Ausführung zu bringen, muß es in den Hauptspeicher geladen und gestartet werden. Dies geschieht mit dem Aufruf:

```
--->$
--->$ a.out
```

Der Präprozessor

Eine C-Funktion gibt normalerweise stets einen Wert zurück. Als Datentyp ist dafür Integer voreingestellt. Beispielsweise liest die argumentlose Funktion getchar() der Standard-C-Bibliothek genau ein Zeichen von der Eingabe (der Tastatur) und gibt als Wert die Nummer dieses Zeichens im jeweiligen Zeichensatz des Rechners (ASCII, EBCDIC) zurück.

```
i=getchar();
```

Steht beispielsweise in der Eingabe das Zeichen a und liegt der ASCII-Zeichensatz zugrunde, so gibt getchar() den Wert 97 zurück, der in der Integervariablen i aufgefangen wird. Ohne ein solches Auffangen ist der Wert verloren. Kommt von der Eingabe das Zeichen für *Ende-der-Eingabe*, so gibt getchar() den Wert -1 zurück. Solche speziellen Konstanten werden üblicherweise mit Namen versehen und am Programmanfang, noch vor main(), vereinbart. Dazu dient die Angabe #define.

```
#define   EOF   -1
```

Dies erlaubt Konstruktionen der Form:

```
i=getchar();
if(i == EOF) ...
```

Bevor der C-Compiler mit der Übersetzung beginnt, bearbeitet ein Präprozessor, ein Vorcompiler namens cpp, den Quellkode. Dieser Präprozessor entfernt Zeilen wie

```
#define  EOF  -1
```

aus dem Kode und ersetzt überall im Programm EOF durch -1. Wenn der C-Compiler dann den Kode übersetzt, kann er nicht mehr erkennen, wer die -1 eingesetzt hat, der Programmierer selbst oder der Präprozessor. Neben dem #define gibt es eine Reihe weiterer Anweisungsmöglichkeiten für den Präprozessor, unter anderem können bedingte Übersetzungen (mit #if) durchgeführt werden.

Bei großen Programmen stehen viele solche #define-Anweisungen vor dem eigentlichen Programm. Es ist üblich, alle diese Vereinbarungen in einer sogenannten Headerdatei zusammenzufassen.

Im Programm wird dann lediglich noch eine Präprozessoranweisung der Form

```
#include Headerdatei
```

aufgeführt. Headerdateien haben üblicherweise die Extension .h. Bekannt ist die Datei stdio.h. In ihr ist EOF bereits vereinbart, und sie enthält unter anderem Vorwärtsreferenzen auf die Standard-Ein- und -Ausgabe-Funktionen der Standard-C-Bibliothek. Auf UNIX-Systemen werden Header-Dateien in dem Directory /usr/include erwartet. Die Präprozessoranweisung

```
#include <stdio.h>
```

sucht die Datei stdio.h im Verzeichnis /usr/include, während sie bei

```
#include "stdio.h"
```

erst im Arbeitsverzeichnis (Working-Directory) und dann in /usr/include gesucht wird. Ein absoluter Pfadname zu einer Headerdatei, wie zum Beispiel /usr/brecht/ccc/a.h, wird von beiden Schreibweisen respektiert, d.h. a.h wird in dem Directory /usr/brecht/ccc gesucht. Zu den Begriffen *Verzeichnis* und *Pfadname* vergleiche man den Abschnitt 4.2. Hier genügt ein intuitives Verständnis dieser Begriffe.

Kommentare

Kommentare werden vom Übersetzer ignoriert und sind lediglich Bestandteil des Quellkodes. Sie beginnen mit der Zeichenfolge /* und enden mit */. Eine Schachtelung ist unzulässig.

Groß- und Kleinschreibung

Die Programmiersprache C ist *Case-sensitive*. Damit ist gemeint, daß Groß- und Kleinschreibung bei allen Bezeichnern, das sind Variablennamen, Funktionsnamen usw., unterschieden wird. Eine Variable, die zum Beispiel mit

```
int A1;
```

vereinbart worden ist, kann nicht mit a1 angesprochen werden. Bezeichner beginnen immer mit einem Buchstaben oder einem Unterstrich, wobei bei vielen Compilern lediglich die ersten acht (manchmal sechs) Zeichen relevant sind.

Datentypen

Ein Datentyp legt fest, wie (in wievielen Bytes) ein Datum gespeichert und wie dieser Speicherplatz interpretiert wird. Die genaue Platzvergabe ist implementierungsabhängig. In Abbildung 4.3 sind einige für einen Rechner DEC-VAX11/780 typische Datentypen mit ihren Längen angegeben. Man beachte, daß es, neben den hier angegebenen, noch weitere fundamentale Datentypen in C gibt [KER90].

```
char c;          ---> Ein Zeichen, 1 Byte (8 Bits, ASCII);

short int si;
short si;        ---> eine Integerzahl, 2 Bytes (16 Bits);

int i;           ---> eine Integerzahl, 4 Bytes (32 Bits);

long int li;
long li;         ---> eine Integerzahl, 4 Bytes (32 Bits);

float f;         ---> eine Realzahl, 4 Bytes (32 Bits);

double d;        ---> eine Realzahl, 8 Bytes (64 Bits).
```

Abb. 4.3: C-Datentypen auf einem Rechner VAX11/780

Konstanten

Eine ganzzahlige Konstante ist *dezimal*, wenn sie ohne führende Null geschrieben wird. So ist 17 dezimal, 017 jedoch nicht. Eine führende Null bezeichnet einen *Oktalwert*, d.h. 017 ist oktal. *Hexadezimalzahlen* beginnen mit 0x (Null-x). Demnach bezeichnet 0x2a3 eine Hexadezimal-Konstante. Der Buchstabe x und die Buchstaben, die Ziffern der Hexadezimalzahl bezeichnen, das sind a bis f, können sowohl groß als auch klein geschrieben werden. Eine Konstante vom Typ long erhält man durch die Angabe von l oder L unmittelbar hinter den Ziffern. Aus Gründen der besseren Lesbarkeit wird meist L benutzt, l ähnelt zu sehr der Ziffer 1. 0x122L ist long und hexadezimal.

Eine Realzahlkonstante wird entweder mit einem Dezimalpunkt oder in der Form a.b e±c {das entspricht a.b*10^c} geschrieben. 3.14 und 0.314e+1 sind zwei wertmäßig identische Realzahlen.

Zeichenkonstanten (Konstanten vom Typ Character) bestehen aus einzelnen in einfache Hochkommata eingeschlossene Zeichen wie 'a' oder '7'. Ihr Wert ist ihr numerischer Wert im jeweiligen Zeichensatz des Rechners. Mit dem ASCII ist 97 der Wert von 'a' und 55 der von '7'. Einige Zeichen können zusätzlich noch eine besondere Bedeutung haben. Diese Bedeutung wird angesprochen, indem dem Zeichen ein *Backslash* (\) als sogenanntes Fluchtsymbol vorangestellt wird. Beispielsweise bedeutet in dem String (man vergleiche den nächsten Absatz) "Hallo\n" das Zeichenpaar \n, daß bei einer Ausgabe dieses Strings auf dem Ausgabemedium nach Hallo ein Newline, ein Vorschub zum Anfang einer neuen Zeile, ausgeführt werden soll. Das UNIX-Betriebssystem setzt \n in das ASCII-Zeichen LF (Line-Feed, dezimal 10) um. MS-DOS benutzt die Kombination CR LF (Carriage-Return und Line-Feed, dezimal 13 und 10).

Ein String ist eine in doppelte Hochkommata eingeschlossene Folge von Zeichen. So ist "Hallo" ein String. C legt Strings in Arrays, in Feldern, vom Typ Character ab und fügt beim Ablegen ein nach außen unsichtbares String-Endezeichen, eine binäre Null, dazu. Ein String ist abgespeichert immer um ein Zeichen länger, als naiv zu sehen ist. "Hallo" beispielsweise wird in sechs Bytes abgelegt.

Typ-Umwandlung

Umwandlungen zwischen Datentypen erfolgen bei numerischen Werten dadurch, daß in einem gemischten Rechenausdruck der jeweils allgemeinere Typ die Umwandlung bestimmt. Eine explizite Umwandlung zwischen Datentypen jeglicher Art erfolgt durch den sogenannten *Cast-* oder Umwandlungs-Operator. Dabei wird der Ergebnistyp in runden Klammern vor den Ausgangswert gesetzt. Das folgende Beispiel zeigt eine Umwandlung eines Floatwertes in einen Integerwert.

```
int i; float f;
f=3.14;
i = (int)f;       /* Ergebnis:  3 ---> i  */
```

Operatoren

In C steht eine Vielzahl von Operatoren zur Verfügung. Der Cast-Operator ist bereits genannt worden. Daneben gibt es:

arithmetische Operatoren wie

+	für die Addition,
-	für die Subtraktion,
*	für die Multiplikation,
/	für die Division (abhängig vom Datentyp) und
%	für die Rechnung mit Restklassen (Divisionsrest);

Vergleichsoperatoren wie

>	für *größer als*,
>=	für *größer als oder gleich*,
<	für *kleiner als*,
<=	für *kleiner als oder gleich*,
==	für *gleich* und
!=	für *ungleich*;

Verschiebeoperatoren für Bitmuster (Shifts) wie

<<	für Verschiebungen nach links und
>>	für Verschiebungen nach rechts;

Bitoperatoren wie

&	für ein AND,
|	für ein OR,
^	für ein XOR (exklusives OR) und
~	für das Bit-Komplement;

logische Operatoren wie

&&	für eine UND-Verknüpfung,
||	für eine ODER-Verknüpfung und
!	für die Negation (NOT).

Auch hier ist festzuhalten, daß die Aufzählung der Operatoren keinesfalls vollständig ist. Zwei weitere, und das sind dann immer noch längst nicht alle, werden in einem der nächsten Absätze bei der Behandlung von Zeigern vorgestellt.

Wertzuweisung

Eine explizite Wertzuweisung erfolgt durch Ausdrücke der Form

```
Speicherplatz = Wert;
```

wobei *Wert* eine Konstante sein kann oder durch eine Variable, einen Rechenausdruck oder eine Funktion gegeben ist. Beispielsweise ist

```
i = 3;
```

eine Wertzuweisung. Der Wert der Konstanten 3 wird einer Variablen i (dem durch i bezeichneten Speicherplatz) zugewiesen. Implizit kann einer Variablen ein Wert auch durch eine Einlesefunktion, wie beispielsweise durch getchar() oder scanf(), zugewiesen werden.

Kontrollstrukturen

Für Programmverzweigungen stellt C die Sprachkonstruktionen if und switch zur Verfügung. Man beachte, daß in C überall dort, wo eine Anweisung steht, auch ein Block und damit eine Verbundanweisung stehen kann. Die if-Konstruktion hat die beiden syntaktischen Formen:

```
if (Ausdruck) Anweisung;
und
if (Ausdruck) Anweisung1; else Anweisung2;
```

Ausdruck wird bewertet, d.h. ausgerechnet. Ist der Wert von Null verschieden, so wird die Anweisung bzw. die Anweisung1 ausgeführt. Ist er gleich Null, wird der else-Zweig durchlaufen, bzw. falls kein else-Zweig existiert, wird die nächste Anweisung nach dem if ausgeführt. Bei Schachtelungen wie in

```
if (...) if (...) Anweisung1; else Anweisung2;
```

wird else mit dem jeweils inneren if verbunden. Eine explizite Blockbildung vermeidet mögliche Mißverständnisse:

```
if (...){
      if (...)  Anweisung1;
        else    Anweisung2;
      }
```

Mit der switch-Anweisung werden mehrfache Verzweigungen formuliert.

```
switch (Ausdruck) {

    case Konstantenausdruck1 :        Anweisung1.1;
                                      Anweisung1.2;
                                      ...

    case Konstantenausdruck2 :        Anweisung2.1;
                                      Anweisung2.2;
                                      ...
```

Ausdruck wird bewertet und der Reihe nach mit den Konstantenausdrücken der case-Zweige verglichen. Ein Konstantenausdruck ist eine Konstante wie 7 oder eine Konstante zusammen mit einem Operator wie >7, was soviel bedeutet wie *Ein Wert größer als 7*. Stimmt der Wert des Ausdrucks (neben dem switch) mit keinem der aufgeführten Konstantenausdrücke überein, so wird die nächste Anweisung nach dem switch durchgeführt. Stimmt zum ersten Mal der Wert des Ausdrucks mit einem Konstantenausdruck überein, so werden die zu diesem case-Zweig gehörenden Anweisungen und die aller folgenden case-Zweige durchgeführt. Letzteres ist häufig nicht erwünscht. Sollen nur die Anweisungen des case-Zweiges ausgeführt werden, dessen Konstantenausdruck die Übereinstimmung gebracht hat, so muß die letzte Anweisung dieses case-Zweigs ein break sein. Das folgende Beispiel zeigt diese Konstruktion.

```
switch(i) {
    case 1 :    printf("Eins\n");
                break;
    case 2 :    printf("Zwei\n");
                break;
    case >2:    printf("Größer als Zwei\n");
    }
```

Bei einem der case-Zweige kann statt

```
case Konstantenausdruck
```

auch *default* stehen. Der zugehörige Zweig wird ausgeführt, falls keiner der anderen Fälle zu einer Übereinstimmung führt. Das obige Beispiel, um einen default-Ausdruck erweitert, sieht folgendermaßen aus:

```
switch(i) {
        case 1 :        printf("Eins\n");
                        break;
        case 2 :        printf("Zwei\n");
                        break;
        case >2:        printf("Größer als Zwei\n");
                        break;
        default:        printf("Kleiner gleich Null\n");
        }
```

Als Kontrollstruktur zur Iteration ist in C unter anderem eine while-Schleife vorhanden.

```
while (Ausdruck) Anweisung;
```

Sie prüft die Abbruchbedingung jeweils vor einem Schleifendurchlauf. Bei dem folgenden Beispiel wird die Schleife, wenn i einen Startwert von 15 hat, gar nicht durchlaufen.

```
while (i < 10) {
     printf("Kleiner als 10\n");
     i = i+1;
     }
```

Eine häufig vorkommende Anwendung des while hat die Form:

```
Startwert;
while (Startwert ungleich Endwert) {
     Mache etwas;
     Verändere den Startwert hin zum Endwert;
     }
```

Dafür gibt es eine kompaktere Schreibweise, die einen eigenen Namen erhalten hat. Sie heißt for-Schleife und hat folgende Syntax:

```
for (Startwert; Endwert; Veränderung des Startwerts) Anweisung;
```

Die folgende while-Konstruktion ist zu der unmittelbar darunterstehenden for-Schleife äquivalent. Beide Konstruktionen geben jeweils in einer neuen Zeile die Zahlen 0, 1 und 2 aus.

```
i=0;
while (i<3) {
     printf("i ist %d\n", i);
     i=i+1;
     }

for (i=0; i<3; i=i+1) printf("i ist %d\n", i);
```

Das Kommando break verläßt eine Schleife unmittelbar, continue dagegen überspringt den Rest der Schleife und führt zum nächsten Schleifendurchlauf. Mit

```
goto Marke;
```

erfolgt ein Sprung an die Stelle des Programms, die die Form *Marke:* hat. Man beachte den Doppelpunkt, der hier den Markennamen abschließt, jedoch nicht zu ihm gehört. Ein goto-Befehl ist zum Beispiel vorteilhaft, wenn eine Schleifenschachtelung beim Eintreten einer bestimmten Bedingung verlassen werden soll. Ein break würde lediglich die innere Schleife verlassen. Sprünge können nicht funktionsübergreifend durchgeführt werden. Allerdings gibt es die Systemaufrufe setjmp() zur Speicherung des Prozessorzustandes und longjmp() zum Wiedereinspielen, zum Laden, eines gespeicherten Prozessorzustandes. Damit sind in einem gewissen Sinne funktionsübergreifende Sprünge realisierbar.

Funktionen

Eine Funktion in C hat die allgemeine Form:

```
Typ Name (Parameter) Typenvereinbarung der Parameter {
     Vereinbarungen und
     Anweisungen der Funktion
     }
```

Dabei ist *Typ* der Datentyp des Rückgabewertes. Fehlt er, wird int angenommen. Soll eine Funktion keinen Wert zurückgeben, so ist als spezieller Typ void zu verwenden. *Name* ist der Funktionsname. Die Parameter sind durch Kommata getrennt.

Eine Funktion endet logisch mit return, bzw. mit return(Rückgabewert). Fehlt ein return-Befehl, endet die Funktion nach ihrer logisch letzten Anweisung. Ein Rückgabewert ist dann nicht definiert. Ein Funktionsaufruf hat die Form:

```
Name(Aktuelle Parameter);
```

Abbildung 4.4 zeigt ein Programmbeispiel mit einer Funktion, die zwei Integerzahlen addiert und das Ergebnis der Addition als Funktionswert zurückgibt. Das Beispiel soll lediglich den Funktionsbegriff veranschaulichen. Es hat sonst keinen Wert.

```
#include <stdio.h>
main() {
     int erg,            /* Variable für das Ergebnis                   */
         add();          /* Referenz auf spätere Funktionsdefinition    */

     erg=add(3,5);       /* Funktionsaufruf mit Zuweisung an erg        */
     printf("Ergebnis ist %d\n", erg);
     }

int add(a,b) int a,b; {
     int i;              /* lokale Variable                             */
     i=a+b;
     return(i);
     }
```

Abb. 4.4: Eine Additionsfunktion, Version 1

In der Regel werden C-Programme nicht derart weitschweifend geschrieben. Die zweite Version in Abbildung 4.5 ist äquivalent zur Version 1 in Abbildung 4.4. Aus Gründen der besseren Lesbarkeit und des damit verbundenen schnelleren Verständnisses wird in diesem Buch stets versucht, auf zu knappe Programmformulierungen zu verzichten.

```
#include <stdio.h>
main() {
     int add();
     printf("Ergebnis ist %d\n", add(3,5));
     }

int add(a,b) int a,b; {return(a+b); }
```

Abb. 4.5: Eine Additionsfunktion, Version 2

Zeiger

Hauptspeicheradressen werden in Variablen des Datentyps Zeiger (Pointer) gespeichert. Eine Adresse ähnelt sehr einem Datentyp, den es in C auch gibt, und der *Unsigned-Integer* (positive Ganzzahl) heißt. Er ist bisher noch nicht behandelt worden. Die Ähnlichkeit zwischen Adressen und Integerzahlen führt häufig zu Verwechslungen und verursacht schwierig zu lokalisierende Laufzeitfehler. Ein Zeiger (eine Adresse) ist jedoch keine Integerzahl! Dies wird deutlich, wenn mit Zeigern gerechnet werden soll, was mit gewissen Einschränkungen (siehe unten) möglich ist. Durch die Schreibweise

```
float *pf;
```

wird eine Zeigervariable namens pf vereinbart, deren Wert die Adresse einer (durch diese Vereinbarung nicht bestimmten) Floatvariablen ist. Adressen und Floatzahlen sind in der Regel unterschiedlich groß. Beispielsweise könnten, wie bei dem Prozessor 8086 von Intel, Adressen aus 20 Bits gebildet werden, während Floatzahlen aus 32 Bits bestehen. Anschaulich wird der Wert einer Zeigervariablen (eine Adresse) als Pfeil (Zeiger) auf das entsprechende Datenobjekt dargestellt.

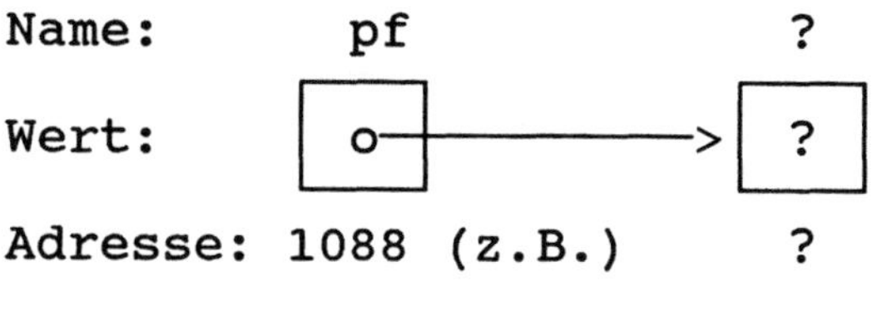

Ein Ausdruck der Form pf+1 bedeutet nicht, daß auf die Adresse in pf die Zahl 1 im Sinne einer Integeraddition addiert wird, sondern daß die Adresse um die Größe eines zugehörigen Datenobjekts, im Beispiel um die Größe einer Floatzahl, erhöht wird.

Wenn Floatwerte vier Bytes belegen und pf enthalte (woher auch immer) die Adresse 2048, dann ist pf+1 nicht 2049, sondern 2052. Die Adresse (der Zeiger) wird um eine Floatzahl, um 4 Bytes, weitergesetzt.

Adreßoperator

Durch die Vereinbarung einer Zeigervariablen wird noch keine Variable des zugehörigen Typs erzeugt. Durch

```
float f, *pf;
```

hingegen entstehen eine Floatvariable *f* (für Floatwerte) und eine Zeigervariable *pf* (für Zeiger auf Floatvariablen). Die Verbindung zwischen beiden wird, zum Beispiel bei einer Wertzuweisung, explizit durch einen Adreßoperator & hergestellt, der unmittelbar vor dem Namen der Variablen steht, deren Adresse er liefern soll. Im Beispiel erhält man mit &f die Adresse der Floatvariablen f. Damit ist folgende Wertzuweisung korrekt und wird durch die sich daran anschließende Darstellung veranschaulicht.

```
pf = &f;
```

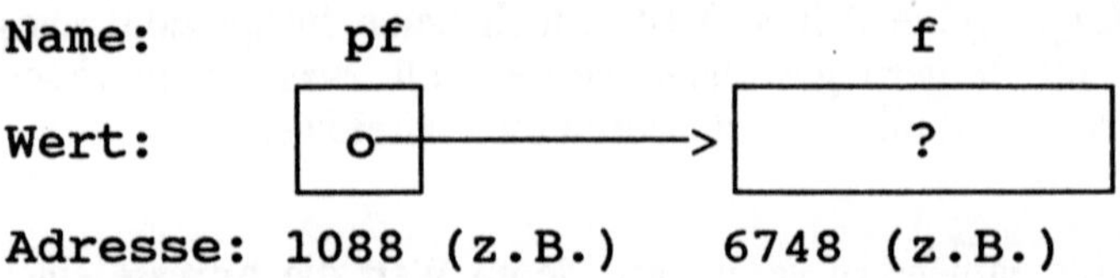

Eine wichtige Anwendung des Adreßoperators findet man bei Funktionen, die (wenigstens) einen ihrer Parameter manipulieren sollen. Man betrachte die Funktion scanf(), die vom Terminal formatiert liest und das Gelesene in ihren Argumenten speichert. Dieser Funktion müssen vom aufrufenden Programm Adressen von Variablen übergeben werden, damit scanf() darin die gelesenen Werte speichern kann:

```
int i;
scanf("%d", &i);      /* Integerwert nach i lesen */
```

Wertoperator

Das gleiche Zeichen, nämlich das Sternchen, mit dem Zeigervariablen vereinbart werden, ist in Anweisungen ein Operator.

Steht dieser Operator unmittelbar vor einer Zeigervariablen, so liefert er den Wert der Variablen, auf die die Zeigervariable zeigt. In dem Programm in Abbildung 4.6 wird eine Floatvariable auf 3.14 gesetzt und ihre Adresse einer Zeigervariablen zugewiesen. Die Funktion printf() gibt dann den Floatwert 3.14 über den Wertoperator aus.

```
#include <stdio.h>
main() {
     float f, *p;
     f=3.14;
     p=&f;
     printf("Pi ist %f\n", *p);   /* %f ist Ausgabeformat für Floatwerte */
     }
```

Abb. 4.6: Wertoperator

Das Definitionszeichen * und der Wertoperator * können gehäuft auftreten. Mit

```
float **ppf;
```

wird eine Zeigervariable ppf vereinbart, die auf eine Zeigervariable zeigt, die auf eine Floatvariable zeigt. Man beachte, daß nur ppf vereinbart worden ist. Ein Zugriff auf *ppf oder auf **ppf betrifft Speicherplätze, die durch die obige Vereinbarung nicht definiert sind.

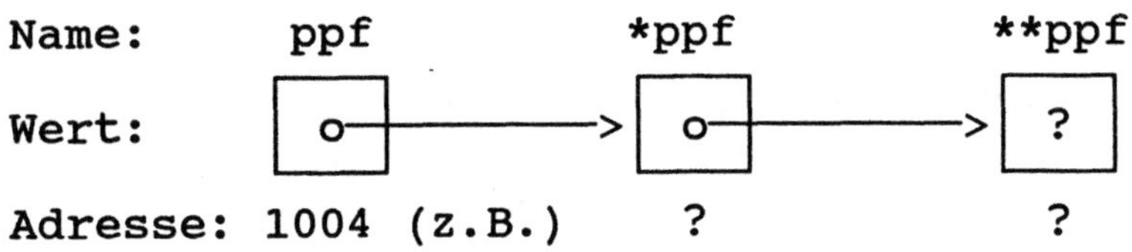

Nach einer Vereinbarung wie float f, ist &f die Adresse der Variablen f. &f selbst ist jedoch keine Variable, sondern ein Wert, und zwar eine Adresse. Eine Häufung des Adreßoperators in der Form &&f hat keinen Sinn, da dieser Operator nur für Variablen definiert ist.

Ein Beispiel für eine zweistufige Verzeigerung ist in der Abbildung 4.7 angegeben. Das Programm baut folgende Zeigerkette auf und gibt mit einer zweimaligen Anwendung des Wertoperators eine Floatzahl aus:

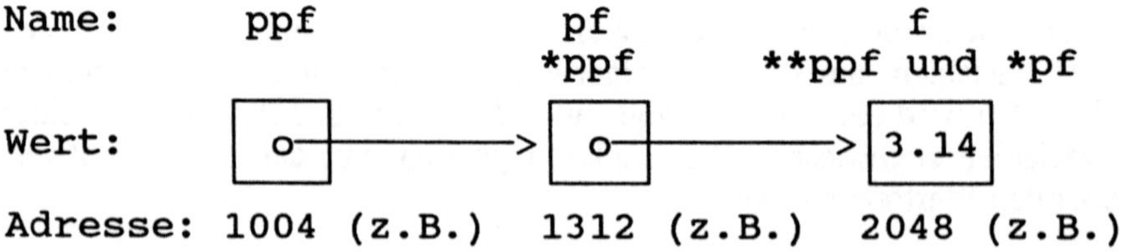


```
#include <stdio.h>
main() {
     float f, *p, **pp;
     f=3.14;
     p=&f;
     pp=&p;
     printf("Pi ist %f\n", **pp);    /*  %f ist Ausgabeformat  */
     }
```

Abb. 4.7: Zweistufige Verzeigerung

Als Beispiel für eine Anwendung kann eine Ausgabefunktion für Fehlermeldungen herangezogen werden, die den jeweiligen Meldungstext zeichenweise ausgibt. Dabei wählt der eine Zeiger die Meldung, der andere das auszugebende Zeichen innerhalb der Meldung aus.

Arrays

Zwischen Zeigervariablen und Arrays (Feldern) besteht in C eine sehr enge Beziehung. Ein Array ist eine Datenstruktur (ein strukturierter Datentyp). Es stellt eine bestimmte Anzahl von Variablen gleichen Datentyps zur Verfügung. So definiert

```
int i[3];
```

drei das Array bestimmende Integervariablen, deren Namen i[0], i[1] und i[2] lauten. Die Konstante 3 in der Definition gibt die Zahl der Komponenten an, das ist die Größe des Arrays. Anschaulich entsteht ein Gebilde der Form:

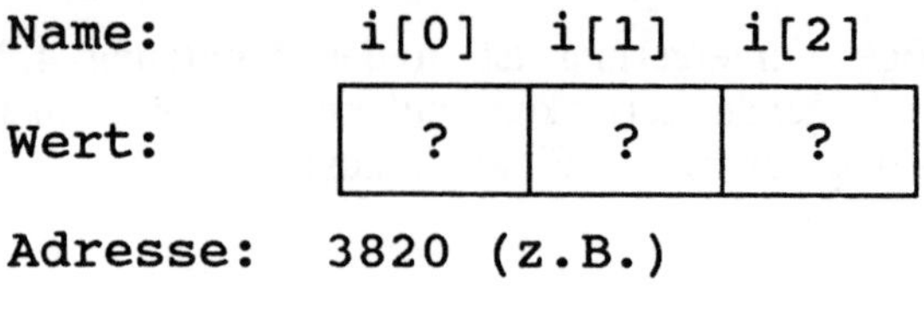

Die Namensbestandteile 0, 1 und 2 heißen Indizes. Man beachte ihren ersten und letzten Wert! Ein Index kann eine Variable sein, und man kann mit ihm rechnen. Das folgende Programmfragment zeigt Zugriffe auf ein Array mit berechneten Indizes.

```
j=0;
while( j<3 ) {
    printf("%d\n", i[j]);        /* Zugriff auf i[j] */
    j=j+1;
    }
```

Global vereinbarte Arrays können bereits bei ihrer Definition initialisiert, d.h. mit Anfangswerten belegt, werden. Sie können dabei ohne explizite Größenangabe bleiben, da diese der Compiler aus dem Datentyp und aus der Anzahl der angegebenen Werte bestimmen kann. Die Schreibweise wird mit zwei Beispielen erläutert:

```
int b[] = { 1, 12, 7 };     /* Ein dreistelliges globales Array    */
char s[] = "Eva";           /* Ein vierstelliges (!) globales Array */
```

Die enge Beziehung zwischen Arrays und Zeigervariablen kommt dadurch zustande, daß der Name eines Arrays auch gleichzeitig die Adresse seines ersten Arrayelementes bezeichnet. D.h. nach der Vereinbarung

```
float f[5], *pf;
```

sind die beiden Anweisungen

```
pf = &f[0];        und        pf = f;
```

äquivalent. Man beachte, daß der Arrayname f keine Variable, sondern ein Wert, genauer gesagt eine Adresse, ist. Durch die beschriebene Äquivalenz der Schreibweisen sind dann auch die folgenden beide Befehle gleichwertig:

```
pf = &f[2];        und        pf = f+2;
```

Strings

Strings werden samt Endezeichen in Arrays gespeichert. Deshalb ist, wie Abbildung 4.8 zeigt, ein String identisch mit der Adresse seines ersten Elements.

```
#include <stdio.h>
main() {
     char *pc;
     pc = "abc";
     printf("%c\n", *pc);          /* liefert: a    */
     printf("%s\n", pc);           /* liefert: abc  */
     }
```

Abb. 4.8: Strings

In Abbildung 4.8 wird die Character-Zeigervariable pc durch die Wertzuweisung

```
pc = "abc";
```

mit der Adresse des ersten Zeichens des Strings geladen. Der erste Aufruf der Funktion printf() gibt dieses erste Zeichen aus, der zweite den ganzen String. Wird ein Array für einen String explizit vereinbart, z.B. mit

```
char c[25];
```

und soll ein String in ihm gespeichert werden, dann erleichtert die Funktion strcpy() die Umspeicherung:

```
#include <string.h>
strcpy(c, "abc");
```

Mehrdimensionale Arrays

C erlaubt die Vereinbarung mehrdimensionaler Arrays. Ein zweidimensionales Array beispielsweise ist ein Array von Arrays. Die Vereinbarung

```
int k[3][2];
```

definiert ein Array aus drei Komponenten. Jede Komponente ist ein Array aus zwei Integerzahlen. Anschaulich entsteht ein zweidimensionales Gebilde aus Zeilen und Spalten. Durch die obige Vereinbarung sind sechs (2*3) Integervariablen vereinbart worden. Bei der folgenden Veranschaulichung sind die Namen dieser Variablen in die entsprechenden Kästchen, die den zugehörigen Speicherplatz symbolisieren, hineingeschrieben worden.

k[0]	k[0][0]	k[0][1]
k[1]	k[1][0]	k[1][1]
k[2]	k[2][0]	k[2][1]

Anstelle derartiger Arrays werden wegen der größeren Flexibilität häufig Arrays von Zeigern auf (eindimensionale) Arrays definiert. Mit

```
int *pk[3];
```

wird beispielsweise ein dreistelliges Array von Zeigern auf Integervariablen vereinbart.

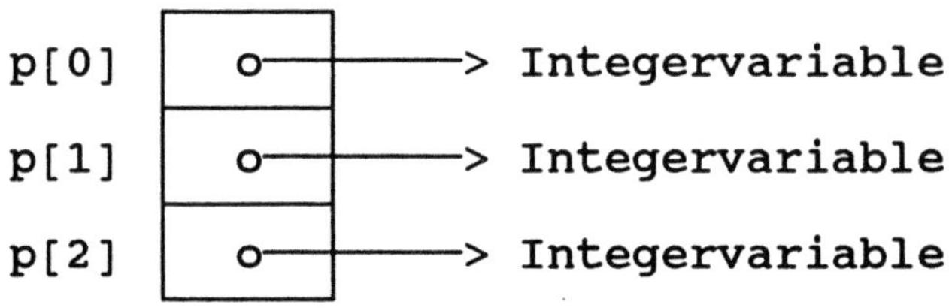

p[i] ist dann eine Variable, die die Adresse einer Integervariablen enthält. Diese Adresse wiederum kann als Anfangsadresse eines Integerarrays verstanden werden. Mit anderen Worten: Jedes p[i] zeigt auf ein möglicherweise jeweils unterschiedlich großes Integerarray.

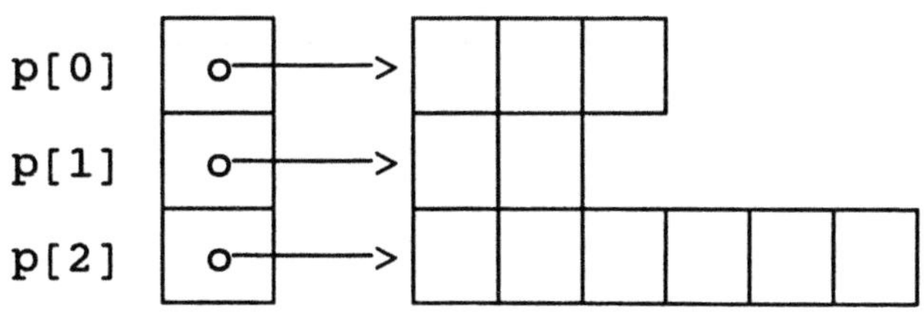

Zu beachten ist auch hier, daß durch die Definition des Arrays von Zeigern noch kein Speicherplatz für die Integerwerte vereinbart worden ist. Nach

```
int k[3][2], *pk[3];
```

kann die Verbindung zwischen den beiden Datenstrukturen durch die folgenden Zuweisungen hergestellt werden:

```
pk[0] = k;
pk[1] = k + 1;
pk[2] = k + 2;
```

Strukturen (Records)

Arrays stellen eine bestimmte Anzahl von Variablen gleichen Datentyps zur Verfügung. Dagegen erlauben Records, in C heißen sie Strukturen, eine Zusammenfassung von Variablen auch unterschiedlichen Typs. Die folgende Vereinbarung

```
struct {
    char name[15];
    int alter;
    float gehalt;
    } a;
```

definiert eine Struktur namens a, die aus den drei Variablen a.name, a.alter und a.gehalt besteht. Dabei ist a.name ein Zeichenarray der Länge 15. Der erste Buchstabe des Namens (des Arrays a.name) beispielsweise wird mit a.name[0] angesprochen. Typische Anwendungen für Strukturen sind tabellarische Zusammenstellungen, die sich als Arrays von Strukturen in angemessener Weise darstellen lassen. Mit

```
struct {
    char name[15];
    int alter;
    float gehalt;
    } b[20];
```

wird eine Tabelle namens b aus 20 Zeilen beschrieben. Jede Zeile enthält eine Struktur mit drei Komponenten. Nach einer entsprechenden Belegung mit Werten ergibt sich anschaulich folgende Darstellung:

b	Name	Alter	Gehalt
0	Britsch	42	71000.00
1	Deimel	27	48000.00
2	Ermel	51	65000.00
...	...	...	...
19	Wolter	27	44000.00

Häufig werden Struktur- und Variablenvereinbarung aus Gründen der Übersichtlichkeit voneinander getrennt. Dann muß der Struktur ein Strukturname gegeben werden, auf den sich dann die Vereinbarung beziehen kann:

```
struct angestellter {
     char name[15];
     int alter;
     float gehalt;
     };

struct angestellter b[20];
```

Wird die Struktur mit der typedef-Anweisung definiert, kann die Variablenvereinbarung verkürzt werden:

```
typedef struct {
     char name[15];
     int alter;
     float gehalt;
     } angestellter;

angestellter b[20];
```

Angenommen, eine Zeigervariable pang und eine Strukturvariable ang werden in der folgenden Form vereinbart:

```
typedef struct {
      char name[15];
      int alter;
      float gehalt;
      } angestellter;

angestellter ang, *pang;
```

Dann kann nach der Zuweisung

```
pang=&ang;
```

auf eine Komponente der Struktur ang, beispielsweise auf ang.gehalt, mit (*pang).gehalt zugegriffen werden. Dafür ist die Kurzschreibweise

```
pang->gehalt
```

geschaffen worden. Durch beide Schreibweisen wird auf die gleiche Komponente ang.gehalt der Struktur ang zugegriffen.

Unions

Der Hauptspeicher eines Rechners ist eine Folge von kleinsten adressierbaren Speichereinheiten. Bei den Rechnern, die im Vordergrund der Betrachtungen dieses Buches stehen, sind das Bytes. Ein Ausschnitt aus einem Hauptspeicher, zum Beispiel eine Folge von vier Bytes, kann von einem Programm auf ganz unterschiedliche Weise interpretiert werden, unter anderem als

1. eine Floatvariable aus 4 Bytes,
2. eine Integervariable aus 4 Bytes,
3. zwei Integervariablen aus je 2 Bytes,
4. ein Zeichenarray aus 4 Bytes oder
5. vier Zeichenvariablen (je 1 Byte).

In C gestattet die Sprachkonstruktion Union, die syntaktisch wie eine Struktur aufgebaut ist, eine Mehrfachinterpretation und damit eine speicherplatzsparende Mehrfachbelegung (zeitlich hintereinander) von Speicherplätzen mit Werten unterschiedlichen Typs.

```
union {
    float v;
    int w;
    short x,y;
    char z[4];
    char a,b,c,d;
    } uw;
```

Eine Wertzuweisung wie beispielsweise

```
uw.v = 3.14;
```

wird durch eine darauf folgende Zuweisung wie

```
uw.w = 17;
```

überschrieben, weil beide Variablen den gleichen Speicherplatz benutzen.

Argumente beim Programmaufruf

Programme werden bei ihrem Aufruf häufig parametrisiert. Dadurch werden sie mit Argumenten, zum Beispiel mit Dateinamen, versorgt. Beispielsweise kann beim Aufruf des sort-Programms der Name der zu sortierenden Datei als Parameter angegeben werden:

```
--->$ sort  a.b
```

Einige Parameter, die dann Optionen heißen, steuern den Ablauf eines Programms. Zum Beispiel bewirkt bei

```
--->$ sort -r  a.b
```

die Option -r, daß in umgekehrter (reverse) Reihenfolge sortiert wird. Soll in einem C-Programm auf Aufrufparameter zugegriffen werden, so ist die Funktion main() mit Argumenten zu versehen:

```
main(argc, argv) int argc; char *argv[];
```

argc enthält nach dem Aufruf die um 1 erhöhte Anzahl der Aufrufparameter. argv ist ein Zeiger auf ein Array von Zeigern, von denen jeder auf ein Element (einen Parameter) des Programmaufrufs zeigt. Dabei wird als erstes Element der Programmname geführt. Weil er mitgezählt wird, ist argc um 1 höher als die Zahl der Parameter. Abbildung 4.9 veranschaulicht diesen Sachverhalt.

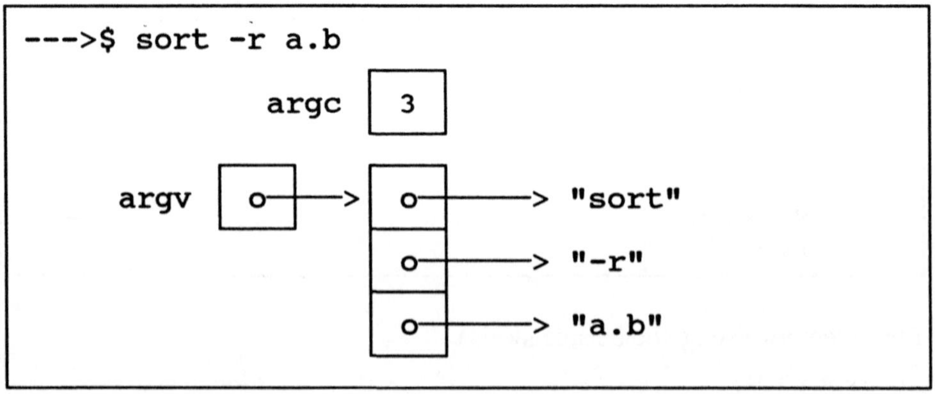

Abb. 4.9: argc und argv

Prozeßumgebung

Ein Programm wird stets in einer bestimmten Umgebung durchgeführt. Bei UNIX-Systemen gehören dazu Angaben zum Kommandointerpreter, zu den Kommandosuchpfaden, zum Login-Directory, zum Benutzernamen usw. (vgl. Abschnitt 4.2). Allgemein ist die Prozeßumgebung eine Liste von Paaren der Form (Variable, Wert). Anschaulich handelt es sich um eine Tabelle, die folgendermaßen aussieht:

Variable	Wert
SHELL	/bin/sh
PATH	:/bin:/usr/bin
HOME	/usr/brecht
USER	brecht
usw.	usw.

Jedes Paar (jede Zeile) ist als String repräsentiert. In einem C-Programm steht die Prozeßumgebung über einen weiteren main()-Parameter, den Environment-Parameter arge, zur Verfügung:

```
main(argc, argv, arge) int argc; char *argv[], *arge[];
```

arge ist genau so aufgebaut wie argv, jedoch ist die Zahl der Arrayelemente nicht bekannt. Dafür ist vereinbart, daß der letzte String, auf den arge[] zeigt, ein Null-String sein muß (Abbildung 4.10).

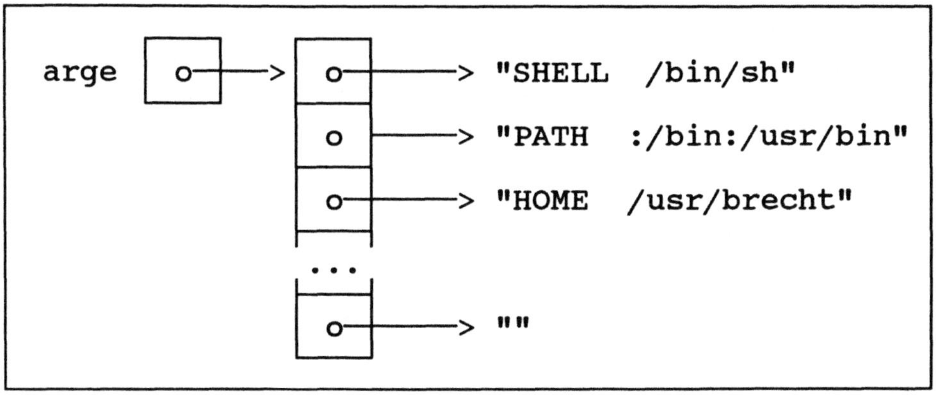

Abb. 4.10: Prozeßumgebung

4.2 Das Betriebssystem UNIX

Der Abschnitt über UNIX soll und kann auf keinen Fall eine Einführung in dieses Betriebssystem ersetzen. Allerdings ist für die nächsten Kapitel ein Grundverständnis einiger Systemeigenschaften erforderlich. Nur auf diese wird hier eingegangen.

Ein Betriebssystem stellt seine Dienste in Form von Systemaufrufen (System-Calls) zur Verfügung. Diese sind über eine Assemblersprache oder zum Beispiel auch über Funktionsaufrufe in C ansprechbar. Ein Programm, wie zum Beispiel cat, das Dateiinhalte ausgibt, benutzt Systemaufrufe, um Dateien zu öffnen, ihren Inhalt zu lesen und auszugeben und sie dann wieder zu schließen. Ein Betriebssystem bietet dem Benutzer in der Regel eine Sammlung solcher Dienstleistungsprogramme wie cat an. Sie werden Kommandos genannt. Von einem *Tool* oder *Utility* spricht man, wenn ein Kommando eine gewisse Komplexität erreicht hat. Ein Texteditor beispielsweise ist ein Tool, ein Werkzeug zur Erstellung und Bearbeitung von Textdateien. Auch ein Kommandointerpreter, bei UNIX *Shell* genannt, ist ein Tool. Er bringt, in der Regel im Dialog mit einem Benutzer, Kommandos (Tools) zur Ausführung. Es ist nicht möglich, im Rahmen dieses Buchs auf die sehr zahlreichen Tools des UNIX-Systems einzugehen. Ebenso müssen Betrachtungen zur Implementierung, insbesondere zu den Verwaltungs-Datenstrukturen und -Algorithmen, zu kurz kommen.

Bezüglich UNIX kann auf eine vielfältige Literatur verwiesen werden. Soll das Betriebssystem aus der Sicht eines Anwenders studiert werden, so ist dafür (unter anderem) das Buch von Bourne [BOU88] geeignet, während Systementwicklern das Buch von Bach [BAC86] empfohlen werden kann.

Historie von UNIX

Die Entwicklung des UNIX-Betriebssystems begann 1968 in den Bell-Laboratorien des AT&T-Konzerns (American Telephone and Telegraph). Eine erste Version wurde in Assembler für einen Rechner PDP7 der Firma DEC (Digital-Equipment-Corporation) erstellt. Nach einer Reihe von Experimenten mit den Sprachen BCPL, B und NB (vgl. Abschnitt 4.1) wurde 1973 das UNIX-System neu in C implementiert. 1975 war es als Version 6 auch außerhalb der Bell-Laboratorien verfügbar [BOU88]. Seither sind eine Vielzahl von UNIX-Systemen auf Rechnern jeder Größenordnung vorgestellt worden. Das Hardware-Spektrum für UNIX-Systeme reicht vom PC bis zum Supercomputer. Die Verbreitung ist weltweit und hat einen Quasi-Standard geschaffen. Einer der Gründe dafür ist wohl die relativ leichte Übertragbarkeit (Portierbarkeit) des Systems, die auf der überwiegenden Programmierung in C beruht. Nur einige maschinennahe Routinen sind nach wie vor in Assembler geschrieben [TAN87].

Entwicklungsziel war die Schaffung einer Arbeitsumgebung, die eine projektorientierte und in Arbeitsgruppen organisierte Software-Entwicklung unterstützt. Die Möglichkeit einer gemeinsamen Nutzung von Dateien und ihr einfacher Austausch sind dafür Beispiele. Mit UUCP (UNIX-to-UNIX-Copy) waren bereits 1976 Dateiübertragungen (File-Transfer) und elektronische Post über serielle Leitungen (V24, Terminalleitungen) verfügbar (vgl. Abschnitt 3.3).

In den ersten UNIX-Versionen wurde auf Sicherheits- und auf Echtzeitaspekte kein Wert gelegt. Mit der Verbreitung des Betriebssystems im kommerziellen Bereich sind entsprechende Modifikationen beim Systemzugang und bei den Zugriffsrechten auf Dateien eingebracht worden. Auch gibt es inzwischen Implementierungen, die auf Echtzeitanwendungen zugeschnitten sind. Als Beispiel für eine Systemkomponente mit Echtzeitbezug sei der Scheduler genannt. Das ist ein Programm, das aus der Reihe der laufbereiten Prozesse denjenigen auswählt, der als nächster die CPU erhalten soll. Normalerweise arbeitet dieser Scheduler bei UNIX in einem modifizierten *Round-Robin*-Verfahren.

Dabei stehen die laufbereiten Programme anschaulich in einer Schlange vor der CPU, und der Scheduler gibt dem jeweils vordersten Prozeß die CPU. Muß dieser die CPU wieder abgeben, so muß er sich, wenn er wieder laufbereit ist, hinten anstellen. Auf die angesprochene Modifikation wird hier nicht eingegangen. Zur Vertiefung sei auf das Buch von Bach [BAC86] verwiesen. In Echtzeitanwendungen ist Round-Robin als Scheduling-Verfahren nicht geeignet. Dort müssen Prozesse in der Lage sein, zum Beispiel beim Auftreten wichtiger Ereignisse, sofort die CPU für sich zu reklamieren, um geeignete Maßnahmen veranlassen zu können. Dabei müssen sie gegebenenfalls den Prozeß, der gerade die CPU hat, von dort verdrängen können. Echtzeit-UNIX-Systeme setzen unter anderem entsprechend flexible (und aufwendige), mit Prioritätswerten arbeitende Scheduler ein.

Die Beschäftigung mit UNIX hat zu einer Vielzahl von zum Teil miteinander konkurrierender Entwicklungen geführt. Die beiden wichtigsten sind *UNIX-System-V* von AT&T und die *Berkeley-Software-Distribution* (BSD) der Universität von Kalifornien in Berkeley. System-V war anfangs unter anderem durch die Konzeption eines zentralen Rechnersystems geprägt, bei dem die Prozessoren, wenn es mehrere gibt, einen gemeinsamen Hauptspeicher benutzen, also eng gekoppelt sind. So ist typischerweise *Shared-Memory* (vgl. Abschnitt 7.2) eine im System-V verfügbare Interprozeßkommunikationsmethode. Die Berkeley-Entwicklung dagegen ist für lose gekoppelte Multiprozessorsysteme konzipiert worden. Dafür mußte eine rechnerübergreifende Interprozeßkommunikationsmethode geschaffen werden. Entstanden sind die *Sockets*, die im wesentlichen eine Schnittstelle zu den Internet-Transportprotokollen (vgl. Abschnitt 3.5) realisieren.

Mit SunOS hat erstmals ein Hersteller, hier die Firma Sun-Microsystems, ausgehend von der Berkeley-Entwicklung, in einem UNIX-Derivat die beiden Hauptentwicklungen System-V und BSD zusammengeführt. Inzwischen haben weitere Hersteller, wie zum Beispiel die Firmen SNI (Siemens-Nixdorf-Informationssysteme) und SCO (Santa-Cruz-Operation) UNIX-Systeme ausgeliefert, die System-V- und Berkeley-Anteile, manchmal nur deren Sockets, enthalten.

Normungsgremien wie IEEE (Institute for Electrical and Electronic Engineers) mit der POSIX-Norm (Portable-Operating-System-Environment for Computer-Environments) und Herstellerverbände wie UNIX-International (UI), Open-Software-Foundation (OSF) und X/Open versuchen, die Systementwicklung zu beeinflussen und zu steuern.

Die Programmbeispiele für das vorliegende Buch wurden auf folgenden Rechenanlagen und UNIX-Systemen entwickelt.

1. Anlage	:	SNI-MX300
Prozessor	:	NS 32532
UNIX	:	SINIX-H V5.2 (System-V mit BSD-Anteilen)
2. Anlage	:	Sun 3/80
Prozessor	:	Motorola 68030
UNIX	:	SunOS, Release 4.1.1
3. Anlage	:	SNI-WX200
Prozessor	:	Intel 80486
UNIX	:	SCO-UNIX, Release 3.2 (System-V mit BSD-Anteilen)

Systemcharakteristika

UNIX ist ein Time-Sharing-System. Es ist multitasking- und multiuserfähig. Time-Sharing bedeutet, daß ein laufendes Programm nicht nur dann unterbrochen wird, wenn es auf ein externes Ereignis, wie zum Beispiel auf das Ende eines Ein- oder Ausgabevorgangs, warten muß, sondern auch dann, wenn ein Zeitintervall (eine *Zeitscheibe*) von etwa 100 ms Dauer [TAN87] abgelaufen ist. Tasks, bei UNIX sagt man Prozesse, sind Verwaltungseinheiten, mit denen ein Betriebssystem den Programmablauf auf dem Prozessor (oder auf den Prozessoren) steuert. Manche Betriebssysteme, wie MS-DOS, können zu jedem Zeitpunkt immer nur genau einen Prozeß verwalten. UNIX dagegen verwaltet gleichzeitig viele Prozesse, von denen einige Benutzerterminals bedienen. UNIX erlaubt mehreren Benutzern gleichzeitig und unabhängig voneinander die Benutzung des Rechnersystems.

Shells

Ein interaktives Betriebssystem stellt einem Benutzer eine Sammlung von Kommandos und eine *Bedienoberfläche* zur Verfügung. Beispielsweise ist cat ein solches UNIX-Kommando. Es gibt den Inhalt einer Textdatei (auf den Bildschirm) aus. Die Bedienoberfläche kann ein Menüsystem sein, mit dessen Hilfe u.a. Kommandos ausgewählt und zum Ablauf gebracht werden können. Traditionell stellt UNIX dafür allerdings einen (tatsächlich hat man mehrere zur Auswahl) Kommandointerpreter zur Verfügung. Neuerdings gibt es Fenstersysteme, mit denen der Benutzer eine problemorientierte Bedienoberfläche gestalten kann. Häufig werden damit Menüsystem und Kommandointerpreter kombiniert.

Bei UNIX wird ein Kommandointerpreter als Shell bezeichnet, weil er wie eine Schale das Betriebssystem umschließt. Für die meisten Anwender sind die Dienstleistungen des Betriebssystems nur über Shell-Kommandos, wie zum Beispiel cat, erreichbar. Anwendungsbezogen sind mehrere Shells entwickelt worden. Weit verbreitet sind die aus der System-V-Entwicklung stammende *Bourne-Shell* und die *C-Shell* der Berkeley-Systeme. Es ist üblich, daß auf allen UNIX-Anlagen beide Shells vorhanden sind. Eine von ihnen wird, vom Systemverwalter voreingestellt, als Login-Shell gestartet.

Auch wenn die verschiedenen Shells im Leistungsumfang und in ihrer Kommandosyntax voneinander abweichen, sind sie in ihrer Grundfunktionalität gleich: Sie lesen eine Kommandozeile (in der Regel von einem Terminal), durchsuchen sie nach Sonderzeichen, führen in Abhängigkeit von diesen Sonderzeichen Ersetzungen durch und starten schließlich das angegebene Kommando. Die meisten Shells kennen Variablen und besitzen Kontrollstrukturen, wie if-then-else-Verzweigungen, while-Schleifen usw. Typische Sonderzeichen der Bourne-Shell beispielsweise sind das Zeichen $, das eine Variablensubstitution auslöst, das Zeichen * für eine Expandierung von Dateinamen und die Klammerung '...' mit rückwärtigen Hochkommata für eine Kommandosubstitution. Die Kommandozeile

```
echo $a
```

zum Beispiel veranlaßt die Bourne-Shell, die Variable a durch ihren Wert zu ersetzen. Angenommen, dieser Wert sei die Zeichenfolge *Eva*, dann verändert die Bourne-Shell die Kommandozeile zu

```
echo Eva
```

und startet dann das echo-Kommando, das sein Argument auf dem Bildschirm ausgibt. Ganz ähnlich funktioniert die Expandierung von Dateinamen. Die Bourne-Shell ersetzt, bevor sie ein Kommando ausführt, einen Ausdruck wie zum Beispiel a* durch alle Dateinamen des aktuellen Dateiverzeichnisses (siehe unten), die mit a beginnen. Eine Kommandosubstitution hat die Form

```
Kommando-1 ... `Kommando-2 ...  ...
```

Bei ihr wird zuerst Kommando-2 ausgeführt und die gesamte Hochkommataklammer '...' durch die *Ausgabe* dieses Kommandos ersetzt. Erst dann wird Kommando-1 gestartet.

Shells sind in der Regel in der Lage, Textdateien mit Shell-Kommandos, sogenannte Kommandoprozeduren oder *Shell-Scripts*, abzuarbeiten. Das bedeutet dann, daß damit die Kommandos der Shell den Charakter von Befehlen einer (hohen) Programmiersprache annehmen. Eine solche Kommandoprozedur wird durch Angabe ihres Namens wie ein Kommando gestartet.

Eine ausführlichere Behandlung der Bourne-Shell oder gar mehrerer Shells geht über den Rahmen dieses Buches weit hinaus. Als Literaturangabe sei auf das Buch von Bourne [BOU88] verwiesen. Wenn im vorliegenden Text unspezifiziert von einer Shell die Rede ist, dann ist stets eine Shell mit der Funktionalität der Bourne-Shell gemeint. Auf genau diesen Typ von Kommandointerpreter beziehen sich alle Shell-Beispiele dieses Buches.

Der Kern

Der Kern eines Betriebssystems besteht aus den Programmen, die in einem geschützten Modus arbeiten müssen, um die Integrität des Betriebssystems gewährleisten zu können. Ein Beispiel ist die Verwaltung des Hauptspeichers beim Multitasking. Die Zuordnung von Bereichen des Betriebsmittels Hauptspeicher an Benutzerprozesse kann nicht den Benutzerprozessen überlassen werden. Dazu muß das Betriebssystem in einem vor den Benutzerprozessen geschützten Modus arbeiten können. Normalerweise arbeitet der Kern mit Hilfe seiner *Gerätetreiber* unmittelbar mit der Computerhardware. Allerdings gibt es Implementierungen, bei denen der UNIX-Kern seine Anforderungen an die Hardware einem anderen Betriebssystem, einer virtuellen Maschine, übergibt. Erst diese spricht die Hardware an. Zu den Programmen, die den Kern bilden, gehören unter anderem die

- Verwaltung der Dateien,
- Verwaltung des Hauptspeichers,
- Verwaltung der abzuarbeitenden Programme (Prozesse),
- Prozeßauswahl für die CPU (Scheduling) und
- Abwicklung der Ein- und Ausgabe.

Dabei sind nur Programme von zentraler Bedeutung in den Kern aufgenommen worden. Beispielsweise arbeiten die Shells im Gegensatz zu vielen anderen Betriebssystemen unter UNIX als Benutzerprozesse.

Systemaufrufe

Ein Prozeß, der Dienstleistungen des Kerns in Anspruch nehmen will (oder muß), kann dies ausschließlich über Systemaufrufe (System-Calls) erreichen. Während der Ausführung eines Systemaufrufs arbeitet der Prozeß in einem geschützten (System-) Modus unter der Kontrolle des Betriebssystem-Kerns. Nach Beendigung des Systemaufrufs kehrt er in den ungeschützten (Benutzer-) Modus zurück. Je nach Betriebssystem liegt die Zahl der verfügbaren Systemaufrufe zwischen 60 und 200 [STE90].

UNIX stellt (versionsabhängig) etwa 65 Systemaufrufe zur Verfügung [TAN87]. Die Implementierung ist prozessorabhängig. Üblicherweise werden einige Register mit Startwerten, mit der kodierten Anforderung einer Dienstleistung, belegt. Dann wird ein spezieller Interruptbefehl gegeben. Er führt den Wechsel in den geschützten Modus durch und startet die zugehörige Dienstleistungsroutine. Technisch gesehen handelt es sich um einen Software-Interrupt. Die zugehörige Interrupt-Service-Routine wickelt die Dienstleistung des Kerns ab. Jeder Systemaufruf meldet seinen Erfolg oder Mißerfolg durch bestimmte Werte in bestimmten Registern. Man spricht von einem Return-Value. Für einen C-Programmierer stehen die Systemaufrufe über Programmbibliotheken als C-Funktionen zur Verfügung. In der Regel ist der Funktionswert der Return-Value. Der Wert -1 signalisiert das Auftreten eines Fehlers während der Abarbeitung; ein Wert, der größer oder gleich Null ist, steht für eine erfolgreiche Abarbeitung. In manchen Fällen wird als umfangreicherer Return-Value ein Zeiger auf eine Struktur zurückgegeben. Der C-Programmierer ist gut beraten, nach jedem Systemaufruf den Return-Value abzufragen und auszuwerten.

Prozeßverwaltung

Ein Programm ist eine Sammlung von Maschinenbefehlen zusammen mit Verwaltungsinformation und ist in einer Datei abgelegt. Um ausgeführt zu werden, muß das Programm in den Hauptspeicher geladen und gestartet werden. UNIX stellt dafür nur den Systemaufruf exec() zur Verfügung. Seine unterschiedlichen Parametrisierungsformen schlagen sich in den Funktionsnamen nieder. So gibt es execl(), execv(), execle() usw. Eine Funktion namens exec() selbst gibt es nicht. Sie soll jedoch hier bei der verbalen Beschreibung stellvertretend für alle ihre Ausprägungen benutzt werden. Ein exec()-Systemaufruf überlagert das aufrufende Programm im Hauptspeicher mit dem Programm, das im Aufruf als entsprechender Parameter angegeben ist, und setzt den Befehlszähler auf den Anfang des (neuen) Programms. Dieses wird dann anstelle des bisherigen abgearbeitet. Wenn in dem Beispiel

```
main() {      /* Programm: zaehle */
     ...
     exec("rechne");
     printf("Nach dem exec()\n");
     }
```

die Abarbeitung des Programms zaehle den exec()-Aufruf erreicht, wird das Programm rechne so in den Hauptspeicher geladen, daß zaehle überschrieben wird. Dann beginnt die Abarbeitung von rechne. Da jetzt zaehle als auszuführendes Programm im Hauptspeicher nicht mehr existiert, kann die im Beispiel angegebene Funktion printf() nicht erreicht werden; sie ist überflüssig.

Ein Prozeß ist (grob) die Ausführung eines Programms. Ein Prozeß kann eine zeitlang ein bestimmtes Programm abarbeiten und dann, veranlaßt durch einen exec()-Aufruf, ein anderes. Man beachte, daß es ein und derselbe Prozeß ist, der die beiden (oder mehr) Programme abarbeitet. Wenn man vom Vorgang des *Bootens*, des Urladens des Betriebssystems, absieht, wo ein allererster Prozeß quasi per Hand eingerichtet wird, stellt UNIX genau einen Systemaufruf, nämlich fork(), zur Verfügung, mit dem ein Prozeß einen neuen Prozeß erzeugen kann. Wenn ein Prozeß einen fork()-Systemaufruf startet, dann verdoppelt er sich dadurch. Das bedeutet, daß in der Prozeßtabelle (man vergleiche Abschnitt 1.1) eine neue Zeile für das Duplikat belegt und im Hauptspeicher eine Kopie des Adreßraums erzeugt wird. Dadurch erhält der neue Prozeß eine eigene Prozeßkennzahl, eine PID (Process-ID), und er arbeitet das gleiche Programm ab, wie der erzeugende Prozeß, so als wäre es ein anderes. Nach einem fork()-Aufruf existieren zwei identische Prozesse mit unterschiedlichen Prozeßkennzahlen. Innerhalb dieser beiden Prozesse ist eine Unterscheidung, wer der erzeugende und wer der erzeugte Prozeß ist, durch den Rückgabewert, den Return-Value, des fork()-Aufrufs möglich. An den erzeugenden Prozeß, an den Vater, wird die Prozeßkennzahl des erzeugten Prozesses, des Sohnes, zurückgegeben; der Sohn erhält eine Null als Return-Value. Typische Programmauszüge lauten:

```
i = fork();
if (i == 0) {
    /* Das ist der Sohn */
    ...
    }

else {
    /* Das ist der Vater */
    ...
    }
```

Wird nach einem fork()-Systemaufruf einer der beiden (identischen) Prozesse, meist ist es der Sohn, durch einen exec()-Aufruf mit einem anderen Programm überlagert, so entsteht das, was man sich naiv unter einem neuen Prozeß vorstellt. Die fork()-exec()-Kombination erzeugt neue Prozesse. Der folgende Programmauszug zeigt diesen Vorgang:

```
...
i=fork();
if (i == 0) exec("neu");      /* neuer Prozeß */
...
/* Fortsetzung des alten Prozesses */
```

Ein Prozeß wird beendet, indem er einen explizit oder (am logischen Programmende) implizit formulierten exit()-Aufruf durchführt. Ein weiterer Systemaufruf aus dem Bereich der UNIX-Prozeßverwaltung kann einen Vater mit dem Ende eines Sohnes synchronisieren. UNIX-Anwendern ist dies durch einen Mechanismus der gängigen Shells geläufig. Dort muß man nach dem Start eines Kommandos auf dessen Ende warten, bevor man am Terminal weitere Eingaben tätigen kann. Zum Beispiel schreibt das Kommando

```
--->$ sort  a.b  >  a.srt
```

den Inhalt der Datei a.b in sortierter Form in die Datei a.srt. Ist a.b groß, dauert der Vorgang entsprechend lang; und solange ist das Terminal blockiert. Am Terminal kann erst dann weitergearbeitet werden, wenn das Promptzeichen wieder zu sehen ist. Die Shells stellen in der Regel einen *Hintergrundoperator* namens & zur Verfügung. Wird er an das Ende eines Kommandos gesetzt, so steht das Terminal nach Ausgabe der Prozeßkennzahl des Prozesses, der das Kommando abwickelt, sofort wieder zur Verfügung. Man sagt, das Kommando werde im Hintergrund, als Hintergrundprozeß, abgearbeitet. Beispielsweise zeigt sich am Terminal folgender Verlauf:

```
--->$ sort a.b > a.srt &
--->12835
--->$
```

Der Systemaufruf wait() synchronisiert einen Vater mit dem Ende eines Sohnes. Der Vater-Prozeß wird solange blockiert, bis der Sohn-Prozeß sein Ende erreicht hat. Damit kann eine Shell auf einfache Weise einen Hintergrundmechanismus realisieren. Die Struktur dieses Shell-Aspektes ist in Abbildung 4.11 dargestellt.

```
sh() {
     while(TRUE) {
          gib den Prompt aus;
          lies(Kommando);
          i=fork();
          if (i == 0) exec(Kommando);
          if (kein & vorhanden) wait();
          }
     }
```

Abb. 4.11: Shell-Aspekt: Hintergrundprozeß

Dateien

Der Begriff Datei ist ein logisches Konzept zur Verwaltung von Daten auf Datenträgern. Typische Datenträger sind Festplatten (Hard-Disks) oder Disketten (Floppy-Disks). UNIX unterscheidet lediglich zwischen vier Arten von Dateien.

Gewöhnliche Dateien

enthalten Texte, Programme in höheren Programmiersprachen, Programme in Maschinensprache, Datenbankdateien, usw. Jede dieser Dateien stellt sich für UNIX als eine Folge von Bytes dar, die nicht interpretiert werden. Bestimmte Anwenderprogramme, wie beispielsweise das cat-Kommando, und nicht etwa UNIX (der Kern), interpretieren in einer Textdatei das ASCII-Zeichen mit der Nummer 10 als Line-Feed, als Steuerzeichen für einen Zeilenvorschub.

Dateiverzeichnisse (Directories)

sind strukturierte Dateien, die Dateinamen enthalten und Angaben, die unter anderem die zugehörige Datei auf dem Datenträger lokalisieren.

Gerätedateien

stellen die Verbindung zu Eingabe-, Ausgabe- und Speichergeräten her. In UNIX werden Geräte einheitlich als Dateien angesprochen. Hinter jeder Gerätedatei verbirgt sich ein physikalisches Gerät, zum Beispiel ein Plattenlaufwerk oder ein Terminal.

FIFO-Dateien

schließlich arbeiten nach dem First-In-First-Out-Prinzip und dienen der UNIX-Interprozeßkommunikation mit Pipes. Ihre Arbeitsweise wird im Abschnitt 7.3 beschrieben.

File-Deskriptoren (Dateibezeichner)

Um mit einer Datei arbeiten zu können, muß sie geöffnet werden. Dadurch werden Verwaltungsstrukturen eingerichtet bzw. aktualisiert. Beispielsweise werden Einträge in einer für das System globalen Dateitabelle (File-Table) vorgenommen. In dieser Tabelle sind alle geöffneten Dateien vermerkt. Der Systemaufruf open() wickelt diesen Öffnungsvorgang ab und gibt, falls er erfolgreich war, eine Integerzahl, den sogenannten File-Deskriptor oder Dateibezeichner, zurück. Ein open() kann auch mißlingen (mit Return-Value -1), zum Beispiel dann, wenn die File-Table bereits voll ist. Mit Hilfe des File-Deskriptors beziehen sich die Lese- bzw. Schreibaufrufe read() und write() auf die geöffnete Datei. Mit lseek() wird ein Lese- und Schreibzeiger, der normalerweise durch read() bzw. write() sequentiell und byteweise durch die Datei geschoben wird, auf einen bestimmten Abstand, einen *Offset* zum Dateianfang gesetzt. Der Systemaufruf close() bereinigt die Verwaltungstabellen bezüglich der Datei, mit deren Deskriptor er parametrisiert wird.

Standard-Input, Standard-Output und Standard-Error

Für jeden Prozeß sind drei File-Deskriptoren fest vereinbart. Sie haben die Werte 0, 1 und 2. Mit dem Deskriptor 0 liest ein Prozeß von dem Standard-Eingabegerät (Standard-Input). Dafür ist das Terminal voreingestellt. Eine Shell kann in der Regel angewiesen werden, diese Voreinstellung zu verändern (*Redirection*). Das Kommando cat zum Beispiel liest vom Terminal, während

```
--->$ cat < a.b
```

aus der Datei a.b liest. Mit dem Deskriptor 1 wird standardmäßig auf das Terminal geschrieben (Standard-Output). Auch diese Ausgabe kann in der Regel von einer Shell umgelenkt werden. Das Kommando

```
--->$ cat < a.b
```

liest aus der Datei a.b und schreibt auf das Terminal, während

```
--->$ cat < a.b > a.aus
```

in die Datei a.aus schreibt.

Mit dem File-Deskriptor 2 werden Fehlermeldungen standardmäßig zum Terminal (Standard-Error) geleitet. Shells gestatten in der Regel eine Umlenkung. Mit

```
--->$ sort -r a.b 2> a.err
```

wird der in rückwärtiger Reihenfolge sortierte (Option -r) Inhalt der Datei a.b am Terminal ausgegeben. Eventuelle Fehlermeldungen werden in die Datei a.err geschrieben.

Das Lesen und Schreiben mit den read()- und write()-Systemaufrufen ist die unterste Ebene des Dateizugriffs. Dateien sind nicht strukturiert. Das heißt, daß eine Integerzahl als Folge von beispielsweise vier Bytes vorliegt und nicht als Einheit. Um ein strukturiertes Arbeiten mit Dateien zu gestatten, sind höhere Zugriffsfunktionen, die Standard-I/O-Funktionen, geschaffen worden. Dazu gehören zum Beispiel die bereits vorgestellten Funktionen (Das sind keine Systemaufrufe!) printf() und scanf(). Die Standard-I/O-Funktionen arbeiten mit einem eigenen Ausgabepuffer. Das kann zu praktischen Schwierigkeiten führen, wenn in bestimmten Situationen dieser Puffer noch nicht ausgeschrieben worden ist, während ein Programmteil davon ausgeht, dies sei bereits geschehen. Der Aufruf fflush() erzwingt ein Ausschreiben dieses Puffers und ist in solchen Situationen nützlich.

Zugriffsrechte

Jeder Datei sind Zugriffsrechte zugeordnet. Der Besitzer einer Datei, das ist in der Regel ihr Erzeuger (außer der Systemverwalter hat ihm die Datei überlassen), legt diese Zugriffrechte fest. Dabei wird zwischen dem Besitzer (u für user), dem Team, dem er angehört (g für group) und allen anderen Benutzern (o für others) unterschieden. Zu beachten ist, daß mengenmäßig gesehen die drei Benutzerarten disjunkt sind. Hat beispielsweise eine Anlage 7 Benutzer und wird jeder Benutzer durch einen der Buchstaben von a bis g bezeichnet, so könnten sich sich aus der Sicht beispielsweise des Benutzers e die drei Benutzermengen folgendermaßen darstellen:

Besitzer	Gruppe	Alle Anderen
{ e }	{ a c }	{ b d f g }

Von diesen drei Mengen ist lediglich die Menge *Besitzer* zwingend einelementig. Man beachte, daß *Gruppe* aus den Mitgliedern des Teams des Besitzers besteht, außer dem Besitzer selbst.

Zu vergeben sind jeweils drei Zugriffsrechte. Für eine Datei kann das Lesen (r), das Beschreiben (w) und das Ausführen (x) (bei einem Programm oder Shell-Script) gestattet werden. Bei einem Directory hat der Begriff Ausführen keine Bedeutung. Dafür gibt es dort das Recht, auf die Einträge in diesem Directory zuzugreifen, das ebenfall mit x bezeichnet wird.

Jedes Recht wird durch ein Bit repräsentiert. Damit beschreibt ein Muster aus 3 Bits die Zugriffsrechte zum Beispiel des Besitzers. Die Reihenfolge der Rechte ist mit Read-Write-Execute (rwx) festgelegt. Drei Bits können als Oktalzahl aufgefaßt werden. Ein Besitzer einer Datei, dem für diese Datei die Oktalzahl 5 zugeordnet ist, kann aufgrund des Bitmusters 101 der Oktalzahl 5 diese Datei lesen und ausführen, jedoch nicht beschreiben. Das gleiche Verfahren gilt für die anderen beiden Benutzerarten. Damit werden dann neun Bits, also drei Oktalzahlen, für die drei Benutzerarten mit ihren jeweils drei Zugriffsarten benötigt. Die Reihenfolge ist User-Group-Others. Eine Datei mit dem Zugriffsmuster 410 kann von ihrem Besitzer gelesen und beschrieben aber nicht ausgeführt werden; Mitglieder der Gruppe dürfen die Datei nur lesen während alle anderen Benutzer keinen Zugriff auf die Datei haben. Das Kommando chmod erlaubt die Vergabe von Zugriffsrechten für eine Datei. Man beachte, daß nur der Besitzer einer Datei ihre Zugriffsrechte ändern kann. Mit

```
--->$ chmod 755 a.b
```

werden für die Datei a.b alle Rechte (rwx, 111=7) für den Besitzer und Lese- und Ausführungsrecht (r-x, 101=5) für die Gruppe und für alle anderen Benutzer vergeben.

s-Bits

Eine besondere Art des Zugriffs auf eine Datei liegt vor, wenn ein Benutzer auf eine ihm gehörende Datei mit einem ihm gehörenden Programm zugreifen kann und dieses Programm anderen zur Verfügung stellt. Wird ein Programm gestartet, so läuft es mit den Zugriffsrechten des Starters, nicht etwa denen des Besitzers oder Erzeugers. Das heißt, ein Programm kann, wenn der Besitzer dies erlaubt, von einem anderen Benutzer gestartet werden. Aber dann kann damit nicht mehr so ohne weiteres auf Dateien des Programmbesitzers zugegriffen werden. Die offensichtliche Lösung, die Datendateien für alle Benutzer zum Lesen und Schreiben freizugeben, ist nicht praktikabel, da dies ein Zerstören dieser Dateien zuläßt. Zur Lösung dieses Problems ist das s-Bit, genauer das Set-User-ID-Bit, geschaffen worden.

Die Bitkombination für die Zugriffsrechte einer Datei besteht nicht nur aus drei, wie bisher ausgeführt, sondern aus vier Oktalzahlen. Im chmod-Kommando kann links neben den bereits beschriebenen Schutzbits ein weiteres Drei-Bit-Muster angegeben werden:

- Bit 1 (von links) ist das Sticky-Bit (siehe unten),
- Bit 2 das Set-Group-ID-Bit (siehe unten) und
- Bit 3 das Set-User-ID-Bit.

Bei der Angabe der Oktalzahlen darf von links her verkürzt werden, wenn dort Nullen stehen. Deshalb waren die bisherigen Ausführungen mit den drei Oktalzahlen auch korrekt. Eine 1 als vierte (als vorderste) Oktalzahl setzt das Set-User-ID-Bit. Gesetzt werden kann es nur vom Besitzer einer Programmdatei, und zwar an die Programmdatei, nicht etwa an die Datendateien. Mit

```
-->$ chmod  1777  a.out
```

wird der Datei a.out das Set-User-ID-Bit gegeben. Gleichzeitig wird sie für alle Benutzergruppen und für alle Zugriffsarten freigegeben. Letzteres ist sicher nicht praktikabel und ist im Beispiel nur gemacht worden, um die 1 für das s-Bit optisch herauszuheben. Wird diese a.out geladen und gestartet, so läuft das Programm, gleichgültig wer es startet, mit den Rechten des Besitzers, wenn der Starter eine Ausführungsberechtigung (x-Bit) hat. Dann kann damit auf Dateien des Programmbesitzers zugegriffen werden.

Es gibt noch ein zweites s-Bit, das Set-Group-ID-Bit. Ein Programmbesitzer kann für eine Programmdatei das Set-Group-ID-Bit setzen und die Ausführung gestatten, zum Beispiel mit

```
--->$ chmod  2111  a.out
```

Wird das Programm gestartet, dann läuft es so ab, als wäre der Starter des Programms Mitglied der Gruppe des Besitzers. Mit

```
--->$ chmod  3111  a.out
```

können beide s-Bits gemeinsam gesetzt werden. Das äußerste Bit links schließlich, das Sticky-Bit, kann nur vom Superuser gesetzt werden.

```
--->$ chmod  4111  a.out
```

Es bewirkt, daß ein Programm, dessen Datei mit ihm versehen worden ist, ständig im Hauptspeicher geladen bleibt, also dem Vorgang des Ein- und Auslagerns der Programme entzogen wird.

Erzeugen und Löschen von Dateien

Prozesse können Dateien mit dem Systemaufruf creat() erzeugen. Dadurch wird die Datei unmittelbar zum Beschreiben geöffnet, ein entsprechender open()-Aufruf ist überflüssig. Ein Programm kann mit unlink() eine Datei *löschen*. Die Datei wird dadurch geschlossen, der File-Deskriptor wird freigegeben und der entsprechende Eintrag wird aus dem Dateiverzeichnis (siehe nächsten Absatz) entfernt. Im strengen Sinne *gelöscht* ist eine Datei erst, wenn sie in keinem Verzeichnis mehr vorkommt.

Der dup()-Systemaufruf wird mit einem existierenden File-Deskriptor parametrisiert. Er durchsucht dann seine Liste der bereits vorhandenen Deskriptoren und belegt die erste freie Integerzahl (ab Null) als Deskriptor für die Datei, die zu dem Parameter gehört. Zu dieser Datei gehören dann (bis auf weiteres) zwei File-Deskriptoren. Wenn beispielsweise nur die drei Standard-File-Deskriptoren 0, 1 und 2 belegt sind, erzeugt der Aufruf

```
fd=creat("a.b", ...);
```

eine Datei namens a.b und gibt als File-Deskriptor fd den Wert 3 zurück. Der Aufruf

```
close(1);
```

schließt jetzt den Standard-Output und

```
dup(fd);
```

findet den freien File-Deskriptor 1 und belegt ihn. Jetzt kann mit beiden File-Deskriptoren 1 und fd (das ist hier 3) auf die Datei a.b schreibend zugegriffen werden.

```
close(fd);
```

gibt den File-Deskriptor fd (hier 3) frei. Damit ist der Standard-Output des Prozesses, der diese Befehlsfolge enthält, in die Datei a.b umgelenkt worden. Shells benutzen solche Befehlsfolgen, um ihr Redirection, ihre Umlenkung der Standard-Ein- und -Ausgabe, zu realisieren.

Directories (Dateiverzeichnisse)

Dateien werden in Directories, in Dateiverzeichnissen, zusammengefaßt. Das so entstehende (logische) Dateisystem ist als hierarchisches Netzwerk aufgebaut. Ein Knoten in diesem Netz ist entweder ein Directory, eine gewöhnliche Datei, eine Gerätedatei oder eine FIFO-Datei. Eine Kante in dem Netzwerk bezeichnet eine Directory-Unterdirectory-Beziehung.

Das UNIX-Dateisystem ist fast ein Baum. Genauer gesagt ist es ein *azyklischer Graph*, denn es ist möglich, eine Datei, die kein Directory sein darf, in mehreren Directories aufzuführen. Das geschieht mit Hilfe des link()-Systemaufrufs.

Dateien werden durch *Pfadnamen* angesprochen. Ein absoluter Pfadname beginnt bei der Wurzel des Dateisystems. Dieses Directory wird root genannt und mit / bezeichnet. Die Directories im Pfad werden durch / voneinander getrennt. Man beachte die beiden unterschiedlichen Bedeutungen des Schrägstrichs. Beispielsweise ist

```
/usr/brecht/ccc/a.c
```

ein absoluter Pfadname von root über die Directories usr, brecht und ccc bis zur Datei a.c., und

```
/etc/passwd
```

ist ein absoluter Pfadname zu einer (bekannten) Verwaltungsdatei. Es ist eine Textdatei, in der zu jedem dem System bekannten Benutzer eine Zeile mit bestimmten Angaben über diesen Benutzer vorhandenen ist. Mit ihrer Hilfe wird beispielsweise die Aufnahme des Rechenbetriebs, das Login, abgewickelt. Viele Shell-Kommandos greifen auf diese Datei zu, um Berechtigungen, zum Beispiel über den Benutzernamen, zu prüfen. Ein relativer Pfadname, der im Extremfall nur aus einem Dateinamen besteht, bezieht sich immer auf ein Arbeits-Dateiverzeichnis, ein Working-Directory, das von UNIX für jeden Benutzer geführt wird. Bei der Aufnahme des Rechenbetriebs, beim Login, wird dem Benutzer ein Ausgangs-Dateiverzeichnis, ein Home-Directory, zugewiesen. Anfangs ist das Working-Directory identisch mit dem Home-Directory. Durch das Shell-Kommando cd (change directory) wird das Working-Directory gewechselt, das Home-Directory bleibt fest.

Dateisysteme

Manche Betriebssysteme, wie zum Beispiel MS-DOS, verwalten nur datenträgerbezogene, physikalische Dateisysteme. Eine MS-DOS-Floppy-Disk beispielsweise enthält ein in sich abgeschlossenes Dateisystem, das mit dem auf einer anderen Floppy-Disk nichts zu tun hat. Mit drei MS-DOS-Floppy-Disks liegen drei MS-DOS-Dateisysteme vor. UNIX dagegen realisiert ein einziges, datenträgerübergreifendes logisches Dateisystem. Ein Datenträger enthält auch hier (wenigstens) ein physikalisches Dateisystem.

Ausgehend von einem kleinen, beim Booten eingerichteten, (logischen) Dateisystem, können durch den mount()-Systemaufruf physikalische Dateisysteme mit dem bereits vorhandenen logischen Dateisystem verbunden werden. mount() identifiziert ein leeres Directory des logischen Dateisystems mit der Wurzel, mit dem root-Dateiverzeichnis, eines physikalischen Dateisystems und erweitert so das logische Dateisystem (vgl. Abschnitt 5.4 und Abbildung 5.5).

Nach diesem kurzen Einblick in einige Aspekte des UNIX-Betriebssystems können im nächsten Kapitel Anwendungsdienste der OSI-Schicht 7 vorgestellt werden, die alle unter UNIX (in C) entwickelt worden sind. Einige von ihnen sind auch auf andere Betriebssysteme übertragen worden. Die Betrachtungen über UNIX werden im siebten Kapitel mit der Vorstellung von Methoden zur Interprozeßkommunikation fortgesetzt.

Übungen

4.1 Wie werden in C Wahrheitswerte (true, false) dargestellt?

4.2 Welche Aufgaben (unter anderem) hat der Präprozessor cpp?

4.3 Schreiben Sie eine C-Funktion, die die Länge eines Strings, der ihr als Parameter übergeben wird, als Funktionswert liefert.

4.4 Vereinbaren Sie in einem C-Programm eine Integervariable und interpretieren Sie sie als Folge von zwei (bzw. vier, je nach Prozessor) vorzeichenlosen Character-Variablen (unsigned char). Geben Sie diese hexadezimal aus. Speichert Ihr Rechner Integerzahlen im Little- oder im Big-Endian-Format?

4.5 Geben Sie mit einem C-Programm die zugehörige Prozeßumgebung aus.

4.6 Was versteht man unter dem Kern eines Betriebssystems?

4.7 Wie nimmt ein Benutzer die Dienste eines Betriebssystems in Anspruch?

4.8 Nennen Sie je drei Systemaufrufe aus der UNIX-Prozeßverwaltung und der -Dateiverwaltung.

4.9 Für eine Datei seien die Zugriffsrechte 035 (als Oktalzahl geschrieben) vergeben worden. Wer darf mit dieser Datei was machen?

4.10 Geben Sie eine C-Befehlsfolge an, mit der ein Prozeß über seinen Standard-Input von einer Datei namens a.txt lesen kann (Input-Redirection).

5 Anwendungsdienste

5.1 Dämonen

Nach dem Einschub über C und UNIX sollen jetzt einige bekannte Anwendungsdienste der OSI-Schicht 7 vorgestellt werden. Es handelt sich um anwendungsunterstützende Funktionen, zum Beispiel um Dienste für Terminalemulationen (TELNET, RLOGIN), Dateiübertragungen (FTP, RCP), transparente Dateizugriffe (NFS), Zugriffe auf Datenbanken (INFORMIX-NET) und Fensterverwaltungen (X-Window). Einige dieser Funktionen (Anwendungsdienste) können nicht ausschließlich in die OSI-Schicht 7 eingeordnet werden. Die FTP-Funktion beispielsweise deckt die Schichten fünf bis sieben ab. Als Kommunikationsmodell, das den Beginn und die Reihenfolge der Interaktionen, das Rollenspiel, regelt, ist das *Client-Server-Modell* weit verbreitet.

Server

Bei diesem Kommunikationsmodell gibt es einen Prozeß, der eine Dienstleistung anbietet. Er heißt Server. Beispielsweise kann ein Prozeß als Print-Server zur Verfügung stehen, um Dateien auszudrucken. Einen Rechner als Server zu bezeichnen, ist im Grunde genommen nicht korrekt, denn Erbringer der Dienstleistungen sind Prozesse. Diese benutzen dafür eine vielleicht besonders gut geeignete oder komfortable oder preiswerte Eigenschaft oder Komponente, zum Beispiel ein bestimmtes Peripheriegerät, des Rechnersystems für ihr Serving. Wird ein Server (als Prozeß) so verwaltet, daß er blockiert (schlafend) darauf wartet, von einem dienstleistungssuchenden Prozeß angesprochen zu werden, nennt man ihn *Dämon*. Ein Dämon wartet passiv auf das Auftreten eines Ereignisses. Tritt es ein, so reagiert er darauf. Danach wird er wieder blockiert und wartet in diesem Zustand auf das nächste Ereignis.

Ein *iterativer Server* bearbeitet einen Auftrag und wartet dann (schlafend) auf den nächsten. Er behandelt immer nur höchstens einen Auftrag zur Zeit. Ein *nebenläufiger* (concurrent) *Server* erzeugt sofort nach Eingang einer Anforderung einen Prozeß, der sich um die Erledigung des Auftrags kümmert, während er selbst sofort wieder blockiert wird und auf den nächsten Auftrag wartet. Bei nebenläufigen Servern können mehrere Aufträge gleichzeitig bearbeitet werden.

Client

Clients sind die aktiven Partner im Rollenspiel der Prozesse. In der Regel wird ein Client direkt oder indirekt von einem Anwender aktiviert und spricht dann einen ihm bekannten Server an, um ihn aufzufordern, eine Dienstleistung zu erbringen. Abbildung 5.1 veranschaulicht die beiden Prozesse, sollte jedoch nicht irreführen: Client und Server befinden sich nicht zwingend auf verschiedenen Hosts. Sie können Prozesse auf ein und derselben Anlage sein.

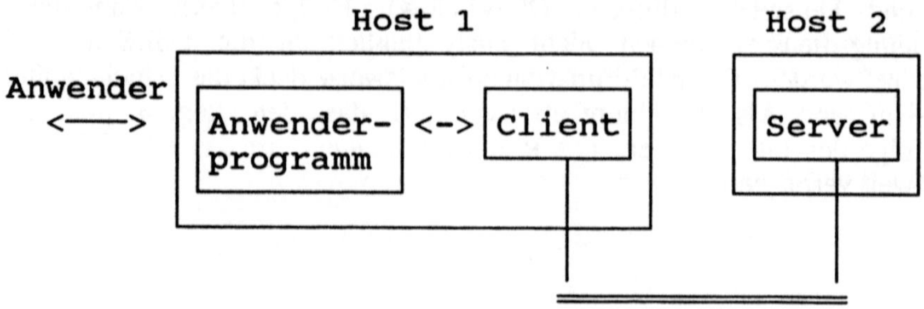

Abb. 5.1: Client und Server

Jeder UNIX-Host kann Server(-Prozesse) für bestimmte Dienste aufnehmen und Clients verwalten, die Dienste auf demselben Host oder auf einem anderen in Anspruch nehmen. In einem TCP/IP-Netz erwartet man, daß Basis-Dienste wie FTP, TELNET, usw. auf jedem Host zur Verfügung stehen. Ein Host, der (wenigstens einen) Server trägt, wird sinnvollerweise im Multitasking betrieben. Ein MS-DOS-Rechner (z.B. in einem TCP/IP-Netz) mit seinem Single-Tasking ist häufig Client und nimmt Dienstleistungen der Server in Anspruch. Wird er selbst als Server eingesetzt, kann er nicht gleichzeitig eine MS-DOS-Anwendung und dazu noch einige Clients bedienen.

In einem UNIX-System werden die Dämonen in der Regel alle beim Systemstart aus dem Shell-Script /etc/rc heraus gestartet. Ihre Namen enden oft mit d, wie zum Beispiel ftpd (FTP-Dämon), telnetd (TELNET-Dämon), rcpd (Remote-Copy-Dämon), usw.

5.2 TELNET und FTP

SMTP und TFTP

TELNET, FTP, SMTP und TFTP gehören zu den frühen Internet-Diensten. Aus Platzgründen und auch wegen ihrer Bedeutung für Anwendungen sollen hier lediglich TELNET und FTP etwas ausführlicher vorgestellt, die beiden anderen nur kurz erwähnt, werden. SMTP, das Simple-Mail-Transfer-Protocol, war anfangs Teil des FTP. In seiner Funktionalität entspricht es der UNIX-Mail-Utility, d.h. es ist ein Dienst für elektronische Post. SMTP benutzt als Transportprotokoll TCP, der zugehörige Dämon wartet an dem Well-Known-Port Nummer 25. TFTP, das Trivial-File-Transfer-Protocol, ist ein Internet-Dienst für Dateiübertragungen. Es benutzt UDP auf der Transportschicht. Der zugehörige Dämon wartet an dem Well-Known-Port 69. UDP zu benutzen bedeutet, daß TFTP selbst die Reihenfolge der Pakete garantieren muß. Es wickelt auf dem fernen Rechner kein Login ab und läßt nur Zugriffe auf Dateien zu, die für die Allgemeinheit, das ist unter UNIX die Benutzergruppe der Others, zum Lesen offen sind. Sowohl UDP als auch TFTP sind sehr einfach aufgebaut und damit zusammen mit den IP-Funktionen relativ einfach und ohne großen Speicherbedarf implementierbar. Anwendungen finden sich beim Laden des Betriebssystems (Bootstrapping) plattenloser (diskless) Arbeitsplatzrechner über ein Netzwerk. Die zugehörige Software benötigt nur einige Kilobytes an Hauptspeicher und kann als programmierter Speicherbaustein (ROM: Read-Only-Memory) zur Verfügung stehen.

TELNET

Eine ganz wesentliche Dienstleistung in einem Rechnernetz ist die Möglichkeit, nach einem Login an einem der Hosts, an einem anderen Host als Terminalbenutzer zu arbeiten. Ein typischer Grund dafür ist das Vorhandensein bestimmter Fähigkeiten des fernen Hosts, die lokal fehlen.

Beispiele dafür sind Programmierumgebungen für bestimmte Programmiersprachen. So könnte ein LISP-System für Anwendungen in der Künstlichen Intelligenz nur auf einem einzigen speziell dafür geeigneten und ausgestatteten Host zur Verfügung stehen. TELNET ist ein Protokoll für ferne Terminalsitzungen. Man spricht auch von *Remote-Login* oder *Virtual-Terminal*. RFC 854 (Request for Comments; vgl Abschnitt 3.5) spezifiziert dieses Protokoll. Auf der Client-Seite wird das Programm telnet (als Programm oder Prozeß klein, als Dienst oder Protokoll groß geschrieben) gestartet, das eine Terminal-Emulation durchführt und ein virtuelles Terminal an den fernen Host erzeugt. Auf der Server-Seite arbeitet der Prozeß telnetd, der zugehörige Dämon. Als Transport-Protokoll wird TCP verwendet. Der Dämon telnetd wartet an dem allen Clients wohlbekannten Port Nummer 23. Ein Client arbeitet über die Terminalemulation mit Dienstprogrammen des Server-Hosts. Beispielsweise reagiert er auf das Promptzeichen der Shell des fernen Rechners, und er benutzt zum Beispiel dessen Editor vi und dessen Pattern-Matcher grep. Die Dienstprogramme auf dem Host, der den TELNET-Server trägt, sind jedoch in aller Regel so geschrieben, daß sie ihre Eingaben von einem Terminal erwarten und ihre Ausgaben auf ein solches schreiben. Für den TELNET-Dämon ist deshalb ein spezielles Programm, ein *Pseudoterminal*, geschaffen worden, das sich den Dienstprogrammen gegenüber wie ein Terminal verhält. Ein auf der Client-Seite an dem lokalen (virtuellen) Terminal eingegebenes Zeichen gelangt über den lokalen Terminaltreiber zum telnet-Programm (Client) und von dort über das lokale TCP/IP zum fernen TCP/IP. Der (ferne) TELNET-Dämon telnetd gibt das Zeichen weiter an das (ferne) Pseudoterminal, von dem schließlich die (ferne) Anwendung liest. Von der fernen Anwendung geht der Weg dann zurück zum lokalen (virtuellen) Terminal. Abbildung 5.2 zeigt diesen Weg.

```
(lokales)                          (ferne)
 Terminal                         Anwendung
    |                                 |
    |                                 |
Terminaltreiber                 Pseudoterminal
    |                                 |
  telnet                           telnetd
    |                                 |
    |                                 |
 TCP/IP ========================== TCP/IP
```

Abb. 5.2: telnet und telnetd

TELNET-Aufruf

Aufgerufen wird der TELNET-Dienst durch Start eines Clients:

```
telnet [ferner Rechner [ferner Port]]
```

Als ferner Port ist Port Nummer 23 voreingestellt (default). Der ferne Rechner wird als Internet-Adresse in der Punkt-Schreibweise angegeben, wie zum Beispiel als 89.127.0.1, oder als Hostname, so wie er in der Verwaltungsdatei /etc/hosts festgelegt ist (vgl. Abschnitt 3.5). Dort steht beispielsweise:

```
89.127.0.1    mx302
```

Dann sind die beiden folgenden TELNET-Aufrufe äquivalent und gegenseitig austauschbar:

```
telnet 89.127.0.1
telnet mx302
```

Die Reaktion des telnet-Kommandos beim Aufruf ohne Parameter ist implementierungsabhängig. Das Spektrum der Reaktionen reicht vom Abbruch mit einer Fehlermeldung, über die Anforderung eines Rechnernamens (einer Internet-Adresse) bis zum Start eines Kommandointerpreters. Nach Aufbau einer TELNET-Verbindung gelangt man durch Eingabe eines Sonderzeichens, in der Regel durch <ctrl/]> (Kontrolltaste und]-Taste gleichzeitig betätigen), in den Kommandomodus des lokalen telnet-Programms. Ein Kommandointerpreter meldet sich und erwartet Befehle. Bei dem folgenden (konkreten) Beispiel wird eine TELNET-Verbindung von einem Client unter MS-DOS auf einer IBM-PS/2-Anlage zu einem Server auf einem UNIX-Rechner vom Typ SNI-WX200 aufgebaut. Die TCP/IP-Software stammt von der Firma EXCELAN. Nach Aufbau der Verbindung zeigt sich folgendes Bild, in dessen erster Zeile das Promptzeichen der fernen UNIX-Shell zu sehen ist.

```
--->$
--->$<ctrl/]>
--->TN VT220>
--->TN VT220> ?
--->Commands may be abbreviated. Commands are:

        binary              8-bit character mode
        ascii               7-bit character mode
        ...
        status              print status information
        quit                exit telnet

--->TN VT220>
```

In dem Beispiel wird nach dem Aufbau der TELNET-Verbindung mit dem Steuerzeichen <ctrl/]> der Dialog mit dem lokalen TELNET-Kommando-interpreter aufgenommen. Dieser fordert mit dem Promptzeichen *TN VT220*> den Benutzer zu Eingaben auf. Als Kommando wird ein Fragezeichen, eine Kurzform für ein Help, eingegeben. Daraufhin gibt der TELNET-Kommando-interpreter eine Liste seiner Kommandos mit Kurzkommentaren aus. Eines dieser TELNET-Kommandos heißt *status* und dient dem Abrufen von Status-information zur aktuellen TELNET-Sitzung:

```
--->TN VT220> status

        Connected to wx200
        Escape character is '^]'
        ...
        Terminal sends end-of-line as CR
        Current Emulation is - VT100

--->TN VT220>
```

Bei der verwendeten TELNET-Software handelt es sich um eine Implementierung, bei der beim TELNET-Aufruf ohne Parameter der Hostname des Zielrechners angefordert wird. Deshalb fehlt ein Befehl mit der Bedeutung *open Host* in der Befehlsauflistung. Eine TELNET-Sitzung wird entweder durch einen expliziten Logout-Vorgang am fernen Betriebssystem, bei UNIX mit dem Shell-Kommando exit oder durch die Tastenkombination <ctrl/d>, beendet oder durch den TELNET-Befehl *quit*. Letzteres setzt einen Wechsel mit <ctrl/]> in den (lokalen) Kommandomodus voraus. Wie das obige Beispiel zeigt, ist das TELNET-Protokoll keineswegs auf UNIX-Rechner beschränkt. Ganz im Gegenteil, seine weite Verbreitung beruht auf der Vielzahl der unterschiedlichen Betriebssysteme, auf denen es verfügbar ist.

FTP

File-Transfer bedeutet, daß eine Datei von einem Rechner auf einen anderen kopiert wird. Das ist eine der häufigsten Netzwerkanwendungen überhaupt. Sie unterstützt die gemeinsame Nutzung im Netz vorhandener Dateien. Bei einem elementaren File-Serving kann einer der Hosts, der über eine ausreichend große Plattenkapazität und eine ausreichend große Plattenleistung (Zugriffzeiten auf die Platten) verfügt, ausgezeichnet werden. Der Serverprozeß kann dann für einen bestimmten Anwenderkreis die Funktio-nalität eines Dateien-Containers bereitstellen.

In diesen Container legen die Anwender mit dem FTP-Dienst ihre Dateien ab und holen sie bei Bedarf wieder von dort. Ein derartiger Dateiverkehr in einem Rechnernetz führt zu einer erheblichen Netzbelastung. Das Rechenzentrum der Technischen Fachhochschule Berlin (TFHB) hat unmittelbar nach der Vernetzung seines Campus auf der Basis eines Ethernet mit TCP/IP einen solchen Container-Dienst mit Hilfe des FTP realisiert. Den Benutzern wurden ein save-Befehl zum Ablegen einer Datei im Container und ein restore-Befehl zum Herausnehmen einer Datei aus dem Container zur Verfügung gestellt. Bei Beginn der Programmentwicklung war nicht klar, ob dieser Dienst praktikabel sein würde. Die TFHB hatte damals, das war 1984/1985, etwa 6500 Studenten, von denen ungefähr 3000 den Container-Dienst in Anspruch nehmen wollten. Alle Übungsstunden an der TFHB beginnen zum gleichen Zeitpunkt, z.B. können an einem bestimmten Wochentag um 10.00 Uhr drei Pascal-, vier C- und zwei LISP-Übungen starten. Jede Übungsgruppe besteht aus 20 Personen. Das heißt, daß an dem genannten Tag um 10.00 Uhr alle 9*20 = 180 Studenten ziemlich gleichzeitig über das Netz lesend auf den Container zugreifen. Dann entwickeln sie auf ihrem jeweiligen lokalen System ihre Programme weiter. Nach 90 Minuten entsteht die gleiche Netzbelastung erneut, wenn die Übungsstunde beendet ist und die Dateien in den Container zurückgebracht werden. Bei der Entwicklung der Containersoftware war nicht klar, ob das Netz einer derartigen Belastung gewachsen sein würde. Die praktische Erfahrung zeigte jedoch einen problemlosen Dateiverkehr über das Netz, was sicherlich daran liegt, daß die relativ langsamen Plattenzugriffe den Netzzugriff dominieren.

Das File-Transfer-Protocol FTP ist in RFC 959 spezifiziert und ist das Internet-Protokoll für Dateiübertragungen. Es ist wie TELNET nicht auf UNIX-Rechner beschränkt. Um eine FTP-Sitzung mit einem fernen Rechner zu eröffnen, muß eine Login-Prozedur durchlaufen werden. FTP benutzt dafür den TELNET-Dienst. Ein FTP-Dämon ftpd bedient die FTP-Clients. Das Transportprotokoll ist TCP, wobei für jede Dateiübertragung eine eigene TCP-Verbindung auf- und dann wieder abgebaut wird. Etwas ungewöhnlich ist die Zuordnung von zwei Ports. Über Port 21 werden Kommandos übertragen, über Port 20 Daten.

FTP-Kommandos

Das ftp-Programm (der Client) enthält einen Kommandointerpreter. Es gibt unter anderem Kommandos für:

- das Senden,
- Empfangen,
- Löschen und
- Umbenennen von fernen Dateien, sowie für
- das Anzeigen und Wechseln des fernen Dateiverzeichnisses.

Eine FTP-Sitzung wird durch den Start eines Client-Programms eröffnet:

```
ftp [ Optionen ] [ferner Rechner]
```

Wie bei TELNET kann als ferner Rechner ein Hostname oder eine Internet-Adresse (in Punktschreibweise) angegeben werden. Mit den Optionen werden Einzelheiten der konkreten Dateiübertragung gesteuert. So gibt zum Beispiel die Option -d (debug) Testhilfeinformationen aus, und -v (verbose, geschwätzig) zeigt während der Übertragung Statusinformationen an. Beim Aufruf des FTP, ob mit oder ohne Angabe eines fernen Rechners, startet das Client-Programm den Kommandointerpreter, der mit

```
ftp>
```

Eingaben verlangt. Im Gegensatz zu TELNET bleiben diese lokal, d.h. sie werden vom FTP-Client auf dem lokalen Rechner interpretiert. Ist beispielsweise das lokale System eine DEC-VAX-Anlage unter VMS, so wird vom Kommandointerpreter des FTP-Clients eine VMS-konforme Schreibweise erwartet. So erfolgt beispielsweise ein Directory-Wechsel unter UNIX mit *cd Dir* und unter VMS mit *set def [Dir]*. Im folgenden Beispiel wird von einem MS-DOS-PC, einem Rechner IBM-PS/2, zu einem UNIX-Rechner vom Typ SNI-MX500 mit dem Hostnamen mx501 eine FTP-Verbindung aufgebaut, eine Kommandoübersicht abgerufen und dann eine Datei vom Host mx501 geholt. Verwendet wird eine Software der Firma EXCELAN.

```
--->c:\ >
--->c:\ > ftp  mx501
--->ftp> ?

--->     !          delete      lls         open
         ?          dir         lpwd        append
         bell       get         mdir        quit
         cd         help        mkdir       lcd
         put        pwd         ...

--->ftp> get a.txt
--->a.txt  2057  Bytes received in 0.1 seconds
--->ftp>quit
--->c:\ >
```

ASCII- und Binary-Übertragung

FTP ist so voreingestellt, daß ASCII-Dateien, die unter verschiedenen Betriebssystemen verschiedene Konventionen für *Ende-einer-Zeile* (EOL) und *Ende-einer-Datei* (EOF) verwenden, korrekt übertragen werden. Man beachte, daß Quelldateien von Textverarbeitungsprogrammen wie MS-Word oder WordStar keine ASCII-Dateien sind. Eine naive Übertragung verfälscht in der Regel die Dateiinhalte. Für diesen Fall werden Konvertierungsprogramme angeboten. Um eine derartige Datei, die beispielsweise unter MS-DOS erstellt worden ist, auf einem UNIX-Server ab- oder zwischenspeichern zu können, wird das FTP-Kommando *binary* benutzt. Es führt eine Bitübertragung ohne Berücksichtigung von ASCII-Dateikonventionen durch.

Dateinamen

Bei Dateiübertragungen zwischen Rechnern mit unterschiedlichen Namenskonventionen für Dateien, wie das zum Beispiel bei MS-DOS und UNIX der Fall ist, wird bei der Angabe nicht konventionsgerechter Dateinamen die Übertragung mit einer Fehlermeldung *Invalid file name* verweigert.

FTP-Scripts

Der FTP-Dienst wird nicht ausschließlich in Dialogform benutzt. FTP-Kommandos können aus einer Textdatei gelesen werden bzw. als *Here-Document* zur Verfügung stehen. Ein Here-Document ist eine spezielle UNIX-Kommandoprozedur. Kommandoprozeduren, auch Shell-Scripts oder nur kurz Scripts genannt (vgl. Abschnitt 4.2), sind Textdateien, die UNIX-Kommandos enthalten und selbst wie ein Kommando aufgerufen werden. Dann werden die in ihnen enthaltenen Kommandos durchgeführt. Viele UNIX-Kommandos fordern Eingaben von ihrem Benutzer an, das heißt, sie führen einen Dialog. Ein Here-Document ist ein Shell-Script, das Benutzereingaben für ein Kommando als Text enthält. Die Eingabe an das Kommando erfolgt also dabei nicht wie üblich im Dialog, sondern das Kommando liest seine Eingaben aus dem Shell-Script. Syntaktisch sieht diese Konstruktion folgendermaßen aus: Die Kommandozeile mit dem Kommando, das Eingaben erwartet, wird durch die Zeichenkombination <<+ (anstelle des Pluszeichens kann irgendein Zeichen frei gewählt werden) abgeschlossen.

Damit wird der Beginn der Kommandoeingaben gekennzeichnet. Der ab der nächsten Zeile folgende Text wird solange als Eingabe für das Kommando aufgefaßt, bis ein Pluszeichen (oder das am Anfang an seiner Stelle gewählte Zeichen) als erstes Zeichen, auf der ersten Schreibposition, einer neuen Zeile auftaucht. Der zeilenorientierte Editor ed beispielsweise wird häufig mit Here-Documents verwendet. Das folgende kleine Shell-Script zeigt einen ed-Aufruf, dem drei ed-Eingaben folgen. Es handelt sich um drei ed-Kommandos. Das erste löscht (delete) die dritte Zeile der aktuellen Datei, das ist hier a.txt. Das zweite schreibt (write) das Ergebnis des Editierens in die Datei a.txt zurück, und das dritte verläßt (quit) den Editor.

```
ed  a.txt  <<+
3d
w
q
+
```

Nach dieser kurzen Erläuterung des Begriffs Here-Document folgen zwei Beispiele zum FTP-Dienst. Bei beiden liest das FTP-Programm ftp seine Eingaben aus einer Datei. Das erste Beispiel arbeitet mit einer Umlenkung (Redirection) des Standard-Inputs für das FTP-Programm, das zweite ist ein Here-Document. Bei beiden Verfahren wird durch Aufruf des FTP mit der Option -n verhindert, daß das FTP-Programm automatisch eine Login-Prozedur im Dialog abwickelt. Das open-Kommando stellt die Verbindung zu einem fernen Rechner her, mit *user* werden Benutzername und Paßwort (siehe unten) für die Login-Prozedur angegeben. Danach wird eine Datei a1.txt geholt (get) und der FTP schließlich verlassen (quit).

```
Beispiel 1:     --->$ ftp -n < ftp.script
                --->


Die Befehle für FTP sind in der Datei ftp.script enthalten. Ihr Inhalt könnte
lauten:

                open mx502
                user brecht a9xbB5
                get a1.txt
                quit
```

```
Beispiel 2:     --->$ ftp.here
                --->$

FTP liest die Kommandos aus der gleichen Datei, in der auch der FTP-Aufruf
steht. ftp.here könnte folgendermaßen aufgebaut sein:

                ftp -n  <<+
                open mx501
                user brecht a9xbB5
                get a1.txt
                quit
                +
```

Paßwortübergabe

Bei beiden Nicht-Dialogmethoden, bei Redirection und bei Here-Documents, muß das Paßwort im user-Befehl angegeben werden. Das ist eine offensichtliche Sicherheitslücke. Sie kann etwas gemildert werden, wenn ein C-Programm erstellt wird, das das Paßwort auf die Standardausgabe schreibt. Die C-Quelle kann dann gelöscht werden. In einem Shell-Script, also auch in einem Here-Document, kann ausgenutzt werden, daß es zeilenweise von einer Shell gelesen und interpretiert wird. Bei einer Kommandosubstitution bleibt das Paßwort unsichtbar. Unter einer Kommandosubstitution versteht man einen Mechanismus von UNIX-Shells, bei dem ein Kommando innerhalb eines anderen Kommandos durch seine Ausgabe ersetzt wird. Erst nach dieser Ersetzung wird das äußere Kommando gestartet (vgl. Abschnitt 4.2). Angenommen, das übersetzte C-Programm heiße pw, dann sieht der user-Befehl folgendermaßen aus:

```
user brecht `pw`      # pw in rückwärtigen Hochkommata
```

Die speziellen Quotezeichen bewirken, daß ‘pw‘ von der Shell durch seine Ausgabe, also durch das Paßwort, ersetzt wird. Bei der Erstellung von pw ist weitere Vorsicht geboten. Ungünstig wäre eine Lösung mit der C-Funktion system(), zum Beispiel in der Form:

```
main() {
     system("echo a9xbB5");
     }
```

Das übersetzte C-Programm enthält die Zeichenfolge *echo a9xbB5* in lesbarer Form als Datum. Mit einem Dump-Werkzeug, wie zum Beispiel dem UNIX-Tool od (octal dump), kann das Paßwort dann doch sichtbar gemacht werden.

5.3 R-Kommandos

An der Universität von Kalifornien in Berkeley wurden im Rahmen der Arbeiten mit und an UNIX eigene TCP/IP-Netz-Anwendungsdienste entwickelt, die ebenfalls einem Client-Server-Kommunikationsmodell folgen. Sie unterstützen ein projektorientiertes Arbeiten, genügen jedoch durch ihre Offenheit häufig nicht den Sicherheitsanforderungen. Ein großer Teil dieser UNIX-spezifischen Dienste sind bekannte UNIX-Shell-Kommandos, die auf eine Verwendung in einem Netzbetrieb erweitert worden sind. Ihre Namen beginnen alle mit dem Buchstaben R für Remote (R für den Dienst, r für das Programm). Das hat ihnen ihren Namen gegeben. Im folgenden werden nur einige von ihnen, die wohl am häufigsten verwendeten, vorgestellt. R-Kommandos sind eigentlich UNIX-Dienste und auf UNIX-Systeme beschränkt. Das ist jedoch nicht (mehr) ganz richtig. Es gibt auch Implementierungen auf anderen Betriebssystemen. So ist zum Beispiel mit einer Software der Firma EXCELAN eine Nutzung unter MS-DOS (als Client) möglich.

Arbeitsprinzip

R-Kommandos sind auf eine starke Vereinfachung ihrer Handhabung ausgelegt. Dabei werden Benutzerkennungen über Rechnergrenzen hinaus gleichgesetzt. Das hat zur Folge, daß ein Benutzer, der lokal arbeitet und über eine gleichgesetzte Benutzerkennung auf einem fernen Host verfügt, diesen mit R-Kommandos ansprechen kann, ohne eine explizite Login-Prozedur durchlaufen zu müssen. Die Gleichsetzung von Benutzerkennungen wird von der Systemverwaltung beziehungsweise von den Anwendern selbst durch Eintragungen in Textdateien vorgenommen. Diese Textdateien, ihr Aufbau und ihre Bedeutung werden im folgenden beschrieben. Es handelt sich um die beiden Dateien /etc/hosts.equiv und $HOME/.rhosts.

/etc/hosts.equiv

Die einfachste Realisierung der Gleichsetzung von Benutzerkennungen über Rechnergrenzen hinweg besteht darin, daß ein Systemverwalter, in UNIX-Umgebungen auch *Superuser* oder *Root* (nach seinem Home-Directory) genannt, in der Datei /etc/hosts.equiv eines Rechners Hostnamen einträgt. Beispielsweise könnte er auf dem Rechner mit dem Hostnamen ibm03 in dessen Datei /etc/hosts.equiv folgende Einträge vornehmen.

```
mx501
ws310
```

Die Hostnamen stehen wieder für Internet-Adressen, wie dies in der Netzverwaltungsdatei /etc/hosts (vgl. Abschnitt 3.5) festgelegt ist. Durch die Einträge in der Datei /etc/host.equiv wird allen Benutzern der zugehörigen fernen Rechner, die auch lokal eine Benutzerkennung haben, der Zugriff auf das lokale System gestattet. Gegen diese Methode müssen offensichtlich erhebliche Sicherheitsbedenken vorgebracht werden. Sie wird deshalb nur selten eingesetzt.

$HOME/.rhosts

Durch einen Eintrag in der Datei .rhosts in seinem Home-Directory (die Shell-Variable $HOME steht für das Home-Directory) kann ein Benutzer ganz gezielt bestimmten (fernen) Kennungen die Benutzung seiner eigenen Kennung erlauben. Beispielsweise kann auf dem Host mx302, im Home-Directory des Benutzers brecht, das könnte /usr/profs/brecht sein, in der Datei .rhosts folgendes eingetragen sein:

```
mx301  brecht
mx501  brecht
mx502  brecht
```

Damit gestattet der Benutzer brecht nur sich selbst und nur von einem der angegebenen drei Rechner aus einen Zugriff über sein Home-Directory auf den Host mx302. Ein Login in dem Sinne, daß nach einem Paßwort gefragt wird, findet nicht statt.

Beim Aufruf eines R-Kommandos wird zuerst die Datei /etc/hosts.equiv geprüft. Ist der ferne Benutzer dort nicht verzeichnet oder gibt es keine solche Datei, dann wird (vom Server) nach einer entsprechenden Datei .rhosts gesucht.

RLOGIN

Der RLOGIN-Dienst (Remote-Login) entspricht in seiner Arbeitsweise dem TELNET-Dienst. Im Gegensatz zu TELNET wickelt RLOGIN mit seinem rlogin-Kommando jedoch keine explizite Loginprozedur mit Frage nach Benutzername und Paßwort ab. Dazu kommt, daß es TELNET-Implementierungen für eine Vielzahl von Betriebssystemen gibt, während RLOGIN (fast) nur in UNIX-Umgebungen existiert, diese allerdings besonders gut unterstützt und ein zügiges Arbeiten gestattet.

RSH (REMSH)

Mit dem rsh-Kommando (Remote-Shell) des RSH-Dienstes wird auf einem fernen Rechner eine Shell, ein Kommandointerpreter, gestartet. Bei einigen UNIX-Systemen führt das Kommando zu unerwünschten Ergebnissen. Das liegt daran, daß der Kommandoname rsh dort für den Aufruf einer lokalen (eingeschränkten) Restricted-Shell benutzt wird. Diese hat mit einem Netzwerk nichts zu tun und ist kein R-Kommando, sondern bezeichnet einen speziellen (lokalen) Kommandointerpreter. Auf solchen UNIX-Systemen heißt das Remote-Shell-Kommando dann remsh. Im folgenden wird für Remote-Shell nur rsh benutzt. Dem rsh-Aufruf wird ein fern auszuführendes Kommando als Parameter mitgegeben. Durch den RSH-Dienst wird auf dem fernen Rechner kein Initialisierungs-Script abgewickelt, wie das bei einem Login der Fall ist, wo zum Beispiel von der Bourne-Shell ein Script namens .profile gestartet wird, wenn es ein solches gibt. Sonderzeichen im auszuführenden Kommando, die erst durch die ferne Shell interpretiert werden sollen, müssen entwertet werden. Die Kommandosyntax lautet:

```
--->$ rsh ferner_Rechner [-l ferner_Benutzer] Kommando
```

Falls lokaler und ferner Benutzer(-Name) übereinstimmen, genügt ein Aufruf der Form:

```
--->$ rsh ferner_Rechner Kommando
```

Es folgen einige Beispiele, bei denen der lokale Rechner den Hostnamen mx302 und der Benutzer den Benutzernamen brecht hat. Dabei ist das Verfahren mit der Datei $HOME/.rhosts verwendet worden.

```
--->$ rsh mx501 ls -al

--->$ rsh ws311 -l meier ls -al

--->$ rsh mx502 cat /etc/passwd | grep brecht

--->$ rsh mx502 cat /etc/passwd "|" grep brecht
```

Beim ersten Beispiel gibt es auch auf dem Host mx501 eine Benutzerkennung brecht. In deren Datei $HOME/.rhosts gibt es einen Eintrag der Form *mx302 brecht*. Vom Host mx302 aus wird auf dem Host mx501 das ls-Kommando (list directory) mit einigen Optionen gestartet. Die Ausgabe erfolgt auf dem Host mx302. Das zweite Beispiel setzt voraus, daß der Benutzer meier des Hosts ws311 in seine Datei $HOME/.rhosts eine Zeile der Form *mx302 brecht* aufgenommen hat. Die beiden letzten Beispiele zeigen den Einsatz einer Pipe auf Shell-Ebene. Bei einem Shell-Kommando der Form

```
Kommando-1 | Kommando-2
```

sorgt die Shell dafür, daß die Ausgabe von Kommando-1 zur Eingabe von Kommando-2 wird. Man spricht von einer Pipeline oder kurz von einer *Pipe*. Das vorletzte und das letzte RSH-Beispiel, unterscheiden sich dadurch, daß die Pipe im letzten Beispiel durch die Angabe "|" auf dem fernen Rechner aufgebaut wird, während sie im vorletzten Beispiel lokal ist. Das heißt, im vorletzten Beispiel läuft das grep-Programm, das nach dem Textmuster, dem Pattern, brecht sucht, auf dem (lokalen) Host mx302, im letzten Beispiel auf dem (fernen) Host mx502.

REXEC

Das rexec-Kommando (Remote-Execute) startet genau wie RSH eine Shell auf einem fernen Host. Im Gegensatz zu RSH führt jedoch REXEC eine Abfrage nach dem Benutzernamen und dem Paßwort durch. REXEC ist wenig gebräuchlich, weil in der Regel TELNET zur Verfügung steht.

RCP

Durch das Remote-Copy-Kommando rcp wird das UNIX-Copy-Kommando cp auf ein rechnerübergreifendes Kopieren von Dateien erweitert. Dabei werden ferne Dateinamen um den Namen des Servers mit einem Doppelpunkt als Trenner erweitert.

Stimmen lokaler und ferner Benutzername nicht überein, so ist dem Rechnernamen noch der ferne Benutzername, getrennt durch das Zeichen @, voranzustellen. Die Kommandosyntax lautet:

```
--->$ rcp Datei-1 Datei-2
```

Es folgen einige Beispiele, die in der gleichen Umgebung (Host mx302, Benutzer brecht) wie die RSH-Beispiele durchgeführt worden sind.

```
--->$ rcp mx501:/usr/brecht/uebung1.txt   a.txt

--->$ rcp mx501:uebung1.txt   a.txt

--->$ rcp  winter@ws311:uebung3.txt  mx501:c.txt
```

Im ersten Beispiel wird vom Host mx501, aus dem Home-Directory des Benutzers brecht, die Datei uebung1.txt zum lokalen Working-Directory auf dem Host mx302 kopiert. Dort bekommt sie den Dateinamen a.txt. Da ferne Pfade relativ zum fernen Home-Directory gewertet werden, kann das erste Beispiel verkürzt werden. Das zweite Beispiel zeigt diese Verkürzung. Mit RCP ist es möglich, von einem fernen Rechner zu einem anderen fernen Rechner zu kopieren. Damit wird an dieser Stelle die Leistungsfähigkeit des FTP überschritten. Das dritte Beispiel zeigt einen derartigen Kopiervorgang. Vom Host mx302 ausgehend wird aus dem Home-Directory des Benutzers winter des Hosts ws311 die Datei uebung3.txt in das Home-Directory des Benutzers brecht des Hosts mx501 kopiert. Dort erhält sie den Namen c.txt.

RWHO

Das R-Kommando rwho (Remote-Who) gibt Informationen über Benutzer aus, die auf irgendeinem der Hosts den Rechenbetrieb aufgenommen haben. Es ist eine auf einen Netzbetrieb erweiterte Implementierung des bekannten Shell-Kommandos who.

```
--->$ rwho

--->     kolb        mx302:tty04        May 5        11:30
         lutz        ibm01:tty07        May 5        08:15
         wulz        mx501:tty00        May 5        10:22
         ...
```

RUPTIME

Mit dem ruptime-Kommando wird ein Überblick über die im Netz vorhandenen Rechner, ihre Laufzeit und Auslastung, sowie die Anzahl der gerade aktiven Benutzer ausgegeben.

```
--->$ ruptime
--->     ibm01    up        7+03:24    1 user     load 0.01, 0.02, 0.03
         mx302    up           9:30    1 user     load 0.02, 0.00, 0.00
         mx303    up       50+06:45    3 users    load 0.00, 0.00, 0.00
         spr01    up          13:08    4 users    load 1.05, 1.08, 1.06
         mx501    down         0:45
         mx502    down         0:45
         ...
```

Die Zeitangaben neben *up* bzw. *down* haben die Form *Tage+Stunden:Minuten.* Die obige Ausgabe zeigt, daß zum Beispiel der Rechner mx303 seit 50 Tagen ohne Ausfall aktiv (up: über das Netz ansprechbar) ist, während der Host mx501 seit 45 Minuten nicht mehr erreicht werden kann (down). Die Zahlen rechts neben der Angabe *load* geben die CPU-Belastung an, und zwar (von links nach rechts) in der letzten Minute, in den letzten fünf und in den letzten fünfzehn Minuten. Als Maßeinheit werden laufbereite Benutzerprozesse (Jobs) pro Minute verwendet. Die RUPTIME-Statistik wird mit Hilfe des RWHO-Dämons rwhod erstellt. Dieser Dämon, der auf jedem Host verfügbar sein muß, sendet in Abständen von einigen Minuten (bei einigen UNIX-Versionen alle drei Minuten) ein Broadcast-Paket mit Informationen über seinen Host in das Netz. Jeder Host legt diese Information in dem fest vorgegebenen Directory /usr/spool/rwho ab. Darauf greift RUPTIME zu und fertigt einen Auszug an. RUPTIME ist ein Beispiel für einen Anwendungsdienst, der selbst nicht mit einem Client-Server-Modell arbeitet. Wird ruptime aufgerufen, so sucht es nicht den Kontakt zu einem Server, sondern gibt den aufbereiteten Inhalt eines Dateiverzeichnisses aus.

5.4 INFORMIX-NET, NFS und X-Window

In den vorangegangenen Abschnitten wurden traditionelle TCP/IP-Anwendungsdienste vorgestellt. Die Entwicklung der TCP/IP-Protokolle ist jedoch keineswegs abgeschlossen. Sie geht einher mit der zunehmenden Verbreitung von UNIX-Workstations und deren Integration in Rechnernetze. Im folgenden werden beispielhaft drei neuere Softwaresysteme vorgestellt. Sie sind ausgewählt worden, weil sie drei große moderne Anwendungsgebiete repräsentieren. Es handelt sich um

- Datenbank-Serving (verteilte Datenbanken),
- File-Serving (verteilte Dateisysteme) und
- Display-Serving (verteilte Fenstersysteme).

INFORMIX-NET

Die zunehmenden Anforderungen an Datenbanksysteme durch ständig wachsende Datenbestände und steigende Benutzerzahlen führen bei zentralen Datenbanksystemen auf kleinen und mittleren Rechenanlagen schnell zu einer Überlastung. Abhilfe, die auch dem Aspekt entgegenkommt, daß viele Daten und Datenbankfunktionen dezentral benötigt werden, schafft eine Zerlegung der Datenbestände und eine Aufteilung von Daten und Datenbankfunktionen auf mehrere Rechner. Hersteller von Datenbanksystemen bieten entsprechende Produkte an. Exemplarisch wird das relationale Datenbanksystem INFORMIX der Firma Informix vorgestellt. Es ist auf UNIX-Rechnern weit verbreitet. Ein relationales Datenbanksystem verwaltet seine Daten in Tabellen. Tabellen entsprechen mathematischen Relationen, was den Systemen ihren Namen gegeben hat. Abbildung 5.3 zeigt eine Tabelle mit dem Namen Personal und den drei Attributen (Spalten) Name, Alter und Gehalt.

Personal	Name	Alter	Gehalt
	Meier	36	4.320,-
	Hinz	47	5.103,-
	...	...	...

Abb. 5.3: Tabelle (Relation)

Die *Structured-Query-Language* SQL ist die wohl bekannteste Datenbank-Abfrage- und -Manipulations-Sprache. Das folgende Beispiel zeigt die Struktur eines typischen SQL-Kommandos, mit dem nach dem Alter einer durch ihren Namen identifizierten Person (auf der Grundlage der oben angegebenen Tabelle) gefragt wird:

```
select Alter   from Personal   where Name = "Hinz";
```

Mit INFORMIX-NET (Version 1.1) ist es möglich, eine ferne INFORMIX-Datenbank mit SQL-Kommandos anzusprechen. Abbildung 5.4 zeigt die etwas vereinfachte Struktur des zugrundeliegenden Client-Server-Kommunikationsmodells. Dabei steht DBMS für Data-Base-Management-System und bezeichnet das Datenbankverwaltungssystem.

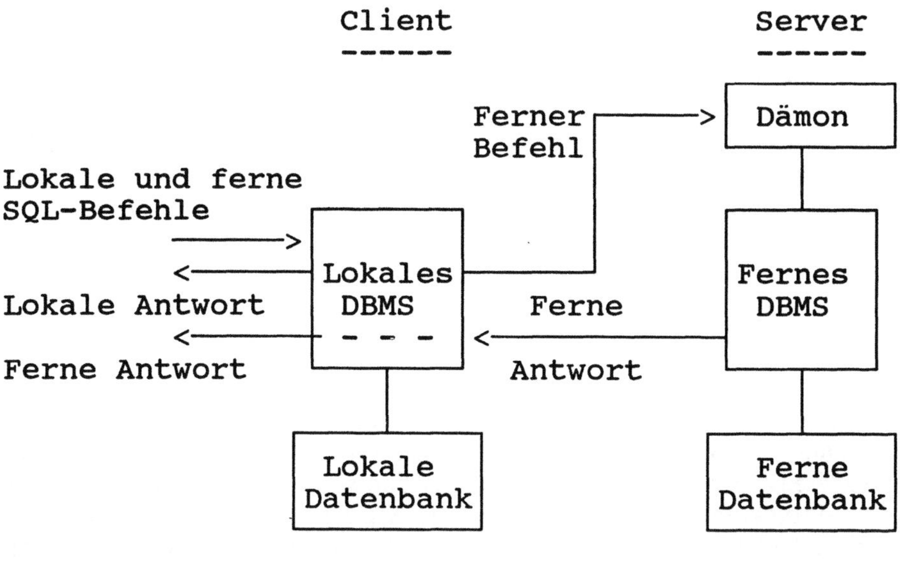

Abb. 5.4: INFORMIX-NET (Kommunikationsmodell)

Der INFORMIX-Benutzer kommuniziert über eine Benutzerschnittstelle mit dem Kommandointerpreter seines lokalen Datenbankverwaltungssystems. Er gibt SQL-Kommandos ein, die sich auf eine lokale oder auf eine ferne Datenbank beziehen. Anforderungen an eine lokale Datenbank werden vom lokalen DBMS bearbeitet. Solche an eine ferne Datenbank werden als Nachricht kodiert und an einen entsprechenden fernen Server, einen Dämon-Prozeß, über das Netzwerk gesendet. Der ferne Server aktiviert das dortige DBMS, das die Anforderung bearbeitet und die Ergebnisse dem Client zwecks Ausgabe zurückschickt.

Unter INFORMIX-NET ist eine ferne Datenbank immer funktional und datenmäßig auf dem fernen Rechner vollständig. Insbesondere liegt keine irgendwie geartete Aufteilung von Tabellen oder gar Teilen von Tabellen auf mehrere Rechner vor. INFORMIX-NET ist auch kein verteiltes System. Man vergleiche dazu den Abschnitt 2.1, in dem der Begriff der Transparenz des Zugriffs auf ferne Objekte als charakteristisch für ein verteiltes System angegeben wird. Ein INFORMIX-NET-Benutzer, der eine ferne Datenbank mit SQL ansprechen will, muß explizit eine SQL-Sitzung mit dem fernen INFORMIX-NET-System eröffnen. Dies leistet der SQL-Befehl

```
database //Rechner/Pfad/Datenbank
```

Man beachte die doppelten Schrägstriche, die die Wurzel eines, alle Netzrechner umfassenden, Dateisystems andeuten. Allerdings bleibt es bei dieser Andeutung. Ein netzweites, insbesondere transparentes, Dateisystem wird durch INFORMIX-NET nicht realisiert. Alle auf das obige Kommando folgenden SQL-Befehle beziehen sich auf die ferne Datenbank, und zwar solange, bis ein neuer database-Befehl eine neue, vielleicht diesmal lokale, Datenbank auswählt, oder bis die SQL-Sitzung beendet wird. Am database-Befehl wird deutlich, daß unter INFORMIX-NET das Computernetz mit den fernen Datenbanken für den Benutzer sichtbar, also nicht transparent, ist. Dies gilt übrigens für alle, dem Autor bekannten, Netzwerkdatenbanksysteme.

Network-File-System (NFS)

Bei den Betrachtungen zu INFORMIX-NET war der Gedanke eines netzweiten, transparenten Dateisystems geäußert worden. Unter der Bezeichnung Network-File-System (NFS) ist von der Firma Sun-Microsystems seit 1984 eine derartige Entwicklung betrieben worden. Mit NFS wurden die TCP/IP-Protokolle in SunOS, ein UNIX-Derivat (vgl. Abschnitt 4.2) integriert. Seit 1989 ist NFS offizieller Bestandteil von AT&Ts UNIX-System-V. Weitere Implementierungen gibt es für eine Reihe von Betriebssystemen, unter anderem für MS-DOS. In UNIX-Umgebungen ist NFS zu einem Standard geworden. Mit NFS sollte eine Netzsoftware für einen transparenten Zugriff auf Dateien eines Servers geschaffen werden. Ein Entwurfkriterium bestand darin, 80% der Zugriffsgeschwindigkeit einer Festplatte zu erreichen. Damit war der Einsatz plattenloser und damit preiswerter Rechner in einem Netzwerk möglich geworden. Es gibt vergleichbare Produkte namhafter anderer Hersteller wie beispielsweise

- RFS (Remote-File-Sharing) von AT&T,
- DFS (Distributed-File-System) von SNI und
- LAN-Manager/X von IBM und Microsoft.

Unter anderem verallgemeinert NFS das UNIX-Kommando mount auf ferne Dateisysteme. Das Prinzip des Mountings ist durch das Arbeiten mit transportablen Datenträgern bekannt. Damit kann ein Dateisystem auf einer Floppy-Disk an eine bestimmte Stelle eines logischen Dateisystems eingebunden werden. Nach dem Mounting sind die Directories und Dateien des fremden Datenträgers Bestandteil des logischen Dateisystems, und der fremde Datenträger ist für einen Zugriff transparent. In Abbildung 5.5 ist ein Mounting anschaulich dargestellt.

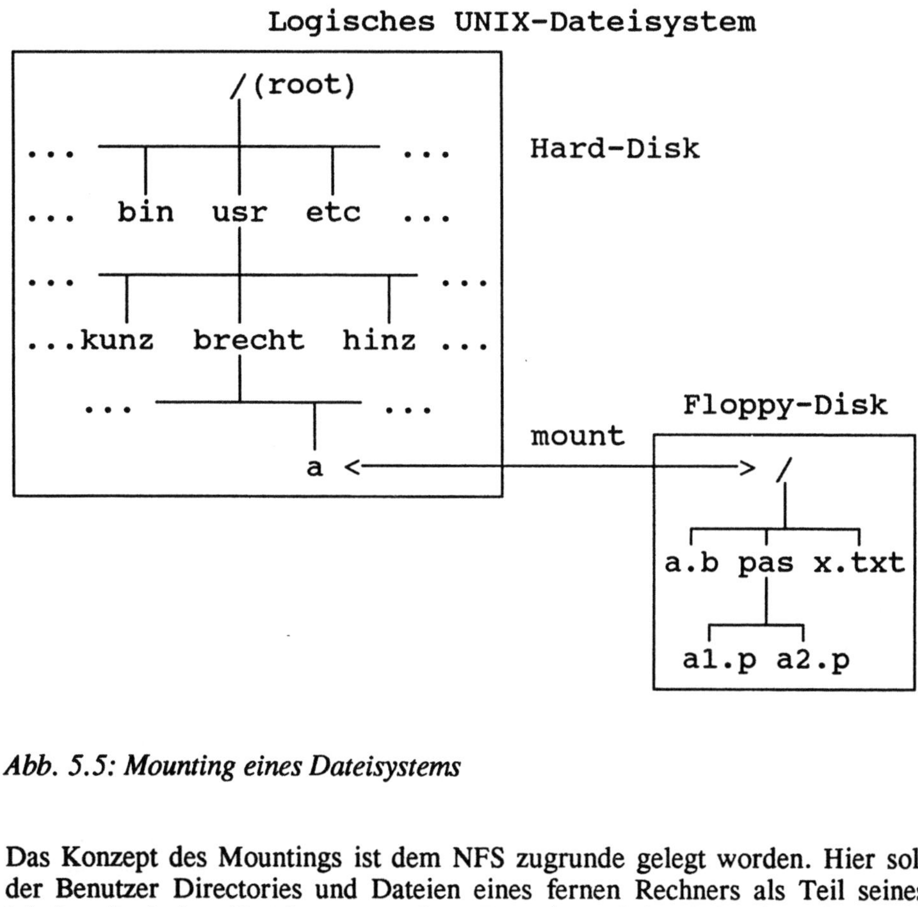

Abb. 5.5: Mounting eines Dateisystems

Das Konzept des Mountings ist dem NFS zugrunde gelegt worden. Hier soll der Benutzer Directories und Dateien eines fernen Rechners als Teil seines lokalen, logischen Dateisystems sehen. Dazu ist auf der Seite des Clients ein mount-Programm und auf der des Servers ein mountd-Dämon erforderlich. Das heißt, daß Mounting ein NFS-Dienst ist.

NFS realisiert ein virtuelles Dateisystem. Damit ist gemeint, daß Systemaufrufe wie read() und write(), die an das Dateisystem gerichtet sind, zuerst von diesem virtuellen Dateisystem untersucht werden. Es hat Informationen über die, durch ein Mounting verfügbar gemachten, Dateisysteme im Netzwerk und entscheidet, ob der Systemaufruf an das lokale Dateisystem zur Bearbeitung übergeben wird oder als Nachricht an einen fernen Server geht. Für den jeweiligen Systemaufruf wird der Zugriff auf eine Datei durch das virtuelle Dateisystem transparent. NFS ist ein verteiltes Dateisystem.

NFS-Protokollschichten

Die NFS-Protokolle entsprechen in ihrer Schichtung der OSI-Einteilung. Damit wird eine Herstellerunabhängigkeit angestrebt. Abbildung 5.6 zeigt, daß als Transportprotokoll ausschließlich UDP eingesetzt wird. NFS geht von einer bereits auf der Vermittlungsschicht (Network) sehr sicheren Datenübertragung aus und zieht deshalb das einfach aufgebaute und schneller zu verarbeitende UDP dem TCP vor.

OSI	TCP/IP		
Application	NFS, MOUNT, YP		
Presentation	XDR		
Session	RPC		
Transport	UDP		
Network	IP		
Data Link	CSMA/CD	Token	Token
Physical	Bus	Bus	Ring

Abb. 5.6: NFS-Protokollschichten

Als Anwendungsdienste sind NFS, MOUNT und YP angegeben. Die NFS-Funktionen, die dem gesamten System den Namen gegeben haben, werden von dem oben genannten virtuellen Dateisystem aufgerufen.

Der Systemaufruf unlink() beispielsweise löscht eine Datei, genauer gesagt, entfernt er einen Link (eine Referenz in einem Directory) auf sie (vgl. Abschnitt 4.2). Das virtuelle Dateisystem entscheidet, ob der unlink()-Aufruf lokal zu verstehen ist oder sich auf eine ferne Datei bezieht. Ist letzteres der Fall, so wird die NFS-Funktion NFSPROC_REMOVE() mit dem entsprechenden, die ferne Datei eindeutig bezeichnenden Parameter, man spricht von einem *File-Handle*, aufgerufen. Der Anwendungsdienst MOUNT ist bereits genannt worden, auf YP wird in einem der nächsten Absätze eingegangen.

Remote-Procedure-Calls (RPC)

Remote-Procedure-Calls sind ein Protokoll der OSI-Schicht 5, der Kommunikationssteuerung. Sie sind eigens für NFS entworfen worden und lehnen sich in ihrer Semantik eng an die in Programmiersprachen üblichen synchronen Prozeduraufrufe an. Abbildung 5.7 zeigt den Ablauf eines Remote-Procedure-Calls.

```
    Rechner A                       Rechner B
     Client                          Server
        |                               .
Client  |                               . Server
arbeitet|                               . wartet
        v         RPC-Aufruf            v
        o------------------------------>o Server
Client  .                               | läuft an
wartet  .                               v
        .                      ---------o
        .                     |Prozedur-  .
        .                     |abwicklung .
        .                      -------->o
                                        |
        v        RPC-Rückgabe           v
        o<------------------------------o
Client  |                               . Server
arbeitet|                               . wartet
weiter  v                               v
```

Abb. 5.7: Remote-Procedure-Call

Jeder Prozeduraufruf wird in eine Nachricht an den Server umgesetzt. Dies führt zu Schwierigkeiten bei der Parameterübergabe. Ein Wertaufruf, ein Call-by-Value, ist unproblematisch. Der Wert wird (als Kopie) übertragen und vom Server (remote) verarbeitet. Bei einem Referenzaufruf, einem Call-by-Reference, wird der Prozedur die Adresse eines Datenelements übergeben. Diese Adresse hat auf dem Server jedoch einen anderen Inhalt als auf dem Client, weil die beiden Adreßräume voneinander verschieden sind. Ein direkter Call-by-Reference ist nicht möglich. Allerdings ist eine Modifikation denkbar, die einen Referenzaufruf durch ein Kopieren der gesamten adressierten Datenstruktur zum Server mit dortiger Verarbeitung und Rückkopieren zum Client ersetzt. Man spricht von einem *Copy/Restore-Verfahren*. Jedoch gibt es immer noch einige Fälle, wo auch diese Methode versagt. Dazu betrachte man das Programmbeispiel in Abbildung 5.8.

```
main() {                          f(x,y) int *x, *y; {
    int a;                            *x = *x + 1;
    a = 0;                            *y = *y + 1;
    f(&a, &a);                        }
    printf("%d", a);
    }
```

Abb. 5.8: Copy/Restore

Bei lokaler Prozedurabwicklung wird als Ergebnis 2 ausgegeben, weil die beiden Additionen sequentiell ausgeführt werden. Bei einem Remote-Procedure-Call wird a jedoch zweimal kopiert. Jede Kopie wird unabhängig von der anderen auf 1 gesetzt. Dann wird a (=1) zurückkopiert. Das zweite Kopieren überschreibt das erste. Dadurch liefert der Copy/Restore-Mechanismus ein falsches Ergebnis, nämlich die Ausgabe 1.

Der Protokollkopf, der zu den Remote-Procedure-Calls gehört, enthält Angaben, welche Prozedur (Prozedurnummer) in welcher Version (Versionsnummer) aus welcher Programmsammlung (Programmnummer) benutzt werden soll. Dazu kommt eine Angabe über die Richtung, in der der Aufruf erfolgt (Anforderung oder Ergebnisrückgabe).

Im Protokollkopf sind auch Informationen über Zugriffsberechtigungen enthalten, deren Prüfung für die Bearbeitung eines Auftrags notwendig ist. Die Angabe der Länge eines RPC-Pakets ist Bestandteil des Datenbereichs. Im Protokollkopf ist dafür kein Feld vorgesehen.

Programmierschnittstellen stehen auf drei Ebenen zur Verfügung. Auf höchster Ebene kann eine Bibliothek mit vorgefertigten Funktionen benutzt werden, die beim Übersetzen, genauer beim Binden des Programms einbezogen werden muß. Ein typischer Aufruf des C-Compilers lautet dann:

```
--->$ cc prog1.c -l rpcsvc
```

Damit wird die Bibliothek /lib/librpcsvc.a eingebunden. Beispiele für Bibliotheksfunktionen sind rnusers(), mit der die Anzahl der Benutzer eines Servers ermittelt werden kann, und havedisk(), mit der festgestellt werden kann, ob ein Server über ein Floppy-Disk-Laufwerk verfügt. Der folgende Auszug aus einem C-Programm zeigt einen derartigen Funktionsaufruf:

```
int  num;
char hostname[20];          /* Servername */
...
if ((num=rnusers(hostname)) < 0) {
     printf("Fehler bei rnusers\n");
     exit(1);
     }

printf("%d users auf %s\n", num, hostname);
...
```

Die Programmierschnittstelle auf der mittleren Ebene besteht im wesentlichen aus den drei Funktionen

- callrpc(),
- registerrpc() und
- svc_run().

Mit diesen Funktionen können bereits eigene Client- und Serverprogramme erstellt werden. Dabei wendet sich ein Client mit *callrpc()* an einen Server. Der Aufruf stellt die Verbindung her und sorgt auch für die richtige interne Darstellung der Daten, so wie dies im XDR-Protokoll festgelegt ist. Auf die Darstellungsschicht wird in einem der nächsten Absätze eingegangen.

Der Server richtet sich mit einem Aufruf von registerrpc() auf den Service ein. Beispielsweise meldet er den Dienst bei einem Portverwalter (Portmapper) an. Dann wartet er mit dem ihn blockierenden Aufruf von svc_run() auf ein Rendezvous mit einem Client.

Die beiden oberen RPC-Programmierschnittstellen vereinfachen den Programmieraufwand für eine netzweite Interprozeßkommunikation. Insbesondere muß die Prozeßverbindung (vgl. Abschnitt 3.5 und Abbildung 3.15) nicht explizit spezifiziert werden. Die unterste Programmierschnittstelle dagegen stellt Funktionen zur Verfügung, die unmittelbar die Socket-Systemaufrufe benutzen. Beispielsweise richtet die Funktion svcudp_create(), wenn sie mit der Konstanten RPC_ANYSOCK parametrisiert wird, ein Socket für das Senden und Empfangen von RPC-Paketen ein. Im Abschnitt 7.4 werden die Socket-Aufrufe systematisch und mit Programmbeispielen unterlegt vorgestellt.

External-Data-Representation (XDR)

Die OSI-Schicht 6, die Darstellungsschicht, wird unter NFS durch XDR, die External-Data-Representation, abgedeckt. XDR legt eine einheitliche Kodierung der Datentypen fest und ist im Request for Comments (RFC) 1014 spezifiziert. XDR hat keinen Protokollkopf, sondern schlägt sich nur in der Kodierung nieder. Bei Integerzahlen wird als Bytefolge Big-Endian (vgl. Abbildung 3.4) benutzt und für die Zeichendarstellung ASCII. Die Kodierung von Floatzahlen folgt dem IEEE-Standard 754, der bei einer 32-Bit-Darstellung 1 Bit für das Vorzeichen, 8 Bits für den Exponenten und 23 Bits für die Mantisse vorsieht. Die Mantisse ist auf die Form 0.1x... normiert, wobei die führende Null, der Punkt und die Eins nicht gespeichert werden müssen. Der Exponent hat die Form Excess-127. Dabei werden in acht Bits positive und negative Zahlen um den Wert 127 erhöht gespeichert.

NFS-Anwendungsdienste

Neben den NFS-Dienstleistungsfunktionen, die von dem virtuellen Dateisystem als Folge eines Systemaufrufs an das lokale Dateisystem aufgerufen werden, ist der MOUNT-Dienst eines der wichtigsten Programme der NFS-Anwendungsschicht. Er bindet ein fernes Dateisystem (eines Servers) in ein logisches lokales Dateisystem (eines Clients) ein. Das folgende Beispiel zeigt einen Mount-Befehl an einem MS-DOS-Client mit einem UNIX-Server.

Auf dem MS-DOS-PC wird durch den MOUNT-Dienst ein virtuelles Laufwerk emuliert, unter dem die Directories und Dateien des Servers (unterhalb der Mount-Stelle des Servers; vgl. Abbildung 5.5) zugreifbar sind.

```
--->c:\> mount e: //mx302/usr/profs/brecht
--->c:\> e:
--->e:\> dir
--->UNIX-Dateien (Dateinamen)
```

Durch das Mounting findet keine Dateiübertragung zwischen UNIX und MS-DOS statt und insbesondere keine Umwandlung von unterschiedlich repräsentierten Textdateien. Eine solche Umwandlung ist explizit zu veranlassen. Dazu gibt es entsprechende Tools. Dateinamen in verschiedenen Betriebssystemen folgen in der Regel unterschiedlichen Konventionen. Beispielsweise benutzt MS-DOS bei Buchstaben nur Großschreibung, während UNIX Groß- und Kleinbuchstaben zuläßt. Viele UNIX-Dateinamen sind in MS-DOS nicht formulierbar. Bei NFS werden nicht konventionsgerechte Dateinamen unter Verwendung von Sonderzeichen abgebildet. Diese Abbildung ist allerding temporär, das heißt, daß zu einem anderen Zeitpunkt ein anderer Dateiname entstehen kann.

Eine besonders günstige Anwendung von NFS findet man im Bereich der Pflege von PC-Pools. Man denke an einen Ausbildungspool mit ständig wechselnden Benutzern und ständig wechselnder Softwarekonfiguration. Die Pflege eines derartigen Pools ist enorm personal- und zeitaufwendig. Durch den Einsatz von NFS kann die Software zentral auf einem UNIX-Server gehalten und gepflegt werden. Darüberhinaus kann der UNIX-Dateischutzmechanismus ausgenutzt werden. Damit kann nicht nur gegen unberechtigte Zugriffe sondern durch einen Schreibschutz auch gegen einen Befall des PCs mit Computer-Viren angegangen werden. Die TFH-Berlin hat auf diesem Gebiet reichhaltige und sehr zufriedenstellende Erfahrungen gesammelt. Dort wird NFS für das gesamte Spektrum der vorhandenen Rechenanlagen genutzt.

Ein weiterer Dienst der NFS-Anwendungsschicht sind die sogenannte Gelben Seiten, die Yellow-Pages (YP). Sie stellen einen *Verzeichnisdienst* dar. Die Namensgebung lehnt sich an die Gelben Seiten des Branchen-Fernsprechbuches an. Bei NFS setzt eine ordnungsgemäße Zugriffsberechtigung von einem Client auf Betriebsmittel eines Servers voraus, daß auf beiden Hosts zu identischen Benutzerkennungen (Login-Namen) auch identische Benutzernummern (User-IDs) vorhanden sind.

Da jedes UNIX-System seine Benutzerkennungen und die zugehörigen Benutzernummern in seiner Verwaltungsdatei /etc/passwd führt, ist eine Pflege dieser Dateien in einem Netzwerk außerordentlich aufwendig. Mit dem YP-Protokoll, genauer mit der zugehörigen Implementierung der entsprechenden Client- und Server-Programme, wird diese Pflege vereinfacht. Dabei wird wenigstens ein Host als YP-Master ausgezeichnet. Er führt eine für das Netzwerk zentrale Benutzerdatei, so eine Art netzweite /etc/passwd. YP-Bibliotheksfunktionen auf allen Hosts stellen durch entsprechende Kommunikation mit dem YP-Server sicher, daß den Hosts die notwendigen Informationen lokal zur Verfügung stehen. Der YP-Dienst ist nicht auf das Verwalten von Benutzern beschränkt, sondern kann allgemeiner immer dann eingesetzt werden, wenn tabellarische Information im Netzwerk, für alle Hosts abrufbar, zentral gehalten werden soll.

X-Window

X-Window, kurz X genannt, ist eine Entwicklung, die vom *Massachusetts Institute of Technology* (MIT) und der Firma Digital-Equipment-Corporation (DEC) durchführt wurde. Im Oktober 1988 wurde die Version X11 in der Release 3 ausgeliefert [MAN91], die Teil einer X/Open-Spezifikation ist. X/Open ist eine UNIX-Standardisierungsgruppe, die aus Computer-Herstellern, Software-Häusern und Universitäten besteht. Die Gründung erfolgte 1984 durch die Firmen Bull, ICL, Siemens, Olivetti und Nixdorf; 1987 sind DEC, HP, Unisys (Sperry) und AT&T beigetreten; 1988 folgte IBM. X/Open entwickelt selbst keine Standards, sondern übernimmt existierende. Die Empfehlungen sind in einem siebenbändigen Portability-Guide niedergelegt, dessen sechster Band Window-Management heißt und das X-Window-System beschreibt. X ist betriebssystem- und netzwerkunabhängig und erlaubt so die Entwicklung portabler Anwendungen.

Displays und Fenster

X ist ein Fenstersystem für *Rastergraphiken*. Bei einer Rastergraphik entspricht jedem Bildpunkt (Pixel) ein Bitmuster im Speicher. Man spricht auch von Bit- oder Memory-Mapping. Der Begriff Display ist unter X weiter gefaßt als sonst üblich. Unter einem Display wird eine Workstation mit

- Tastatur,
- Maus und
- wenigstens einem Bildschirm verstanden.

Dabei können mehrere Bildschirme in dem Sinne zusammenarbeiten, daß zum Beispiel eine Maus sich über physikalische Gerätegrenzen hinweg bewegen kann. Solange, wie mehrere Bildschirme von einem Benutzer (einer Tastatur, einer Maus) kontrolliert werden, spricht man von einem einzigen Display. Typisch ist das Vorhandensein eines einzigen Graphikbildschirms, auf dem mehrere *Fenster* (rechteckige Bildausschnitte) sichtbar sind. Jedes Fenster stellt die Emulation (Nachbildung) eines Bildschirms dar. X erlaubt einander (optisch) überlappende und überlagernde Fenster. Man nennt das Fenster, das mit dem Mauszeiger ausgewählt worden ist, das aktive Fenster. Darauf werden dann Eingaben über die Tastatur (oder über andere Geräte) bezogen. Zu jedem Fenster gehört ein Programm, für das das Fenster der Terminalbildschirm ist.

Kommunikationsmodell

X arbeitet mit einem Client-Server-Modell, bei dem der Server das Display kontrolliert. Ein Client ist ein Anwendungsprogramm, das vom Server eine Ausgabe wünscht. In Abbildung 5.9 ist diese Situation dargestellt worden.

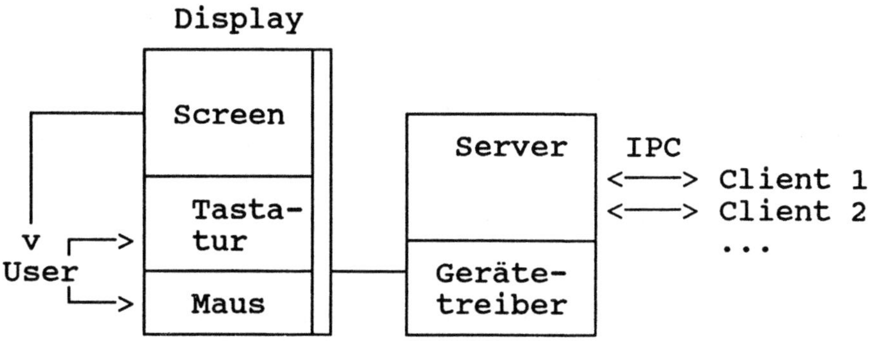

Abb. 5.9: X-Window: Clients und Server

X realisiert ein Display-Serving. In der Regel bedient ein Server mehrere Clients. Es sind jedoch Anwendungen, zum Beispiel im Ausbildungs- und Schulungsbereich, denkbar (und mit X auch realisierbar), bei denen ein (einziger) Client mehrere Server (mit je einem Display) beauftragt, eine Ausgabe für ihn vorzunehmen.

Beispielsweise könnte ein Ausbilder ein Demonstrationsprogramm (als Client) starten und auf allen Displays seiner Schüler die (identische) Ausgabe anzeigen lassen.

X ist so konzipiert, daß ein Client, der einen Server in Anspruch nehmen will, diesen nicht als eine Art Unterprogramm aufruft, sondern seinen Servicewunsch als Nachricht kodiert und dem unabhängig von ihm arbeitenden Server sendet. Wenn ein Client gestartet wird, besteht sein erster Wunsch an den Server in der Regel darin, ein Fenster für sich aufbauen und bereitstellen zu lassen. Client und Server sind ausschließlich über Interprozeßkommunikationsmethoden (IPC) miteinander verbunden (Abbildung 5.9). Registriert der Server beispielsweise einen Tastendruck an der Tastatur seines Displays, formuliert er eine entsprechende Nachricht und sendet sie dem Client, zu dem das aktive Fenster gehört. Dieser wertet den Tastendruck aus und reagiert darauf. Das bedeutet, daß bei einem bildschirmorientierten Editor für jedes eingegebene Zeichen eine eigene Nachricht über das Netzwerk gesendet wird.

Ist das Betriebssystem auf dem Host, der den Server trägt, multitaskingfähig, dann können der Server und einige Clients auf diesem Host gleichzeitig vorhanden sein. Bei UNIX-Systemen ist es üblich, daß, bezogen auf den Server, einige Clients lokal sind und einige zu fernen Hosts gehören. Eine spezielle Situation liegt vor, wenn ein Single-Tasking-Betriebssystem wie MS-DOS verwendet wird. Wenn ein Display von einem Server unter MS-DOS kontrolliert wird, dann befinden sich alle Clients auf fernen Hosts, und der Server fragt reihum (Polling) die Clients ab. Das gleiche gilt auch für den Fall, daß mit einem *X-Terminal* gearbeitet wird. Ein X-Terminal hat die Server-Software in einem ROM (Read-Only-Memory) gespeichert und verfügt über eine Netzwerkschnittstelle.

Die Clients kontrollieren die Fenster, d.h. deren Parameter wie Größe und Lage, nicht selbst. Es gibt einen speziellen Client für diese Aufgabe, den *Window-Manager*. Das ist der einzige Client, der keine Anwendung ist. Ein Client kommuniziert mit dem Window-Manager nicht direkt, sondern nur indirekt über den Server.

Events

Ein X-Window-Client, kurz X-Client genannt, muß auf bestimmte, asynchrone Ereignisse, auf sogenannte Events, reagieren.

Dazu gehören beispielsweise Benutzereingaben über die Tastatur oder über die Maus, aber auch Veränderungen an den Fenstern, weil eventuell der Fensterinhalt neu berechnet werden muß. Der zugehörige Server, oft als X-Server bezeichnet, reagiert auf jedes Ereignis, indem er es als Nachricht kodiert und dem entsprechenden X-Client sendet. Die Übertragung der Nachrichten erfolgt asynchron. Der X-Server und die X-Clients führen entsprechende Warteschlangen, sogenannte Event-Queues. Damit ist das Versenden von Nachrichten unabhängig von der eigentlichen Arbeit des Servers bzw. der Clients.

Xlib und Toolkits

X-Clients kommunizieren mit dem X-Server mit Hilfe einer Programmbibliothek, der X-Library, die kurz Xlib genannt wird und für die Programmiersprachen C und LISP zur Verfügung steht. In Abbildung 5.10 ist Abbildung 5.9 erweitert worden, um die Ansiedlung der Xlib zu zeigen. Toolkits sind vorgefertigte Programme aus Xlib-Routinen für spezielle (häufige) Aufgaben. Dazu gehören Tools für Menüs und Tools für die Verwaltung von graphischen Schalterknöpfen, zum Beispiel mit optischem Eindrückeffekt.

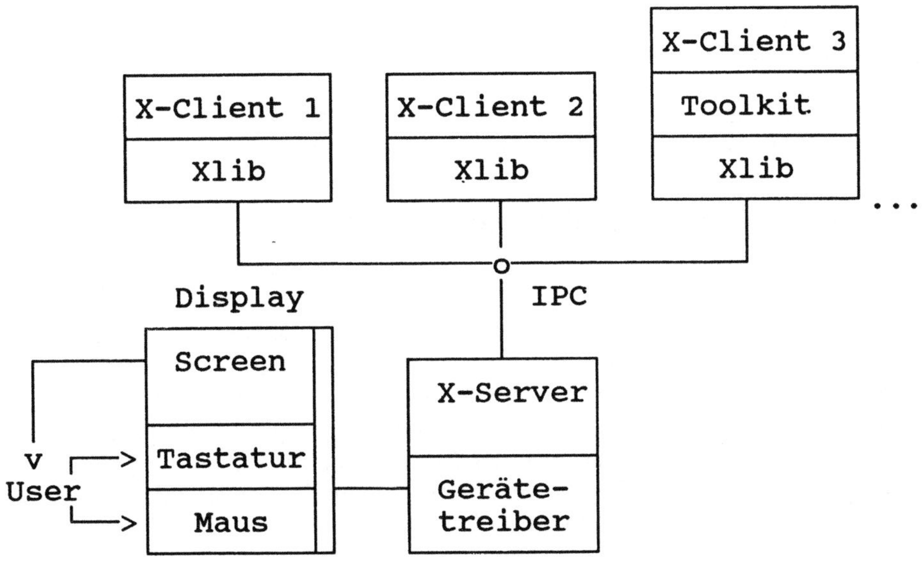

Abb. 5.10: X-Server, X-Clients und Xlib

Beispiele aus der Xlib sind Routinen

- zum Zeichnen von Punkten, Linien, Rechtecken, Polygonen, Kreisen, ...
- zur Entgegennahme von Events,
- zur Anwendung mathematischer Operationen auf Figuren,
- zur Änderung der Farbe von Figuren und
- zur graphischen Darstellung von Text.

X-Protocol und Netzwerk

X-Protocol definiert das X-Window-System, d.h. daß jede adäquate Implementierung von X-Protocol ein X-Window-System ist. Als Netzwerk kann im Prinzip jedes Netz verwendet werden, das einen bidirektionalen Bytestrom zwischen zwei Prozessen realisiert. Sind die X-Clients und der X-Server auf der gleichen Maschine, kann jede lokale Interprozeßkommunikationsmethode, wie Pipes, Message-Passing oder Shared-Memory (vgl. Kapitel 7), verwendet werden.

X ist derzeit fast ausschließlich eine TCP/IP-Anwendung. Auch eine DEC-Net-Implementierung liegt vor. DEC-Net ist ein Netzwerk der Firma Digital-Equipment-Corporation (DEC), das ein einem Ethernet sehr ähnliches physikalisches Netz benutzt. X mit TCP/IP verwendet TCP als Transportprotokoll. Der X-Server (als Prozeß) wird mit der Portnummer 6000+N adressiert, wobei N die laufende Nummer (ab 0) des Displays des zugehörigen Hosts ist. Besitzt der Host, wie bei Workstations üblich, genau ein Display, so wartet der Serverprozeß am Port 6000 auf Clients.

X-Protocol spezifiziert vier Paket-Typen für den Netzverkehr:

Requests

Request-Pakete werden von einem X-Client zum X-Server gesendet und verlangen einen Service, zum Beispiel das Zeichnen einer bestimmten Strecke in einer bestimmten Farbe in dem zugehörigen Fenster. Das Datenpaket beginnt mit einem Operationskode, dem Parameter folgen. Um beispielsweise eine Linie zeichnen zu lassen, gibt der X-Client lediglich die Koordinaten des Anfangs- und des Endpunkts an. Er überträgt nicht die Pixelgraphik. Request-Pakete haben typische Größen von 20 Bytes.

Replies

Das sind Antworten auf Requests, zum Beispiel Eingangsbestätigungen, die vom X-Server zu einem X-Client gehen.

Events

Ereignisse (Events) sind beispielsweise Benutzereingaben über die Tastatur oder über die Maus des Displays und werden vom X-Server an den entsprechenden X-Client gesendet.

Errors

Fehlermeldungen (Errors) sind sehr spezielle Ereignisse, die ebenfalls vom X-Server zu einem X-Client gehen, jedoch unter völliger Umgehung der Warteschlange. Sie gelangen auf direktem Wege zu einem Error-Handler aus der Xlib des X-Clients.

Die Kommunikation zwischen einem X-Client und dem X-Server wird vom X-Client eröffnet. Das erste Byte des ersten Datenpakets, das der X-Client dem X-Server schickt, sagt aus, wie der Rechner des X-Clients Zahlen darstellt, ob er Big- oder Little-Endian (vgl. Abbildung 3.4) verwendet. Der X-Server respektiert die Zahlendarstellung des X-Clients. Wenn die interne Darstellung von Zahlen beim X-Client und beim X-Server nicht übereinstimmt, dann vertauscht der X-Server die Bytes entsprechend. Bei Bilddaten ist genau das Gegenteil realisiert worden. Dort muß der X-Client die Darstellung des X-Servers respektieren.

Mit X kann nahezu jede Benutzerschnittstelle aufgebaut werden. Bekannte neuere Beispiele sind *Open-Look* und *OSF/Motif*, auf die hier nicht weiter eingegangen werden kann. Als Fenstersystem ist X ein verteiltes System: Einem Fenster ist nicht ansehbar, ob es zu einem lokalen oder zu einem fernen Client gehört. Was damit gemeint ist, soll an einem Beispiel verdeutlicht werden.

Angenommen, auf einem Bildschirm seien zwei Fenster, vielleicht nebeneinander, sichtbar. Für das eine Fenster ist eine Shell (ein Kommandointerpreter) des lokalen UNIX-Systems der X-Client, für das andere eine Shell eines fernen UNIX-Systems. In jedem Fenster ist das Promptzeichen der jeweiligen Shell sichtbar. Beide Shells warten auf Eingaben. Eines der beiden Fenster sei durch den Mauszeiger aktiviert worden. Dann können der zugehörigen Shell Kommandos übergeben werden. Das heißt, daß mit dem zugehörigen UNIX-System gearbeitet wird. Es ist jedoch durch das Arbeiten mit diesem UNIX-System, zum Beispiel durch das Eingeben von Shell-Kommandos im Fenster, nicht erkennbar, ob es das lokale Betriebssystem ist oder ein fernes. Das Netzwerk ist für das Arbeiten mit Fenstern unter X transparent. X ist ein verteiltes System.

Übungen

5.1 **Was sind iterative bzw. nebenläufige Server?**

5.2 **Wozu dient ein Pseudoterminal?**

5.3 **Durch welche Maßnahme gestattet ein Benutzer meier (Benutzername) auf einem Host sun01 (Hostname) sich selbst den Zugriff mit R-Kommandos vom Host ibm01, wo er den Benutzernamen meier1 hat?**

5.4 **Welches R-Kommando arbeitet nicht nach einem Client-Server-Modell?**

5.5 **Wann wird ein Netzwerkdatenbanksystem als verteiltes System bezeichnet?**

5.6 **Weshalb verwendet NFS als Transportprotokoll UDP statt TCP?**

5.7 **Welche Pakettypen werden bei X-Window zwischen den X-Clients und dem X-Server ausgetauscht?**

5.8 **Wie wird bei X-Window die OSI-Schicht 6 (Darstellung) behandelt?**

6 Parallele Prozesse

6.1 Präzedenz

Rechnernetze und damit verteilte Systeme sind durch die Begriffe *Parallelität* und *Kommunikation* geprägt. In den ersten Kapiteln sind strukturelle Betrachtungen über den Aufbau von Netzwerken angestellt worden. Ausgehend von Prozessorarchitekturen wurden, orientiert am ISO-OSI-Referenzmodell, Computernetze, von der physikalischen Ebene bis zu den Anwendungsdiensten, in ihrer Funktionsweise vorgestellt. Dabei ist herausgearbeitet worden, daß der Begriff *verteiltes System* ein Software-Aspekt ist. Verteilte Systeme werden durch miteinander kommunizierende Prozesse (Tasks) realisiert.

Ein Prozeß ist eine Verwaltungseinheit in (prozeßorientierten) Betriebssystemen. Verwaltet wird die Abarbeitung von Programmen. Begriffe wie Multiprogramming und Multitasking gehören zu dieser Betrachtungsweise. Prozesse arbeiten unabhängig voneinander. Werden sie mit der Fähigkeit ausgestattet, miteinander zu kommunizieren, können sie sich synchronisieren (zeitlich aufeinander abstimmen), und sie können kooperieren [HER89] und so gemeinsam Aufgaben bearbeiten. In einem verteilten System kommen zu den lokal wirksamen Methoden der Interprozeßkommunikation solche, die rechnerübergreifend arbeiten können. UNIX ist ein sehr weit verbreitetes, prozeßorientiertes Betriebssystem und deshalb häufig die Basis verteilter Systeme. Dabei findet die Idee des Piping, das ist eine lokale UNIX-Interprozeßkommunikationsmethode, im Socket-Mechanismus der Berkeley-Entwicklung ihre Übertragung auf ein Rechnernetz.

Das vorliegende Kapitel beschäftigt sich mit Überlegungen zur Parallelität in der Software eines Computers. Betrachtet werden insbesondere Problemstellungen, die auftreten, wenn Prozesse versuchen, miteinander konkurrierend auf gemeinsame Betriebsmittel zuzugreifen.

Neben programmiersprachlichen Konstruktionen zur Formulierung parallel abarbeitbarer Programme, werden grundlegende Methoden vorgestellt, mit denen Prozesse sich gegenseitig von der Benutzung gemeinsamer Betriebsmittel ausschließen können.

Parallelität und Nebenläufigkeit

Auf Rechnern mit genau einer CPU erweckt das Multitasking des Betriebssystems den Anschein eines gleichzeitigen Arbeitens der Prozesse. Man spricht von *Pseudoparallelität*. Auf Rechnern mit mehr als einer CPU, insbesondere in einem Rechnernetz, arbeiten Prozesse tatsächlich parallel. Genauer gesagt, bedeutet der Begriff parallel, daß zwei Handlungen zeitgleich erfolgen, bzw. erfolgen können. Etwas schwächer ist der Begriff *nebenläufig* (concurrent). Er bringt zum Ausdruck, daß zwei Handlungen in beliebiger Reihenfolge durchgeführt werden können. Umgangssprachlich wird oft *parallel* statt *nebenläufig* gesagt. Wenn im Kontext der Betrachtungen die Unterscheidung der beiden Begriffe von untergeordneter Bedeutung ist, wird im folgenden der umgangssprachliche Gebrauch vorgezogen.

Mit Prozessen wird Parallelität auf einer sehr hohen Ebene beschrieben. Auf Hardware-Konzepte, die auf Parallelität angelegt sind, ist im Abschnitt 1.2 bereits eingegangen worden. An die Hardware-Ebene, zu der hier auch die Mikroprogramme [GOO89] gezählt werden, schließt sich die Operationsebene an. (Rechen-) Operationen zerfallen in parallel bearbeitbare Komponenten. Die Parallelität ist syntaktisch als *Operationsbaum* erkennbar. Die Zerlegung kann von einem Compiler geleistet werden, der den Operationsbaum aufbaut. Abbildung 6.1 zeigt einen Syntaxgraphen (den Operationsbaum) für den Rechenausdruck (x+2)*5 - (x-3)*7.

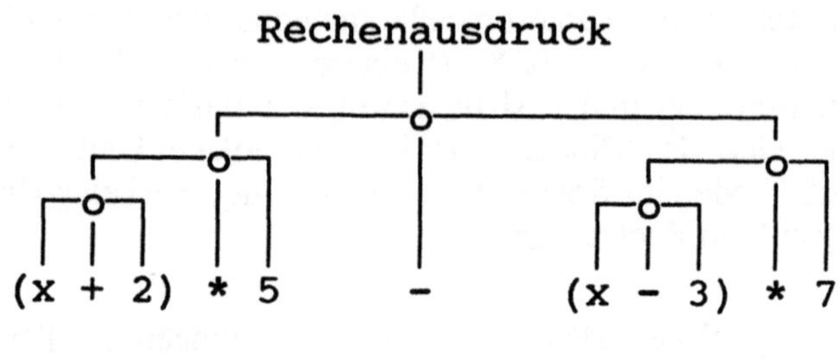

Abb. 6.1: Operationsbaum

(Rechen-) Operationen sind Teile von Anweisungen. Nach der Ebene der Operationen ist Parallelität auf der Ebene der Anweisungen möglich. Der Programmauschnitt in Abbildung 6.2 zeigt, daß die Werte für y und z parallel berechenbar sind, daß also die zweite und dritte Anweisung parallel ausgeführt werden können.

```
x = 3.0;
y = (x**5) - 12sin(x);          /*  (x**5) --> x hoch 5  */
z = sqrt(x) + 7cos(x);
a = (x+y)**2;
```

Abb. 6.2: Parallel ausführbare Anweisungen

Parallelität auf der Ebene von Anweisungen ist ebenfalls für einem Compiler erkennbar, jedoch ist das Analyseverfahren sehr aufwendig. Anweisungen sind Teile von Prozessen. Damit ist gemeint, daß ein Prozeß aus wenigstens einer Anweisung besteht. *Transputer* [TRA88], das sind spezielle Prozessoren der englischen Firma INMOS, und die Programmiersprache OCCAM [SCH88] basieren auf konzeptionellen Arbeiten von Hoare über kommunizierende sequentielle Prozesse [HOA85]. In diesem Konzept ist jede Anweisung ein (minimaler) Prozeß. Transputer unterstützen diesen Ansatz unter anderem durch ihre Fähigkeit, Prozeßwechsel sehr schnell, und zwar unter einer Mikrosekunde [TRA88], durchzuführen. Zum Vergleich sei erwähnt, daß Prozeßwechsel in der Regel, je nach Art des Prozessors, zwischen 10 und 100 Mikrosekunden in Anspruch nehmen [PET85]. Wenn man von dem Transputer-Ansatz absieht, umfaßt ein Prozeß eine Vielzahl von Anweisungen, die zusammen den Charakter einer hochkomplexen Anweisung haben. Parallelität auf der Ebene von Prozessen bedeutet, daß ein Programm, d.h. ein Lösungsweg, so gestaltet wird, daß parallel bearbeitbare Prozesse entstehen. Prozeßorientierte Betriebssysteme auf Mehrprozessormaschinen können ihr Scheduling, ihre Prozeßauswahl für die Prozessoren, dann auf mehrere Prozessoren ausdehnen. In einem Rechnernetz können Prozesse auf andere Maschinen zur Bearbeitung verlagert werden.

Präzedenzgraphen

Der Zugang zu dem prinzipiellen Problem, einen Lösungsweg in parallel bearbeitbare Teile zu zerlegen, kann durch ein graphisches Hilfsmittel erleichtert werden.

Präzedenzgraphen dienen der Erkennung von Parallelitäten bzw. von notwendigen Sequentialitäten. Für die folgenden Betrachtungen wird zwischen Anweisungen und Prozessen nicht unterschieden. Um die Darstellung zu vereinfachen und an die Erfahrung mit den üblichen Programmiersprachen anzupassen, habe eine Anweisung (ein Prozeß) die folgende Form:

```
a = x + y
```

Beispiele dafür sind die:

- Addition von Zahlen oder
- Addition von Matrizen oder
- Vereinigung von Mengen oder
- Konkatenation von Strings oder
- Reihung (APPEND) von Dateien
- usw.

Der Programmausschnitt in der Abbildung 6.3 zeigt, daß die Anweisungen dort nicht in beliebiger Reihenfolge abgearbeitet werden dürfen. Zwischen den Anweisungen bestehen Abhängigkeiten bezüglich der Reihenfolge ihrer Abarbeitung. Diese Abhängigkeiten können durch einen gerichteten, azyklischen (schleifenfreien) Graphen formuliert werden.

```
a = x + y;
b = z + 1;
c = a - b;        /* Erst wenn a und b vorliegen     */
w = c + 1;        /* Erst wenn c vorliegt            */
```

Abb. 6.3: Abhängigkeiten zwischen Anweisungen

Dieser Graph heißt Präzedenzgraph. Seine Knoten entsprechen den Anweisungen (Prozessen). Eine Kante von Knoten i zu Knoten j bedeutet, daß (zwingend) die Anweisung i vor der Anweisung j ausgeführt werden muß. Abbildung 6.4 zeigt den Präzedenzgraphen für die Anweisungsfolge aus der Abbildung 6.3. In allen Beispielen mit Präzedenzgraphen ist die Richtung der Kanten unverwechselbar, in der Regeln von oben nach unten. Deshalb ist auf die explizite Angabe eines Pfeils an den Kanten verzichtet worden.

Manchmal ist es für die Formulierung paralleler Abläufe einfacher, den Präzedenzgraphen als *Wartegraphen* zu verstehen. Eine Anweisung, auf der Kanten des Präzedenzgraphen münden, muß mit der Ausführung so lange warten, bis alle Anweisungen, zu denen diese Kanten gehören, abgearbeitet sind.

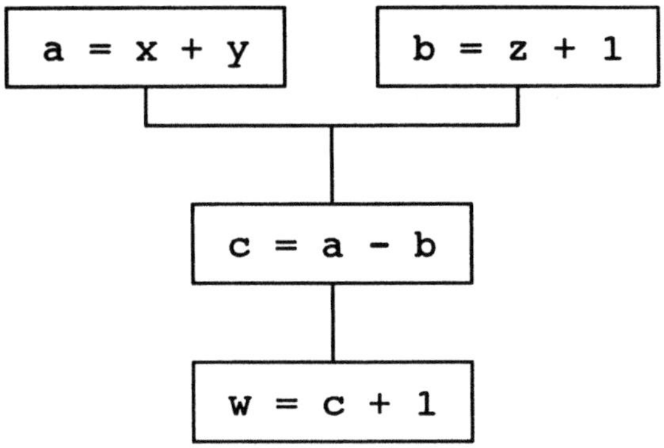

Abb. 6.4: Präzedenzgraph (gerichtet von oben nach unten)

So muß beispielsweise bei den Anweisungen in der Abbildung 6.4 mit der Abarbeitung von c=a-b darauf gewartet werden, daß sowohl die Bearbeitung von a=x+y als auch die von b=z+1 beendet ist. Mit der Anweisung w=c+1 muß auf die Beendigung von c=a-b gewartet werden.

Die Regeln von Bernstein

Die im obigen Beispiel intuitiv erkannte Abhängigkeit zwischen den angegebenen Anweisungen läßt sich mit einfachen Hilfsmitteln formal behandeln und in eine Handlungsanleitung umsetzen. Gearbeitet wird mit zwei Mengen.

Input-Menge

Die Input-Menge I einer Anweisung ist die Menge der Variablen, deren Werte in die Abarbeitung der Anweisung eingehen.

Output-Menge

Die Output-Menge O einer Anweisung ist die Menge der Variablen, deren Werte durch die Abarbeitung der Anweisung verändert werden.

Es folgen einige Beispiele:

Für	c = a - b;	ist	I = {a, b}	und	O = {c};
für	x = x + 1;	ist	I = {x}	und	O = {x};
für	read(a); bzw. a = read();	ist	I = { }	und	O = {a};
für	write(a);	ist	I = {a}	und	O = { }.

An den Beispielen wird unmittelbar einsichtig (auf einen formalen Beweis soll hier verzichtet werden), daß zwei Anweisungen s1 und s2 genau dann unabhängig voneinander und damit parallel ausführbar sind, falls folgende drei Bedingungen, das sind die Regeln von Bernstein [BER66], alle erfüllt sind:

[1] Der Durchschnitt von I(s1) mit O(s2) ist leer.
[2] Der Durchschnitt von O(s1) mit I(s2) ist leer.
[3] Der Durchschnitt von O(s1) mit O(s2) ist leer.

Zwei Beispiele sollen die Anwendung dieser Regeln zeigen:

Die Anweisungen x = a + b;
y = x + 1;

verletzen die zweite Regel von Bernstein. Die beiden Anweisungen dürfen nicht parallel durchgeführt werden.

Die Anweisungen a = x + y;
b = z + 1;

dagegen erfüllen alle drei Bedingungen. Sie sind unabhängig voneinander und damit parallel durchführbar.

6.2 Fork-Join-Konstruktion und Parallel-Statement

Bei der Suche nach einer programmiersprachlichen Formulierung des Verzweigens und Wiederzusammenführens im Präzedenzgraphen sind zwei Sprachgebilde entwickelt worden: Die Fork-Join-Konstruktion und das Parallel-Statement.

Die Fork-Join-Konstruktion

Mit dem Befehl fork wird eine Verzweigung im Präzedenzgraphen beschrieben. Er hat die syntaktische Form:

```
fork Label;
```

Die Ausführung des Fork-Befehls bewirkt, daß eine zweite, vollständige und von der ersten unabhängige, Programmabarbeitung (mit einem eigenen Befehlszähler) entsteht. Der neue Befehlszähler zeigt auf den Befehl nach dem Label, während der ursprüngliche auf den nächsten Befehl nach dem fork zeigt. In Abbildung 6.5 sind eine Verzweigung in einem Präzedenzgraphen und ein zugehöriger Programmauszug dargestellt.

Präzedenzgraph

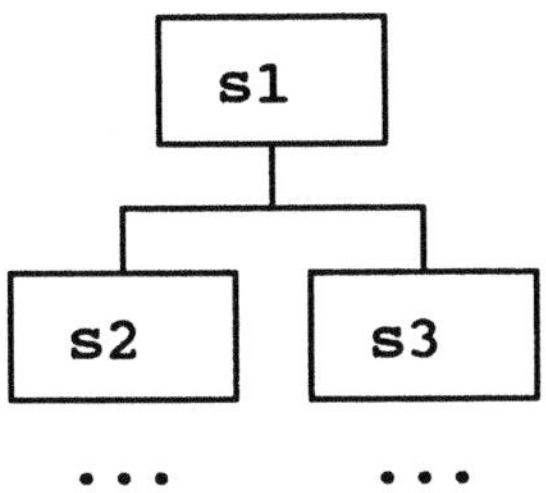

Programm

```
    {
    s1;

    fork L;   /* Label L */
    s2;
    ...
L:  s3;
    ...
    }
```

Abb. 6.5: Der Fork-Befehl

Der Zusammenhang zwischen Programm und Prozeß kann hier noch einmal deutlich gemacht werden. Wenn das angegebene Programm gestartet wird, entsteht ein Prozeß. Das ist vorläufig der einzige zu diesem Programm. Er wickelt die Anweisung s1 ab und kommt dann zum Fork-Befehl. Durch die Abarbeitung dieses Befehls entsteht ein zweiter, zum ersten paralleler, Prozeß. Der ursprüngliche Prozeß setzt die Abarbeitung der Anweisungen mit s2 fort, der neu entstandene Prozeß nimmt seine Arbeit mit der Anweisung auf, die mit dem Label des Fork-Befehls bezeichnet ist, im Programm (Abbildung 6.5) ist das s3. Ein und dasselbe Programm führt also zu mehreren parallelen Prozessen. Dem Programmierer, der auf UNIX-Systemen arbeitet, ist das geläufig. Der Systemaufruf fork() ist dem eben beschriebenen Fork-Befehl nachempfunden.

Das Gegenstück zum Fork- ist der Join-Befehl. Mit join wird eine Zusammenführung im Präzedenzgraphen beschrieben. Anschaulich findet eine Reduktion der vorhandenen Befehlszähler statt. Abbildung 6.6 zeigt den Präzedenzgraphen und einen Programmauszug.

Präzedenzgraph	Zwei parallele Prozesse

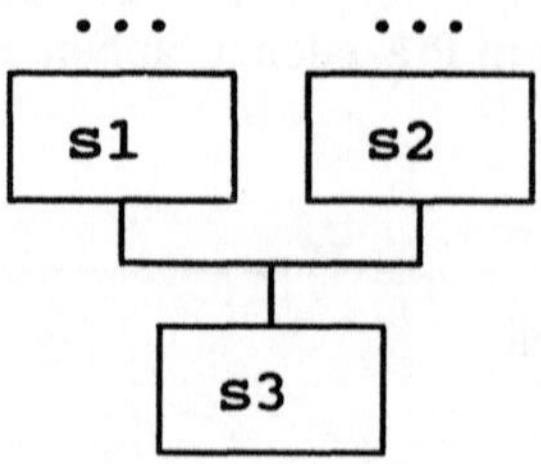


```
(mit Befehlszählern --->
                und ===>)
      {
      ...
---> s1;
     goto M;

     ...
===> s2;
  M: join;
     s3;
     }
```

Abb. 6.6: Der (unvollständige) Join-Befehl

Angenommen, der eine der beiden parallelen Prozesse sei bei der Anweisung s1 angekommen und der andere bei s2. Dann erfolgt eine Zusammenführung dadurch, daß der eine Prozeß direkt zum Join-Befehl gelangt, während der andere über eine Goto-Anweisung dorthin kommt. Beide Prozesse führen dann den Join-Befehl durch. Das Zusammenführen von zwei parallelen Prozessen wird so realisiert, daß (durch den Join-Befehl) einer der beiden beendet wird, während der andere weiterarbeitet. Dann ist aber der bisher beschriebene Join-Befehl unvollständig. Er benötigt ein Kriterium dafür, welcher der beiden Prozesse beendet werden soll. Dazu wird er mit einem Zähler versehen und arbeitet damit wie folgt.

```
join z    {
          z = z - 1;
          if (z != 0) exit();
          }
```

Vorausgesetzt, der Zähler z sei richtig initialisiert (ein offensichtlich nicht ganz unkritischer Punkt), dann wird bei parallelen Prozessen lediglich derjenige weitergeführt, der als letzter den Join-Befehl erreicht. Alle anderen werden beendet. Abbildung 6.7 zeigt die Fork-Join-Konstruktion im Zusammenhang. Bereits an dieser Stelle sei darauf hingewiesen, daß eine kritische Situation entsteht, wenn zwei oder mehr Prozesse gleichzeitig den Wert des Zählers z verändern wollen. Der nächste Abschnitt (6.3) befaßt sich ausführlich mit dieser Problematik. Um die Fork-Join-Konstruktion strukturell zu verstehen, reicht der oben eingenomme, naive Standpunkt eines funktionsfähigen Join-Befehls aus.

Präzedenzgraph

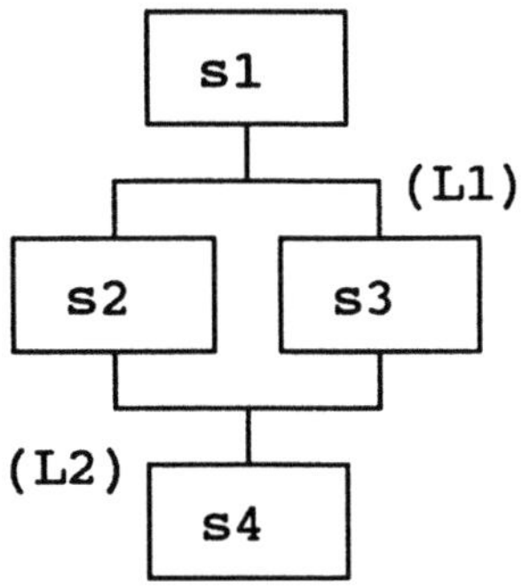

Programm

```
    {
    s1;
    z = 2;      /* Zähler */
    fork L1;
    s2;
    goto L2;    /* Join   */

L1: s3;

L2: join z;
    s4;
    }
```

Abb. 6.7: Die Fork-Join-Konstruktion

In Abbildung 6.8 wird ein (Pseudokode-) Beispiel für eine Anwendung der Fork-Join-Konstruktion vorgestellt. Gezeigt wird das Kopieren sequentieller Dateien. Mit zwei Puffern r und s kann das Lesen aus der einen Datei parallel zum Schreiben in die andere durchgeführt werden.

Das Parallel-Statement

Die Fork-Join-Konstruktion ist heftig kritisiert worden. Sie ist zwar sehr mächtig und deckt jede denkbare parallele Programmkonstruktion ab, verlangt aber einen sehr aufmerksamen Programmierstil. Bereits die Kontrolle des Zählers beim Join-Befehl ist bei mehr als zwei parallelen Prozessen nicht mehr unmittelbar einsichtig.

```
copy(von, nach) Datei von, nach; {
    Puffer r,s;
    int z;                          /* Zähler für Join       */
    open(von, zum Lesen);           /* Dateien öffnen        */
    open(nach, zum Schreiben);

    r = read(von);                  /* Ersten Satz lesen     */
    while (! eof(von)) {
        z = 2;                      /* Zähler setzen         */
        s = r;                      /* Umpuffern             */
        fork A;
        write(s, nach);             /* Parall. Schreiben     */
        goto B;
A:      r = read(von);              /* Paralleles Lesen      */
B:      join z;
        }
    write(r, nach);                 /* Letzter Satz          */
    }
```

Abb. 6.8: Nebenläufiges Kopieren (Lesen und Schreiben) sequentieller Dateien, formuliert mit Fork-Join

Dazu kommt eine Goto-Programmierung mit der Gefahr, undurchsichtigen und nicht mehr nachvollziehbaren Programmkode zu erzeugen. Von Dijkstra, einem der bekanntesten Goto-Kritiker, wurde deshalb bereits 1965, als Alternative zur Fork-Join-Konstruktion, ein Parallel-Statement vorgeschlagen. Es hat die Form:

```
parbegin
    s1; s2; ... sn;
parend
```

In der englischen Litaratur findet man dafür oft:

```
cobegin
    s1; s2; ... sn;
coend
```

Der zugehörige Präzedenzgraph ist einfach aufgebaut und gut strukturiert. Er ist in Abbildung 6.9 dargestellt. Um die Parallelität deutlich herauszustellen ist eine Anweisung vor und eine nachgeschaltet worden. Abbildung 6.10 zeigt als Beispiel einen Programmauszug mit der Anweisungsfolge, die einleitend zu den Präzedenzbetrachtungen benutzt worden ist.

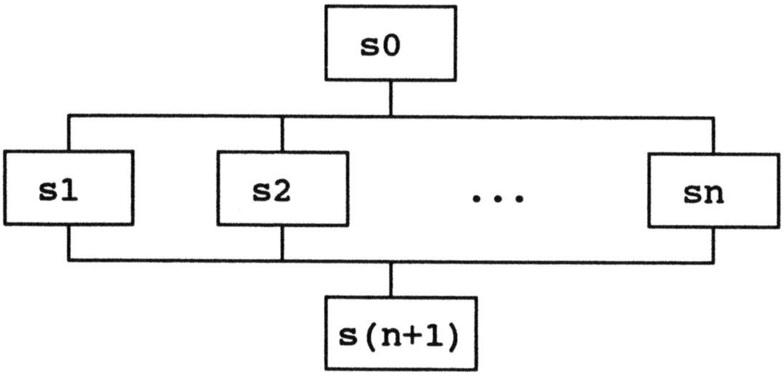

Abb. 6.9: Präzedenzgraph des Parallel-Statements

```
{
parbegin
    a = x + y;      b = z + 1;
parend;

c = a - b;
w = c + 1;
}
```

Abb. 6.10: Ein Beispiel zum Parallel-Statement

Mit Fork-Join ist jede parallele Programmkonstruktion formulierbar, mit dem Parallel-Statement jedoch nicht. Das Parallel-Statement ist schwächer als die Fork-Join-Konstruktion. Das Beispiel in Abbildung 6.11 soll diesen Sachverhalt deutlich machen. Dort gibt es zwei Anweisungen, die laut Präzedenzgraph voneinander unabhängig und damit parallel ausführbar sind. Gemeint sind die Anweisungen s5 und s3. Angenommen, s3 dauert so lange, daß s4 bereits fertig ist, wenn s3 noch bearbeitet wird. Dann darf laut Präzedenzgraph s5 gestartet werden, ohne daß auf s3 gewartet werden muß. Dieser Sachverhalt ist mit dem Parallel-Statement nicht formulierbar. Mit ihm ist lediglich die Parallelität von s5 und s6 angebbar, nicht jedoch die von s5 und s3.

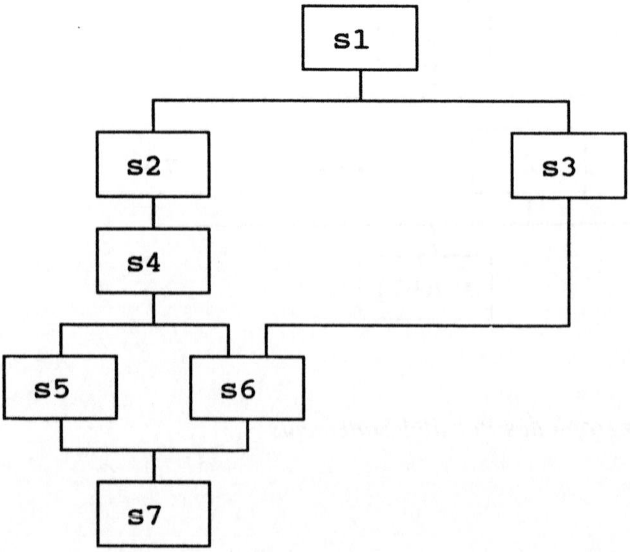

Abb. 6.11: Mächtigkeit des Parallel-Statements

Jedoch sei bereits an dieser Stelle darauf hingewiesen, daß zusammen mit weiteren Sprachmitteln, die erst später (im Abschnitt 6.4) vorgestellt werden, auch mit dem Parallel-Statement alle Präzedenzgraphen umgesetzt werden können.

6.3 Konkurrierende Prozesse und gegenseitiger Ausschluß

Bei der Fork-Join-Konstruktion war es möglich, daß zwei und mehr Prozesse den Join-Befehl und damit die Veränderung des Zählers

```
z = z - 1;
```

parallel (miteinander konkurrierend) ausführen. Die Regeln von Bernstein verbieten dies jedoch.

s1: z = z-1; ===> I = { z }; O = { z }
s2: z = z-1; ===> I = { z }; O = { z }

Die beiden Anweisungen verletzen gleich alle drei Regeln von Bernstein. Sie dürfen keinesfalls parallel durchgeführt werden. Dies kann auch auf andere Weise verdeutlicht werden: Eine Anweisung wie z=z-1 wird abhängig vom verwendeten Prozessor in mehrere Maschinenbefehle übersetzt. Typisch ist eine Befehlsfolge, die mit dem Laden des Wertes von z aus dem Hauptspeicher in den Akku beginnt. Darauf folgt die Subtraktion im Akku und das Zurückschreiben des veränderten Akku-Inhaltes in den Hauptspeicher. Abbildung 6.12 zeigt diese Vorgänge in einer hypothetischen Assemblersprache.

```
z = z-1;  entspricht:   LOAD z          ; Wert von z in den Akku
                        SUB  1          ; Akku=Akku-1
                        STO  z          ; Inhalt des Akkus nach z
```

Abb. 6.12: Umsetzung von z = z-1

Angenommen, z habe (im Hauptspeicher) den Wert 2 und es gäbe zwei parallele Prozesse P(0) und P(1), die miteinander konkurrierend die Anweisung z=z-1 ausführen wollen. Weiter werde angenommen, daß P(0) beginnt. Er holt den Wert von z aus dem Hauptspeicher in den Akkumulator und führt die Subtraktion durch, so daß anschließend im Akku (als Wert für z) eine 1 steht. In einem Time-Sharing-System kann ein Prozeß zu jedem Zeitpunkt unterbrochen werden. Nicht unterbrechbar, also atomar, sind die einzelnen Maschinenbefehle. Aber nach der Abarbeitung eines Maschinenbefehls ist stets eine Unterbrechung möglich. Der Prozeß P(0) könnte unterbrochen werden, bevor er dazu gekommen ist, den neuen Wert für z aus dem Akku in den Hauptspeicher, in die Variable z, zurückzuschreiben. Ein Prozeßwechsel hat zur Folge, daß für den Prozeß, der die CPU abgeben muß, unter anderem sämtliche Registerinhalte gespeichert werden. Ein Akkumulator ist also prozeßspezifisch. Das heißt, daß der veränderte Wert von z vorläufig nur dem Prozeß P(0) (in seinem Akku) bekannt ist.

Angenommen, der Prozeß P(0) werde an der angegebenen Stelle unterbrochen und etwas später erhalte der zweite Prozeß P(1), der z ebenfalls verändern will, die CPU. Weiter angenommen, P(1) beginne jetzt ebenfalls mit seiner Abarbeitung der Anweisung z=z-1, und die zeitliche Zuteilung sei so bemessen, daß P(1) die ganze Anweisung ohne Unterbrechung durchführen kann. P(1) holt dann aus dem Hauptspeicher das dort nach wie vor unveränderte z mit dem Wert 2 und bringt es in den Akku, der ja prozeßspezifisch ist.

Dort führt er die Subtraktion durch und ändert damit den Akkumulatorinhalt in den Wert 1. Dann schreibt er diesen Wert in den Hauptspeicher, in die Variable z, zurück. Daraufhin bearbeitet P(1) seine weiteren Befehle und wird schließlich irgendwann unterbrochen. Etwas später wird P(0) wieder Running, das heißt er erhält wieder die CPU, und kann dort seine Arbeit an der Stelle fortsetzen, an der er vorher unterbrochen worden war. Zuletzt hatte er im Akku den Wert von z auf 1 vermindert. Jetzt schreibt er diesen Wert in den Hauptspeicher, in die Variable z, zurück. Damit überschreibt er dort den von P(1) zurückgelassenen Wert 1 durch den Wert 1. Das Ergebnis ist offensichtlich falsch, denn statt zweimal eine 1 von z zu subtrahieren, ist nur einmal subtrahiert worden.

Dieser Fehler hat sofort Konsequenzen für den Join-Befehl. Beide Prozesse prüfen jeweils direkt nach der Anweisung z=z-1 den Wert von z, der im Hauptspeicher, in der Variablen z, steht. Beide Prozesse finden dort eine 1, also einen Wert größer als Null. Beide Prozesse beenden sich daraufhin. Das Join hat nicht funktioniert.

Kritische Abschnitte

Die oben angeführte Variable z, eine Stelle im Hauptspeicher, ist ein Beispiel für ein mehreren (parallelen) Prozessen gemeinsames Betriebsmittel. Man nennt einen Teil des Programmkodes eines Prozesses, in dem er andere Prozesse von einem Zugriff auf gemeinsame Betriebsmittel ausschließen muß, einen kritischen Abschnitt. Parallele Prozesse müssen in der Lage sein, sich in kritischen Abschnitten gegenseitig auszuschließen. Sie können sonst nicht sinnvoll zusammenarbeiten. Das Rechnersystem muß dafür geeignete Hilfsmittel zur Verfügung stellen.

Deadlocks

Wenn ein Prozeß andere Prozesse davon abhält, ein bestimmtes Betriebsmittel zu benutzen, dann kann man dazu auch sagen, daß er dieses Betriebsmittel sperrt. Bei diesem Sperren kann folgende Situation auftreten. Ein Prozeß P(0) benutzt das Betriebsmittel A, zum Beispiel einen Drucker. Dazu hat er (rechtzeitig) dieses Betriebsmittel A gesperrt. Für einen Prozeß P(1) gilt der gleiche Sachverhalt für ein Betriebsmittel B, zum Beispiel für ein Plattenlaufwerk. Wenn jetzt P(0) nicht weiterdrucken kann, weil er das Plattenlaufwerk braucht, vielleicht um davon zu lesen, dann muß er warten, bis P(1) das Laufwerk freigibt.

Es kann allerdings passieren, daß P(1) seine Arbeit mit dem Laufwerk kurz unterbricht, um schnell etwas auszudrucken und für diese kurze Unterbrechung das Plattenlaufwerk nicht freigibt. P(1) muß jetzt warten, bis P(0) den Drucker entsperrt. Da beide Prozesse nichts voneinander wissen, warten beide (theoretisch) unendlich lange aufeinander. Eine derartige Situation wird Verklemmung oder Deadlock genannt.

Mit Deadlocks wird auf sehr vielfältige Weise umgegangen. Das Spektrum reicht von einem Inkaufnehmen (mit menschlichem Eingreifen beim praktischen Betrieb), über das Erkennen und Behandeln, bis zu vorbeugenden Maßnahmen zur Vermeidung von Deadlocks. Wofür man sich konkret entscheidet, hängt in hohem Maße vom Anwendungsgebiet ab. Eine ausführliche Darstellung geht über den Rahmen dieses Buches hinaus und macht einen Verweis auf die (Betriebssystem-) Literatur erforderlich. Beispielsweise ist das Buch von Peterson und Silberschatz [PET85] zur Vertiefung geeignet.

Programmstruktur für die Diskussion von Methoden zum gegenseitigen Ausschluß

Im folgenden werden prinzipielle Methoden zur Erreichung eines gegenseitigen Ausschlusses diskutiert. Um dieses für die Programmierlogik in verteilten Systemen so grundlegende Gebiet aufzubereiten, werden auch Methoden besprochen, die nicht korrekt arbeiten. Darauf wird selbstverständlich jeweils hingewiesen.

Bei der Diskussion der Methoden für einen gegenseitigen Ausschluß wird vorläufig von einem Rechner mit genau einer CPU ausgegangen. Dort werden aus Gründen der Übersichtlichkeit genau zwei (pseudo-)parallele, miteinander um den Eintritt in einen kritischen Abschnitt konkurrierende Prozesse P(0) und P(1) herangezogen.

```
main()  {
        parbegin
           P(0); P(1);
        parend;
        }
```

Abb. 6.13: Hauptprogramm zu P(0) und P(1)

Die Programme, die den parallelen Prozessen zugrundeliegen, sollen in dem in Abbildung 6.13 dargestellten Hauptprogramm gestartet werden und die in Abbildung 6.14 gezeigte einfache Programmform haben.

```
P(i)  {                                    /* i ist 0 oder 1 */
      while (TRUE) {
            Eingangsprotokoll;
                  Kritischer Abschnitt;
            Ausgangsprotokoll;

            Restabschnitt;
            }
      }
```

Abb. 6.14: Programm für P(0) und P(1)

Jeder der parallelen Prozesse enthält genau einen kritischen Abschnitt. Wenn er ihn betritt, wickelt er ein Eingangsprotokoll ab, und wenn er ihn verläßt, ein Ausgangsprotokoll. Danach gelangt er in einen unkritischen Restabschnitt. Aus Gründen einer vereinfachten Darstellung wiederholt sich der Durchlauf unendlich oft.

Verbieten von Interrupts

Eine erste und naheliegende Methode, mit der Prozesse in die Lage versetzt werden, sich gegenseitig von der Benutzung gemeinsamer Betriebsmittel auszuschließen, beruht auf der Überlegung, daß jeder Prozeßwechsel die Folge eines Interrupts ist. Wenn ein Prozeß Interrupts verbieten kann, ist er im laufenden Zustand nicht unterbrechbar. Kein anderer Prozeß kann dann die CPU erhalten. Die aber bräuchte er, um in seinem Programmkode voranzukommen, um also in einen kritischen Abschnitt eintreten zu können. Mit den Befehlen interrupt_disable zum Verbieten von Interrupts und interrupt_enable zum Wiederzulassen von Interrupts können P(0) und P(1) so gestaltet werden, wie in Abbildung 6.15 gezeigt. Ein Prozeß, der die Anweisung interrupt_disable startet, schließt damit alle anderen Prozesse solange aus, bis er ein interrupt_enable durchgeführt hat, und nur er kann dies tun.

```
P(i)  {
      while (TRUE) {
         interrupt_disable;
            Kritischer Abschnitt;
         interrupt_enable;

         Restabschnitt;
         }
      }
```

Abb. 6.15: Verbieten von Interrupts

Die Methode, Interrupts zu verbieten, ist zwar korrekt, jedoch nicht immer praktikabel. Sicherlich ist es kein Instrument, das dem Anwendungsprogrammierer in die Hand gegeben werden sollte. Man denke an eine Endlosschleife innerhalb eines kritischen Abschnitts. Es wird später gezeigt werden, daß jedoch Systemprogramme in sehr kurzen, und wohlüberlegt ausgewählten, Abschnitten durchaus von dieser sicheren Methode Gebrauch machen.

Sperrvariablen

Ein ebenfalls fundamentaler Ansatz, um kritische Abschnitte zu schützen, besteht in der Vereinbarung einer globalen, von allen beteiligten Prozessen respektierten, (Sperr-) Variablen. In Abbildung 6.16 ist ein zugehöriges Programm angegeben. Will ein Prozeß einen kritischen Abschnitt betreten, prüft er die zugehörige Sperrvariable. Findet er dort den Wert Null, dann weiß er, daß der kritische Abschnitt frei ist. Er setzt die Sperrvariable auf Eins und schließt damit alle anderen beteiligten Prozesse aus. Dann betritt er den kritischen Abschnitt. Hat er seine Operationen mit dem gemeinsamen Betriebsmittel erledigt und will den kritischen Abschnitt verlassen, setzt er die Sperrvariable auf Null zurück und gibt damit den kritischen Abschnitt für andere Prozesse wieder frei.

Leider ist diese einfache und übersichtliche Methode nicht korrekt! Die Sperrvariable ist selbst ein gemeinsames Betriebsmittel und muß vor konkurrierendem Zugriff geschützt werden. Das ist die gleiche Situation wie mit dem Zähler des Join-Befehls.

```
P(i)  {
      while (TRUE) {
         while (SV == 1);        /* wait            */
         SV = 1;                 /* Sperre setzen   */
            Kritischer Abschnitt;
         SV = 0;

         Restabschnitt;
         }
      }
```

Abb. 6.16: Sperrvariablen

Der Algorithmus von Peterson

Die Überlegungen zu den Sperrvariablen lassen Zweifel daran aufkommen, ob das Problem des gegenseitigen Ausschlusses eine Softwarelösung besitzt. Peterson stellte 1981 [PET81] ein Verfahren vor, dessen Idee darin besteht, daß die beiden Prozesse, die in den kritischen Abschnitt wollen, anzeigen, daß sie bereit sind, den anderen vorzulassen. Einer der Prozesse wird bei dieser Anzeige der letzte sein und muß dann warten. Der Algorithmus benutzt zwei sehr einfache globale Datenstrukturen.

```
int konkurrenz[2];      /* Index: 0 oder 1 */
```

Dieses zweistellige Array wird folgendermaßen benutzt: konkurrenz[0] gehört zu P(0) und kann nur von P(0) belegt werden. Vorbelegt ist konkurrenz[0] mit Null. Das bedeutet, daß P(0) derzeit kein Konkurrent um den zugehörigen kritischen Abschnitt ist. Will P(0) in den kritischen Abschnitt, setzt er konkurrenz[0] auf Eins und erklärt sich damit zum Konkurrenten. Das Analoge gilt für konkurrenz[1] und P(1). Auch konkurrenz[1] ist mit Null vorbelegt. Will P(1) in den kritischen Abschnitt, setzt er, und nur er kann dies tun, konkurrenz[1] auf Eins. Man beachte, daß jeder Prozeß nur auf seine Komponente zugreift. Mit dem Array konkurrenz[] ist kein Zugriffsproblem verbunden. Als zweite globale Datenstruktur wird eine Integervariable verwendet.

```
int vorlassen;          /* Vorlaßvariable */
```

Diese Variable wird von P(0) und P(1) konkurrierend gesetzt. Mit ihr signalisiert jeder der beiden Prozesse, daß er den anderen vorlassen will. Setzt P(0) diese Variable auf Null (auf seine Prozeßnummer), dann heißt das, daß er P(1) vorläßt.

Setzt P(1) sie auf Eins (auf seine Prozeßnummer), dann läßt er P(0) vor. Zu den beiden angegebenen globalen Datenstrukturen werden zwei Prozeduren enter() und leave() erstellt, die den kritischen Abschnitt umklammern. Abbildung 6.17 zeigt die Programmstruktur und Abbildung 6.18 die beiden Prozeduren.

```
P(i)  {
      while (TRUE) {
         enter(i);
            Kritischer Abschnitt;
         leave(i);

         Restabschnitt;
         }
      }
```

Abb. 6.17: Algorithmus von Peterson: Programmstruktur

```
enter(pid) int pid; {            /* pid: Prozeßnummer 0 oder 1        */
   konkurrenz[pid] = 1;          /* P(pid) ist Konkurrent             */
   vorlassen = pid;              /* Bitte nach Ihnen!                 */
   while (vorlassen == pid && konkurrenz[1-pid] == 1);
   }


leave(pid) int pid; {
   konkurrenz[pid] = 0;          /* P(pid) konkurriert nicht mehr     */
   }
```

Abb. 6.18: Algorithmus von Peterson: enter() und leave()

Der vorgestellte Algorithmus von Peterson ist eine korrekte Softwarelösung für das Problem des gegenseitigen Ausschlusses zweier konkurrierender Prozesse. Die Korrektheit dieser Lösung ist leicht einzusehen, wenn man die Bedingung in der enter()-Prozedur, unter der ein Prozeß in den kritischen Abschnitt gelangt, logisch umformt:

P(i) wartet, falls
(vorlassen == i && konkurrenz[1-i] == 1) ist.

P(i) geht in den kritischen Abschnitt, falls
!(vorlassen == i && konkurrenz[1-i] == 1) gilt.

Diese Bedingung ist äquivalent zu
(vorlassen == 1-i || konkurrenz[1-i] == 0).

Mit anderen Worten: Ein Prozeß gelangt in den kritischen Abschnitt, wenn er vorgelassen wird oder wenn derzeit kein anderer Prozeß in den kritischen Abschnitt will (wenn er keinen Konkurrenten hat). Angenommen, einer der beiden Prozesse sei im kritischen Abschnitt. Ohne Beschränkung der Allgemeinheit sei es P(0). Dann war

```
(vorlassen == 1 || konkurrenz[1] == 0),
```

sonst hätte P(0) warten müssen. Ist P(1) kein Konkurrent, so liegt auch kein Problem eines gegenseitigen Ausschlusses vor. Ein Problem kann überhaupt nur dann auftreten, wenn P(1) mit P(0) konkurriert, also konkurrenz[1] von P(1) auf Eins gesetzt worden ist. Da P(0) nach Voraussetzung in seinem kritischen Abschnitt ist und (konkurrenz[1] == 1) gilt, muß er (vorlassen == 1) vorgefunden haben. Aber diese Variable kann nur von P(1) auf Eins gesetzt worden sein. P(1) hat demnach als letzter die Vorlaßvariable umgesetzt. Er findet im while seiner enter()-Prozedur folgende Bedingung vor, die ihn in eine Warteschleife zwingt:

```
(vorlassen == 1 && konkurrenz[0] == 1).
```

Der hier vorgestellte Algorithmus ist auf genau zwei miteinander um gemeinsame Betriebsmittel konkurrierende Prozesse ausgelegt. Es gibt jedoch (etwas aufwendigere) Verallgemeinerungen auf n Prozesse [PET85].

Der TSL-Befehl

Wie die Vorstellung von Petersons Algorithmus gezeigt hat, sind Softwarelösungen zum gegenseitigen Ausschluß konkurrierender Prozesse recht aufwendig. Eine Hardwarehilfe kann zum Beispiel darin bestehen, einen (ununterbrechbaren) Maschinenbefehl zur Verfügung zu stellen, der den Inhalt eines Speicherplatzes prüft und ihn, falls er gleich Null ist, auf Eins setzt. Der Befehl hat prozessorabhängig unterschiedliche Namen und soll hier TSL, für *Test and Set Lock*, genannt werden. In einer C-ähnlichen Schreibweise habe er die Form tsl(Speicheradresse). Abbildung 6.19. zeigt seine Implementierung, Abbildung 6.20 die zugehörige Programmstruktur bei seiner Verwendung.

```
tsl(x) int *x;  {          /* Betriebsmittel frei, falls *x Null */
        if (*x == 0) {
            *x = 1;
            return(1);
            }
        return(0);
        }
```

Abb. 6.19: Der TSL-Befehl

```
int z;     /* Globale Variable, mit 0 vorbelegt */


P(i)   {
        while (TRUE)  {
            while (tsl(&z) == 0);
                Kritischer Abschnitt;
            z = 0;

            Restabschnitt;
            }
        }
```

Abb. 6.20: Programmstruktur mit TSL

Die angegebene Lösung des Problems des gegenseitigen Ausschlusses mit dem TSL-Befehl ist korrekt. Auch mit Varianten des TSL-Befehls, wie beispielsweise einem Swap-Befehl, der den Inhalt zweier Speicherplätze (ununterbrechbar) vertauscht, sind korrekte Lösungen leicht angebbar.

sleep() und wakeup()

Bei Petersons Algorithmus und bei der vorgestellten Lösung des Problems des gegenseitigen Ausschlusses mit dem TSL-Befehl gelangt ein wartender Prozeß in eine Programmschleife, in der er ständig, nur unterbrochen durch das Time-Sharing, die CPU benutzt, um den Wert von Variablen abzufragen.

Ein solches Verhalten eines Prozesses nennt man *Busy-Waiting*. Es ist eine völlig unnötige Beschäftigung der CPU. Um dies zu verhindern, kann man zwei (ununterbrechbare) Systemaufrufe sleep() und wakeup() implementieren. Die Ununterbrechbarkeit kann durch das Verbieten von Interrupts gewährleistet werden. Die beiden Systemaufrufe sollen mit folgender Bedeutung implementiert sein:

sleep()

Ein sleep()-Aufruf blockiert den aufrufenden Prozeß solange, bis er durch einen wakeup()-Aufruf eines anderen Prozesses wieder laufbereit (ready) wird.

wakeup()

Ein Aufruf der Form wakeup(pid) weckt den schlafenden Prozeß mit der Prozeßkennung pid. Gibt es keinen solchen Prozeß, bleibt der Aufruf ohne irgendeine Wirkung.

Mit diesen beiden Systemaufrufen kann zwar ein Busy-Waiting verhindert werden, jedoch ist mit ihnen allein eine korrekte Lösung des Problems des gegenseitigen Ausschlusses nicht erreichbar. Abbildung 6.21 zeigt einen Lösungsansatz mit der gleichen Schwäche wie bei den Sperrvariablen. Die globale Variable z ist gemeinsames Betriebsmittel und ungeschützt. Wenn ein Prozeß die Variable z mit einem Wert von Null aus dem Hauptspeicher liest und unterbrochen wird, bevor er z auf Eins setzen konnte, wird auch ein konkurrierender Prozeß z mit einem Wert von Null vorfinden. Damit gelangen zwei oder mehr Prozesse in den kritischen Abschnitt.

```
P(i)  {
      while (TRUE) {
         if (z == 1)  sleep();
         z = 1;
            kritischer Abschnitt;
         z = 0;
         wakeup(1-i);
         }
      }
```

Abb. 6.21: sleep() und wakeup()

6.4 Semaphore (Dijkstra)

Aus den bisher vorgestellten Konzepten und Hilfsmitteln, um Prozessen die Fähigkeit zu geben, gegenseitigen Ausschluß zu betreiben, hat Dijkstra 1965 [DIJ65] das Konzept des Semaphors als Bestandteil eines Betriebssystems eingeführt. Der Begriff stammt aus dem Griechischen und bezeichnet einen Zeichenträger (in der Seefahrt einen Signalmast). In Programmen schützen Semaphore kritische Abschnitte. Sie garantieren einen korrekten gegenseitigen Ausschluß und vermeiden ein Busy-Waiting.

Struktur von Semaphoren

Mit einem Datentyp *queue*, der in der Lage ist, eine Warteschlange zu verwalten, können Semaphore strukturell als Records (in C: Strukturen) mit zwei Komponenten, einem Integerwert und einer Warteschlange, dargestellt werden:

```
struct semaphor {
        int       wert;
        queue     L;
        } s;
```

Die Integerkomponente s.wert wird als Semaphorwert bezeichnet. Um einen kritischen Abschnitt zu schützen, wird sie mit dem Wert Eins vorbelegt. Die Komponente s.L ist eine Warteschlange für alle Prozesse, die in den durch das Semaphor s geschützten kritischen Abschnitt wollen, jedoch warten müssen.

P()- und V()-Operation

Mit Semaphoren sind zwei durch Verbieten von Interrupts ununterbrechbare Systemaufrufe namens P() und V() verbunden. Die P()-Operation (nicht zu verwechseln mit einem Prozeß wie P(1)) kontrolliert den Zugang zu einem kritischen Abschnitt. Der Buchstabe P kann als *Passieren* (Betreten) des kritischen Abschnitts gelesen werden. Wenn ein Prozeß eine P()-Operation startet, und es ist bereits ein anderer Prozeß im kritischen Abschnitt, dann blockiert die P()-Operation den aufrufenden Prozeß.

Er wird ihn in die zugehörige Warteschlange eingetragen. Der Semaphorwert zeigt, wenn er negativ geworden ist, durch seinem Betrag an, wieviele Prozesse sich in der Warteschlange aufhalten. Ein Prozeß startet eine V()-Operation, wenn er einen kritischen Abschnitt verläßt (V für *Verlassen*). Dadurch wird ein anderer Prozeß aus der Warteschlange befreit und darf seinerseits den kritischen Abschnitt betreten. Semaphore sind nicht nur für zwei, sondern gleich für n Prozesse konzipiert worden. Abbildung 6.22 zeigt ein Hauptprogramm, das n parallele Prozesse startet. Alle diese Prozesse sind gleich aufgebaut. Dies ist ebenfalls in Abb. 6.22 dargestellt.

```
struct semaphor s;          /* Als globale Variable */
s.wert = 1;

Parallele_Prozesse() {
   parbegin
      P(1); P(2); ... P(n);
   parend;
   }


P(i) {          /* Einer (jeder) der parallelen Prozesse */
   while (TRUE) {
      P();
         Kritischer Abschnitt;
      V();

      Restabschnitt;
      }
   }
```

Abb. 6.22: Semaphore: Hauptprogramm und Programmstruktur

Die beiden Systemaufrufe P() und V() benutzen die Integerkomponente des Semaphors s als Sperrvariable und den sleep()-und-wakeup()-Mechanismus zur Vermeidung eines Busy-Waitings. Ununterbrechbar werden sie durch das Verbieten von Interrupts während ihrer Ausführung. Der hier benutzte wakeup()-Aufruf erfolgt ohne Angabe eines bestimmten Prozesses, also ohne PID-Parameter. Damit soll formuliert werden, daß eine andere Instanz einen der wartenden Prozesse auswählt.

Vor dem Betreten des kritischen Abschnitts wird der Semaphorwert um 1 verringert. Wird er dadurch kleiner als 0, so wird der zugehörige Prozeß blockiert. Beim Verlassen des kritischen Abschnitts wird der Semaphorwert um 1 erhöht. Sind jetzt noch Prozesse (blockiert) in der Warteschlange, wird einer von ihnen laufbereit gemacht. Der (Pseudo-) Kode von P() und V() ist in Abbildung 6.23 angegeben.

```
P()  {
     s.wert = s.wert-1;
     if (s.wert < 0) sleep();          /* Bringe den rufenden      */
     }                                 /* Prozeß nach s.L          */


V()  {
     s.wert = s.wert+1;
     if (s.wert ≤ 0) wakeup();         /* Mache einen Prozeß       */
     }                                 /* aus s.L laufbereit       */
```

Abb. 6.23: Die Systemaufrufe P() und V()

Umsetzung von Präzedenzen

Nach wie vor stellen Semaphore den gängigen (und sicheren) Sperrmechanismus der Betriebssysteme dar. Aber dies ist nicht ihre einzige Anwendung. Mit Semaphoren können parallele Prozesse in eine vorgegebene Reihenfolge gebracht werden. Das heißt, Semaphore können dazu dienen, Präzedenzen zu realisieren. Angenommen, ein Prozeß P(0) soll vor einem Prozeß P(1) durchgeführt werden. Dann wird der Wert eines Semaphors s mit 0 (Null!) vorbelegt, und die beiden Prozesse werden, wie in Abbildung 6.24 gezeigt, durch P() bzw. V() zu P'(0) bzw. P'(1) ergänzt.

```
P'(0)    {                     P'(1)    {
         P(0);                          P();
         V();                           P(1);
         }                              }
```

Abb. 6.24: Umsetzung von Präzedenzen

Jetzt kann P(1) erst nach P(0) gestartet werden. Wenn dieses Verfahren mit dem Parallel-Statement gekoppelt wird, wird die Mächtigkeit der Fork-Join-Konstruktion erreicht. Das ist leicht einzusehen: Man startet Prozesse parallel und regelt die Präzedenzen durch Semaphore und deren P()- bzw. V()-Operation. In Abbildung 6.11 war ein Präzedenzgraph vorgestellt worden, der allein mit dem Parallel-Statement nicht programmiersprachlich formulierbar war. Das in der Abbildung 6.25 skizzierte Programm setzt diesen Präzedenzgraphen mit Hilfe des Parallel-Statements und einiger Semaphore um. Die Schreibweise Vx() bzw. Px() in dieser Abbildung bedeutet, daß mit dem Semaphor x eine V()- bzw. eine P()-Operation durchgeführt wird.

```
struct semaphor a,b,c;
a.wert=b.wert=c.wert=0;
main()() {
   s1;
   parbegin
       { s2;  s4;            Va(); Vb();                  };
       { s3;                 Vc();                        };
       { Pa();               s5;                          };
       { Pb(); Pc();         s6;                          };
   parend;
   s7;
   }
```

Abb. 6.25: Parallel-Statement und Semaphore

Semaphore in Multiprozessorsystemen

Es ist bereits darauf hingewiesen worden, daß Semaphore das wichtigste und zuverlässigste Werkzeug zum gegenseitigen Ausschluß sind. Aber alle bisherigen Betrachtungen gelten nur für Rechner mit genau einer CPU. Liegt ein eng gekoppeltes Multiprozessorsystem vor, so kann das Semaphorkonzept relativ einfach erweitert werden. Benötigt wird ein TSL-Befehl, der ein Semaphor (mit Busy-Waiting) schützt. Erst dieses Semaphor schützt den kritischen Abschnitt. Dieses zweistufige Konzept ist notwendig, weil sich das Sperren von Interrupts immer auf jeweils nur eine CPU bezieht. Zur Realisierung werden die Systemaufrufe P() und V() entsprechend erweitert. In Abbildung 6.26 ist die erweiterte Semaphorstruktur, in Abbildung 6.27 die erweiterte P()- und in Abbildung 6.28 die erweiterte V()-Operation dargestellt.

```
struct semaphor {
   int        lock;        /* Zugriff auf das Semaphor: 0 -> frei     */
                           /* Anfangswert von lock ist 0              */
   int        wert;        /* Wie bisher: Semaphorwert                */
   queue      L;           /* Wie bisher: Queue zum Semaphor          */
   } s;                    /* Strukturvariable s                      */
```

Abb. 6.26: Erweiterte Semaphorstruktur

```
P() {
   while (tsl(&s.lock) == 0);      /* Busy Waiting        */
   s.wert = s.wert-1;
   if (s.wert < 0) {
        s.lock = 0;
        sleep();                   /* In s.L                  */
        }
        else s.lock = 0;
   }
```

Abb. 6.27: Erweiterte P()-Operation

```
V() {
   while (tsl(&s.lock) == 0);            /* Busy Waiting        */
   s.wert = s.wert+1;
   if (s.wert ≤ 0) wakeup();             /* Einen Prozeß aus s.L*/
   s.lock = 0;
   }
```

Abb. 6.28: Erweiterte V()-Operation

Das Busy-Waiting durch den TSL-Befehl kann nicht verhindert werden, ist jedoch immer nur kurz, weil P() und V() ununterbrechbar ablaufen.

Sind die Prozessoren des Multiprozessorsystems lose gekoppelt, wie bei einem Rechnernetz, so ist auch die oben angegebene Erweiterung des Semaphorkonzeptes für einen gegenseitigen Ausschluß nicht verwendbar, da sie einen gemeinsamen Hauptspeicher voraussetzt, mit dem der TSL-Befehl arbeitet. In einem solchen Fall, der für verteilte Systeme typisch ist, ist die Hinzunahme von Methoden rechnerübergreifender Interprozeßkommunikation erforderlich. Damit kann beispielsweise ein Semaphorverwalter implementiert werden, der für alle Prozesse auf seiner (lokalen) Maschine Semaphore benutzt. Ein Prozeß, der in einen kritischen Abschnitt will, muß sich vom Semaphorverwalter explizit die Erlaubnis holen. Alternativ könnte ein Token-Passing-Verfahren den Eintritt in den kritischen Abschnitt regeln.

Semaphorkonzepte können komplexer sein, als der hier vorgestellte Ansatz von Dijkstra. Im Abschnitt 7.1 wird im Zusammenhang mit dem UNIX-Betriebssystem ein solches, allgemeineres Konzept behandelt.

6.5 Monitore

Das Arbeiten mit Semaphoren erfordert große Sorgfalt. Ein falscher Anfangswert, die Vertauschung von P() und V() oder das irrtümliche Weglassen einer der beiden Operationen, führt stets zu unerwünschten Ergebnissen. Es bietet sich an, die Verwaltung eines kritischen Abschnitts in einigen wenigen Prozeduren zu konzentrieren. Dies darf allerdings nicht naiv erfolgen. In Abbildung 6.29 ist ein solcher naiver Ansatz für das sogenannte Produzenten-Konsumenten-Problem angegeben. Im Bereich der Prozeßsynchronisation ist das eine der traditionellen Problemstellungen. Dabei gibt es (wenigstens) einen Produzenten, der eine Ware herstellt. Etwas abstrahiert, produziert er Werte eines bestimmten Datentyps, vielleicht Integerzahlen. Die produzierte Ware legt er in einem Lager, einem Puffer, ab. Bei einer Spielart des Problems ist das Lager unendlich groß, wodurch einige Fragestellungen gar nicht erst auftauchen. Für unsere Betrachtungen soll es endlich sein, also voll werden können. Ein Produzent hat auf den Füllstand des Lagers keinen Einfluß. Ist das Lager voll, stockt die Produktion. Programmiersprachlich gesehen wird der produzierende Prozeß bei vollem Puffer blockiert; er führt einen sleep()-Aufruf durch und gibt die CPU frei.

Neben dem oder den Produzenten gibt es (wenigstens) einen Konsumenten. Er entnimmt dem Lager Ware und verbraucht sie. Ist das Lager leer, stockt sein Betrieb.

Abbildung 6.29 zeigt ein Hauptprogramm, das zwei parallele, endlos lange laufende Prozesse, einen Produzenten und einen Konsumenten, erzeugt. Der Produzent stellt her und legt ab, der Konsument entnimmt und verbraucht.

```
main() {
   if (fork() != 0) {
        /* Produzent */
        while (TRUE) {
           produziere(x);
           lege-ab(x);
           }
        }

   /* Konsument */
   while (TRUE) {
        nimm-heraus(&x);
        konsumiere(x);
        }
   }

lege-ab(a) {            /*  Wertübergabe  */
   P();
   ...
   if (Lager voll) sleep();
   ...
   V();
   }

nimm-heraus(*a) {       /*  Adreßübergabe  */
   P();
   ...
   if (Lager leer) sleep();
   ...
   V();
   }
```

Abb. 6.29: Naiver Ansatz für einen Monitor

Das Lager ist als kritischer Abschnitt durch ein nicht explizit angegebenes Semaphor geschützt. Allerdings ist der Ansatz falsch! Er realisiert keinen korrekten gegenseitigen Ausschluß.

Denn angenommen, das Lager sei voll und ein Produzent führt jetzt seine lege-ab()-Prozedur durch. Dann startet er eine P()-Operation, gelangt in den kritischen Abschnitt, stellt dort fest, daß das Lager voll ist, und blockiert sich mit einem sleep()-Aufruf. Der Produzent bleibt dadurch im kritischen Abschnitt, was zur Folge hat, daß jetzt jeder Produzent aber auch jeder Konsument, das auf das Lager zugreifen will, bereits durch seine P()-Operation blockiert wird. Um korrekt zu arbeiten, ist hier ein Semaphor allein nicht ausreichend.

Ein weiterer Mangel des naiven Ansatzes liegt darin, daß Produzent und Konsument prinzipiell in der Lage sind, unter Umgehung der beiden Prozeduren lege-ab() und nimm-heraus(), direkt auf das Lager, in Abbildung 6.29 ist es implizit als globale Datenstruktur zu sehen, zuzugreifen. Die Erstellung der Prozeduren lege-ab() und nimm-heraus() schreibt man in der Regel einer Systemprogrammierung zu, das Hauptprogramm jedoch ist Sache einer Anwendungsprogrammierung. Bei dem vorgestellten Ansatz kann der Anwendungsprogrammierer jederzeit und unkontrolliert auf das globale Lager, also auf den kritischen Abschnitt, zugreifen. Eine solche Möglichkeit sollte der Anwendungsprogrammierung verbaut werden. Benötigt wird ein Sprachkonzept, das

[1] einen kritischen Abschnitt für die Anwendungsprogrammierung unsichtbar (transparent) macht und

[2] einen gegenseitigen Ausschluß garantiert.

Realisierungen der ersten Bedingung sind als *abstrakte Datentypen* bekannt. Sie stehen in einigen Programmiersprachen, zum Beispiel in SIMULA 67 als Classes oder in Ada als Packages zur Verfügung. Ein abstrakter Datentyp besteht aus Datentypen und aus Operationen, die zu diesen Datentypen gehören. Nur mit diesen Operationen kann auf die Werte der Datentypen des abstrakten Datentyps zugegriffen werden. Ein einfaches Beispiel ist ein dreidimensionaler (realzahliger) Vektor mit den Operation Addition, Subtraktion, skalare Multiplikation und vektorielle Multiplikation. Ein abstrakter Datentyp kapselt sowohl Daten als auch Operationen in eine einzige syntaktische Einheit ein. Er wird durch die Operationen charakterisiert, die er bietet. Anschaulich sagt man, daß die Anwendungsprogrammierung bei einem abstrakten Datentyp die Werte der Datentypen nur über die angegebenen Operationen zu sehen bekommt. Man spricht vom *Information-Hiding*. Die *objektorientierte Programmierung* [BAU89] hat diesen Aspekt zu einem ihrer Standbeine gemacht.

Hoare entwickelte 1974 das Monitor-Konzept [HOA74] als eine Kombination von abstrakten Datentypen mit Methoden eines gegenseitigen Ausschlusses. Concurrent-Pascal, eine Entwicklung von Brinch Hansen [BRI75] aus dem Jahre 1975, kennt sowohl abstrakte Datentypen als auch Monitore. Abbildung 6.30 zeigt die Struktur eines Monitors.

```
main() {
    ...     /* Die parallelen Prozesse */
    ...
    }

monitor Name {
    /* Variablenvereinbarungen: Kein Zugriff von außen */
    ...
    ...
    /* Vereinbarung von Prozeduren: Zugriff von außen */
    ...
    ...
    /* Vereinbarung von Prozeduren: Kein Zugriff von außen  (intern) */
    ...
    ...
    /* Initialisierungen der Variablen */
    ...
    ...
}
```

Abb. 6.30: Monitorstruktur

Im Hauptprogramm werden die zugehörigen parallelen Prozesse gestartet. Alle kritischen Abschnitte werden von dem Monitor verwaltet. Eine, als von außen zugreifbar erklärte Monitorprozedur, und nur mit einer solchen kann man in einen kritischen Abschnitt, wird durch einen Aufruf der Form

```
Monitorname.Prozedurname();
```

gestartet. Ein Prozeß kann also eine Prozedur des Monitors aufrufen, aber nicht auf die Variablen des Monitors (das sind gemeinsame Betriebsmittel) und nicht auf interne Prozeduren zugreifen. Ein Monitor garantiert einen gegenseitigen Ausschluß, das heißt er stellt sicher, daß immer nur höchstens ein Prozeß eine Monitorprozedur benutzt. Man sagt dazu, daß sich immer nur höchstens ein Prozeß im Monitor aufhalten kann.

Bedingungsvariablen

Um für die Systemprogrammierung (nicht für die Anwendungsprogrammierung, die sieht davon nichts) die Kontrolle der in den Monitor eintretenden Prozesse zu vereinfachen, wird ein neuer Typ von Variablen eingeführt. Der Typ heißt *Bedingung* (condition); die Variablen heißen Bedingungsvariablen. Im Gegensatz zu den aus den Programmiersprachen bekannten Variablen können sie nicht direkt mit Werten belegt und nicht mit Vergleichsoperatoren abgefragt werden.

Bedingungsvariablen haben die Aufgabe, Warteschlangen zu verwalten. Vereinbart werden sie mit:

```
condition Variablenname(n);
Beispiel: condition c,d;
```

Ihre Bezeichnung weist darauf hin, daß sie für bestimmte, eine Warteschlange bestimmende, Bedingungen stehen. Beispielsweise könnte die Bedingung *Es ist (wieder) Platz im Puffer* eine Warteschlange bestimmen, in der sich (blockierte) Prozesse befinden, die auf das Eintreten dieser Bedingung warten. Zu den Bedingungsvariablen gehören zwei (ununterbrechbare) Systemaufrufe namens wait() und signal(), mit denen auf die entsprechenden Warteschlangen zugegriffen werden kann.

Die Systemaufrufe wait() und signal()

wait()

Wenn eine Monitorprozedur entdeckt, daß sie nicht weiterarbeiten kann, weil zum Beispiel ein Puffer voll ist, startet sie einen wait()-Aufruf mit einer bestimmten Bedingungsvariablen als Parameter. Als Folge dieses Aufrufs wird der aufrufende Prozeß blockiert und gelangt in eine zu der Bedingungsvariablen gehörende Warteschlange. Umgangssprachlich sagt man, daß der Prozeß auf der entsprechenden Bedingung schläft. Jetzt darf ein anderer Prozeß den Monitor betreten (eine Monitorprozedur aufrufen).

signal()

Im Monitor kann ein Prozeß durch einen mit einer Bedingungsvariablen parametrisierten signal()-Aufruf einen (genau einen) auf dieser Bedingung schlafenden Prozeß wecken. Dann muß er sofort den Monitor verlassen, sonst wären zwei Prozesse im Monitor und kein gegenseitiger Ausschluß mehr gegeben. Mit anderen Worten: Ein signal()-Aufruf ist, falls vorhanden, immer der letzte Befehl einer Monitorprozedur.

Die beiden Systemaufrufe erinnern sehr an sleep() und wakeup(), die für einen gegenseitigen Ausschluß als unzureichend erkannt worden waren. Das lag jedoch daran, daß dort die beteiligten Prozesse sich gegenseitig beim Zugriff auf die kontrollierende Variable gestört haben. Das kann hier durch den garantierten gegenseitigen Ausschluß nicht passieren. Als Beispiel soll eine Lösung des oben vorgestellten Produzenten-Konsumenten-Problems mit einem Monitor namens moni angegeben werden. Aus der Sicht der Systemprogrammierung hat der Monitor den in Abbildung 6.31 beschriebenen Aufbau. Da immer nur höchstens ein Prozeß über eine Monitorprozedur im Monitor sein kann, entsteht kein Problem mit dem gemeinsamen Betriebsmittel *Zähler*. Die beiden Prozeduren lege-ab() und nimm-heraus() arbeiten zusammen, indem sie sich gegenseitig wecken, wenn sie eine Situation entdecken, die vermuten läßt, daß der Partner schläft.

```
/* Ein Puffer-Datentyp wird nicht angegeben */

monitor moni {
   condition Platz_vorhanden, Werte_vorhanden;
   int Zähler, Maximum;

   lege-ab(Element) {
        if (Zähler == Maximum) wait(Platz_vorhanden);
        lege Element in den Puffer;
        Zähler = Zähler + 1;
        if (Zähler == 1) signal(Werte_vorhanden);
        }

   nimm-heraus(*Element) {          /*  Adreßübergabe (vgl. Abschnitt 4.1)  */
        if (Zähler == 0) wait(Werte_vorhanden);
        entnimm dem Puffer ein Element;
        Zähler = Zähler - 1;
        if (Zähler == Maximum - 1) signal(Platz_vorhanden);
        }

   {    Maximum = 25;            /* Puffergröße */
        Zähler = 0;
   }
}
```

Abb. 6.31: Ein Monitorbeispiel

Die Anwendungsprogrammierung sieht nichts von der Implementierung des Monitors. Sie weiß lediglich, daß ein Monitor namens moni für das Produzenten-Konsumenten-Problem existiert und daß er die Prozeduren lege-ab() und nimm-heraus() zur Verfügung stellt. Die Sicht der Anwendungsprogrammierung zeigt die Abbildung 6.32.

```
main() {
    monitor moni;          /* Referenz auf den Monitor */
    parbegin
        Produzent();  Konsument();
    parend;
    }

Produzent() {
    while (TRUE) {
        produziere(x);
        moni.lege-ab(x);
        }
    }

Konsument() {
    while (TRUE) {
        moni.nimm-heraus(&x);
        konsumiere(x);
        }
    }
```

Abb. 6.32 Ein Monitor aus Anwendersicht

Die Anwendungsprogramme, die Monitore benutzen, sind einfacher strukturiert, als Programme, die selbst Sperrmechanismen verwalten. Da bei einem Monitorkonzept ein Compiler und nicht ein Programmierer den Zugang zu kritischen Abschnitten regelt, fällt eine beträchtliche Fehlerquelle weg. Allerdings stellen nur wenige Programmiersprachen Monitore zur Verfügung. Monitore sind ein Sprachkonzept und müssen von einem Compiler auf Prozessor- und Betriebssystemkonzepte abgebildet werden. Das ist aufwendig und läßt die Compiler sehr groß werden. Das Einbeziehen von Semaphoren ist weit weniger aufwendig. Die zugehörigen Systemaufrufe lassen sich leicht über Funktionen einer Programmbibliothek zugänglich machen.

Das heißt, daß es einfach ist, bei einem Betriebssystem, das über Semaphore verfügt, diese zusammen mit den gängigen Programmiersprachen zu benutzen. Um jedoch mit Monitoren zu arbeiten, benötigt man eine Programmiersprache, die ein Monitorkonzept hat.

Implementierung eines Monitors

Ein Monitor kann mit Hilfe von Semaphoren implementiert werden. Das Betreten des Monitors wird durch ein Semaphor moni (mit Anfangswert 1) geschützt und jede Bedingungsvariable durch ein Semaphor mit Anfangswert 0. Eine Monitorprozedur wird dann so eingeschachtelt, wie dies in Abbildung 6.33 gezeigt wird.

```
Monitorname.Prozedur();       wird umgesetzt in:

    P(moni);
    Prozedur();
    if  (es ist kein auf einer Bedingungsvariablen schlafender Prozeß geweckt
         worden) V(moni);
```

Abb. 6.33: Einschachtelung einer Monitorprozedur

Wird eine Monitorprozedur aufgerufen, führt die Ausführung von P(moni) sofort zur Blockierung, falls bereits ein anderer Prozeß den Monitor betreten hat. Sonst geht der aufrufende Prozeß in den Monitor und beginnt mit der Abarbeitung der Prozedur. Es kann jetzt passieren, daß er auf eine Bedingung, wie beispielsweise einen leeren Puffer, stößt und sich mittels eines wait(c)-Aufrufs auf der zu c gehörenden Bedingung blockiert. Vorher jedoch muß er den Monitor für andere Prozesse freigeben. Ein wait(c)-Aufruf ist demnach als

```
V(moni);
P(c);
```

zu gestalten. Wird der Prozeß, der den Monitor betreten hat, nicht blockiert, kann es sein, daß er auf eine Bedingung, wie beispielsweise einen gerade nicht mehr leeren Puffer, stößt, die ihn veranlaßt, mit einem signal(c)-Aufruf einen auf c schlafenden Prozeß zu wecken. Das heißt, ein signal(c)-Aufruf wird übertragen als

```
if (Queue zu c nicht leer) V(c);
```

Nach diesen prinzipiellen Betrachtungen über die Behandlung paralleler Prozesse sollen im nächsten Kapitel die Methoden vorgestellt werden, mit deren Hilfe Prozesse miteinander kommunizieren.

Übungen

6.1 Was ist der Unterschied zwischen parallel und nebenläufig?

6.2 Man prüfe mit den Regeln von Bernstein, ob die beiden Statements write(a) und b=a+1 parallel ausgeführt werden dürfen.

6.3 Formulieren Sie das Parallel-Statement als Fork-Join-Konstruktion.

6.4 Geben Sie den Präzedenzgraphen aus Abbildung 6.11 als Fork-Join-Konstruktion an.

6.5 Der Maschinenbefehl swap(x,y) vertausche ununterbrechbar den Inhalt der Variablen x und y. Realisieren Sie damit einen gegenseitigen Ausschluß von n Prozessen.

6.6 Der Wert eines Semaphors betrage -4. Wieviele Prozesse warten in der zugehörigen Queue?

6.7 Angenommen, Sie benutzen eine C-ähnliche Programmiersprache, die ein Monitorkonzept zur Verfügung stellt, jedoch keine Semaphore. Bilden Sie ein zweiwertiges Semaphor mit dem Monitor nach. Ein Semaphor heißt zweiwertig, wenn es nur zwei Werte, in der Regel 0 und 1 annimmt. Hinweis: Die Aufgabe besteht im wesentlichen darin, die beiden Systemaufrufe P() und V() als Monitorprozeduren nachzubilden.

7 Interprozeßkommunikation

7.1 Synchronisation und Semaphore (UNIX)

Ein verteiltes System beruht auf der Fähigkeit von (parallelen) Prozessen, miteinander zu kommunizieren. Dadurch ist eine aufeinander abgestimmte und die individuellen Eigenschaften des jeweiligen Rechnersystems berücksichtigende gemeinsame Arbeit von Prozessen möglich. Im letzten Kapitel dieses Buches sollen am Beispiel des UNIX-Betriebssystems die gängigen Interprozeßkommunikationsmethoden vorgestellt und miteinander verglichen werden. Der Abschnitt 7.4 befaßt sich insbesondere mit einer rechnerübergreifenden Methode, die unter Verwendung der weit verbreiteten und im Abschnitt 3.5 ausführlich besprochenen TCP/IP-Protokolle entwickelt worden ist.

Synchronisation und Kommunikation

Eine Zusammenarbeit von zwei oder mehr Prozessen setzt mindestens eine Synchronisation dieser Prozesse voraus. Unter Synchronisation versteht man die zeitliche Koordinierung, das zeitliche Aufeinanderabstimmen der Aktionen der beteiligten Prozesse. Beispielsweise ist der gegenseitige Ausschluß von Prozessen ein Synchronisationsproblem. In einem gewissen Sinne stellt eine Synchronisation eine spezielle Form einer Kommunikation zwischen Prozessen dar. Dabei teilt ein Prozeß anderen Prozessen mit, daß ein bestimmtes Ereignis eingetreten ist. Allgemeiner bedeutet Kommunikation zwischen Prozessen, Interprozeßkommunikation (IPC) genannt, daß zwischen den Prozessen Informationen ausgetauscht werden. Dabei muß nicht zwingend eine zeitliche Abstimmung, eine Synchronisation, vorliegen. Eine Nachrichtenübertragung kann asynchron erfolgen. Als Beispiel denke man an Prozesse, die ohne zeitliche Koordination Dateien anlegen und beschreiben, bzw. die Existenz von Dateien prüfen und diese gegebenenfalls lesen.

Unter UNIX sind eine Reihe unterschiedlicher Synchronisationsmechanismen entwickelt worden, die jetzt als erstes behandelt werden sollen. Im einzelnen handelt es sich um

- Lock-Files (Sperrdateien),
- File-Locking (Dateisperren),
- den exit()-wait()-Mechanismus,
- Signale und
- Semaphore.

Lock-Files (Sperrdateien)

Von Lock-Files oder Sperrdateien spricht man, wenn die Existenz einer bestimmten Datei oder ihres Namens von Prozessen als Synchronisationskriterium benutzt wird. Dazu ist ein ununterbrechbarer Systemaufruf notwendig. Die beiden folgenden Aufrufe sind ununterbrechbar und beide für die Realisierung von Lock-Files als Synchronisationsmittel für Prozesse geeignet.

creat()

Mit dem Aufruf creat() werden Dateien erzeugt. Er gibt den Wert -1 zurück, wenn die zu erzeugende Datei bereits existiert und keine Schreiberlaubnis für sie vorliegt. Der Aufruf ist als Integerfunktion mit zwei Parametern folgendermaßen vereinbart:

```
int creat(name,modus)
char *name;                 /* Dateiname          */
int modus;                  /* Zugriffsmodus      */
```

link()

Mit dem link()-Aufruf wird der Name einer bereits bestehenden Datei in ein Directory eingetragen. link() gibt -1 zurück, wenn die bereits existierende Datei im gleichen Directory mit gleichem Namen ein zweites Mal eingetragen werden soll. Der Systemaufruf steht als Integerfunktion mit zwei Parametern zur Verfügung.

```
int link(name1, name2)
char *name1, *name2;        /* Pfadnamen          */
```

Abbildung 7.1 zeigt ein Beispiel mit dem creat()-Aufruf. Man beachte, daß das Entfernen der Lock-Datei keine kritische Handlung ist. Der zweite Parameter (0) im creat()-Aufruf des Beispiels setzt die Zugriffsrechte für die Datei auf (oktal) 000. Das heißt, niemand darf auf diese Datei zugreifen, auch nicht der Besitzer. Der zweite Parameter repräsentiert die Zugriffsrechte nicht direkt. Sie ergeben sich durch eine UND-Verknüpfung mit dem Wert, der durch einen umask()-Aufruf, in der Regel des Systemverwalters, vorbelegt worden ist. Der umask()-Aufruf wird hier nicht behandelt; es soll auf das Buch von Bourne [BOU88] verwiesen werden. Eine Null im creat()-Parameter erzwingt durch die UND-Vernüpfung mit dem umask()-Wert eine Null bei den Zugriffsrechten.

```
lock.c      --->      main() {
                          if (creat("lock.lck", 0) < 0) exit(1);
                          exit(0);
                          }

rmlock.c    --->      main() {
                          if (unlink("lock.lck") < 0) exit(1);
                          exit(0);
                          }
```

Abb. 7.1: Lock-Files (Sperrdateien)

Ein Synchronisieren mit Lock-Dateien setzt eine Überwachung dieser Dateien durch den Anwendungsprogrammierer voraus. Gerade bei der Programmentwicklung kommt es häufig vor, daß Programme durch Fehlersituationen vorzeitig beendet werden und dadurch die Lock-Datei nicht mehr selbst entfernen können. Wird das übersehen, führt der nächste Programmlauf zu nicht erwünschten Ergebnissen, weil die Lock-Datei jetzt in einer Situation existiert, in der sie erst angelegt werden soll.

Dazu kommt, daß der Anwendungsprogrammierer mit Sachverhalten konfrontiert wird, die eigentlich nicht zu seinen Aufgaben gehören. Als Beispiel sei kurz auf den creat()-Aufruf hingewiesen. Seine Funktionsfähigkeit als Sperrmechanismus beruht auf der Rückgabe einer -1, falls die angegebene Datei schon existiert und der aufrufende Prozeß keine Schreiberlaubnis für diese Datei besitzt.

Wenn ein nach diesem Verfahren erstelltes Programm unter der Benutzerkennung des Systemverwalters, des Superusers, läuft, funktioniert diese Sperrmethode nicht mehr. Das liegt daran, daß Prozesse unter der Superuser-Kennung alle Zugriffsrechte ignorieren. Für sie gelten keine Zugriffsbeschränkungen, und der creat()-Aufruf gibt bei einer Sperrsituation keine -1 zurück.

Der link()-Systemaufruf weist bezüglich des Superusers nicht das Verhalten des creat()-Aufrufs auf und ist insofern allgemeiner einsetzbar. Eine Synchronisation mit creat() ist für das Betriebssystem eine recht zeitaufwendige Operation, da eine wenn auch leere Datei angelegt und zur Freigabe der Sperre wieder aus dem Dateisystem entfernt wird. Ein link()-Aufruf ist etwas günstiger, weil die durchzuführenden Operationen außer bei der erstmaligen Anlage der Datei nur im Directory durchgeführt werden.

File-Locking (Dateisperren)

Bei einer Synchronisation mit Lock-Files sind die Sperrdateien nicht an die Lebensdauer der sie erzeugenden Prozesse gebunden. Das heißt, daß auch nach dem Ende eines Prozesses, der eine Sperrdatei erzeugt hat, die Sperre bestehen bleibt. Günstiger für Anwendungen im Bereich der Datenhaltung und Datenpflege sind *Dateisperren*. Mit dem (ununterbrechbaren) Systemaufruf lockf() wird ein Teil einer Datei gesperrt bzw. auf diese Sperre hin abgefragt. Der Aufruf ist folgendermaßen vereinbart:

```
#include <unistd.h>
int lockf(fd,fct,size)
int fd,                    /* File-Deskriptor      */
int fct;                   /* Funktion             */
long size;                 /* Bereichsgröße        */
```

Bei dieser bereits mehrfach verwendeten Darstellungsform für Systemaufrufe und Funktionen, die bei einer praktischen Programmierung benötigt werden, werden notwendige Header-Dateien mit angegeben. Der obige Aufruf verwendet die Header-Datei /usr/include/unistd.h, hat einen Rückgabewert vom Typ Integer und wird mit drei Werten von dem jeweils angegebenen Typ parametrisiert. Ein lockf()-Aufruf mit der Konstanten F_LOCK als Funktionsparameter setzt eine Sperre auf die Datei und blockiert den aufrufenden Prozeß, falls bereits eine Sperre durch einen anderen (nicht durch den eigenen!) Prozeß gesetzt worden ist. Ein auf diese Art blockierter Prozeß bleibt blockiert, bis die Sperre auf der Datei wieder aufgehoben ist.

Eine Sperre wird implizit dadurch aufgehoben, daß der Prozeß, der sie hält, beendet wird. Explizit kann sie mit der Funktionsangabe F_ULOCK als Parameter des lockf()-Aufrufs aufgehoben werden. Mit F_TEST wird das Vorhandensein einer Sperre geprüft, und mit F_TLOCK wird zusätzlich zum Prüfen eine Sperre gesetzt, falls noch keine vorhanden ist. Ein Blockieren findet bei einer F_TLOCK-Parametrisierung nicht statt.

Der Parameter size gibt indirekt den Bereich der Datei an, für den die Sperre gelten soll. Bestimmt wird dieser Bereich durch den aktuellen Stand des Lese-/Schreibzeigers, des sogenannten Byte-Offset, zusammen mit der im Parameter size angegebenen Anzahl von Bytes. Der Wert Null als Größenangabe ist ausgezeichnet und steht für ein Sperren vom Offset bis zum Dateiende. Nach dem Öffnen einer Datei steht der Lese-/Schreibzeiger auf dem ersten Byte. Dorthin gelangt er auch nach dem Öffnen aus jeder Position immer durch einen lseek()-Systemaufruf der Form

```
lseek(fd, 0L, 0);
```

Der erste Parameter des lseek() bezeichnet die Datei über ihren File-Deskriptor. Der zweite und dritte Parameter gehören zusammen. Ist der dritte Parameter 0, so wird der Lese-/Schreibzeiger soviele Bytes vom Dateianfang weg gesetzt, wie der (positive) zweite Parameter angibt. Ist der dritte Parameter 1, dann wird der Dateizeiger ausgehend von der aktuellen Position um soviele Bytes verschoben, wie der (positive oder negative) zweite Parameter angibt. Eine 2 als dritter Parameter setzt den Lese-/Schreibzeiger auf einen Wert, der aus der Dateigröße und dem zweiten Parameter (positiv oder negativ) durch Addition gebildet wird. Der Lese-/Schreibzeiger kann demnach hinter die Datei zeigen. Der nächste write()-Aufruf wird die Datei vergrößern.

```
long lseek(fd, offset, wohin)
int fd;                  /* File Descriptor        */
long offset;             /* Byte Offset            */
int wohin;               /* Steuerung              */
```

Ein Beispiel, bei dem die ganze Datei gesperrt wird, ist in Abbildung 7.2 dargestellt. Nach einem lseek()-Aufruf zum Dateianfang, wird lockf() mit der Funktionsangabe F_LOCK gestartet. Man beachte, daß der lockf()-Aufruf bei Existenz einer durch einen anderen Prozeß gesetzten Sperre blockiert wird und nicht etwa über einen Rückgabewert von -1 in den Fehlerzweig der if-Anweisung gelangt. Dorthin kommt er nur, wenn der Zugriff auf die Dateibeschreibung nicht gelingt. Das passiert beispielsweise dann, wenn die Datei nicht (mehr) existiert.

```
lock(fd) int fd; {
   lseek(fd, 0L, 0);
   if (lockf(fd, F_LOCK, 0L) < 0) {
      printf("Fehler beim Setzen der Sperre\n");
      exit(1);
      }
   }
```

Abb. 7.2: File-Locking

Jetzt wird eine große Schwäche sowohl der Lock-Files als auch des File-Locking deutlich. Der indirekte oder direkte Träger der Sperre, nämlich eine Datei, kann durch widrige Umstände ganz leicht verloren gehen, zum Beispiel unbeabsichtigt gelöscht werden, und das mitten in einer Anwendung.

Unverbindliche und verbindliche Sperren

Der beschriebene Sperrmechanismus ist unter Synchronisationsgesichtspunkten vorgestellt worden. Ein etwa vorhandener Inhalt der zugehörigen Dateien stand außerhalb der Betrachtungen. Der Vollständigkeit halber sollen jedoch noch ein paar Bemerkungen zur Wirkung der Sperre mit lockf() als Schutz vor einem Zugriff auf den Dateiinhalt gemacht werden. Eine Sperre mit lockf() wirkt nur, wenn die beteiligten Prozesse diese Sperre respektieren, das heißt, sie explizit abfragen. Das Betriebssystem kennt zwar alle Sperren und alle Prozesse, die Sperren gesetzt haben, aber es hindert keinen Prozeß daran, diese zu ignorieren. Das Setzen von Sperren ist also unverbindlich. Wird beispielsweise auf eine Textdatei mit lockf() eine Sperre gesetzt, so gibt das cat-Kommando der Shell den Inhalt unter Ignorierung der Sperre aus.

UNIX (System-V, ab Release 3.0) verfügt über die Möglichkeit, Sperren auch verbindlich zu setzen. Verwendet wird dazu eine sonst völlig bedeutungslose Kombination von Dateischutzbits. Bei der zu schützenden Datei wird das Gruppen-x-Bit entfernt und das Set-Group-ID-Bit (vgl. Abschnitt 4.2) gesetzt. Die (relativ parametrisierten) chmod-Kommandos dazu sehen folgendermaßen aus:

```
--->$ chmod g-x  Datei
--->$ chmod g+s  Datei
```

Dann ist die Sperre mit lockf() verbindlich (mandatory). Ein cat-Kommando wird im Gegensatz zu oben den Dateiinhalt nicht mehr ausgeben, solange die Sperre gesetzt ist. Für einen Prozeß, der vorhat, eine verbindliche Sperre zu ignorieren, ist immer die ganze Datei gesperrt, nicht nur der beim Setzen der Sperre angegebene Teil.

exit()-wait()

Ein Prozeß, der einen anderen Prozeß erzeugt, soll *Vater* heißen, der erzeugte Prozeß *Sohn*. Unter UNIX kann ein Sohn an seinem Ende an den Vater einen Wert, kodiert in einem Byte, zurückgeben. Er wird als *Exitwert* bezeichnet. Der Vater kann diesen Wert entgegennehmen. Damit ist es möglich, eine Stelle im Vater, nämlich die Stelle, an der er den Exitwert des Sohnes übernimmt, mit dem Ende des Sohnes zu synchronisieren. Der Exitwert ist in einem vier Bytes großen *Rückgabewert* enthalten. Abbildung 7.3 zeigt, daß die ersten beiden Bytes des Rückgabewerts mit Nullen belegt sind, während das dritte den Exitwert und das vierte einen Fehlerkode enthält.

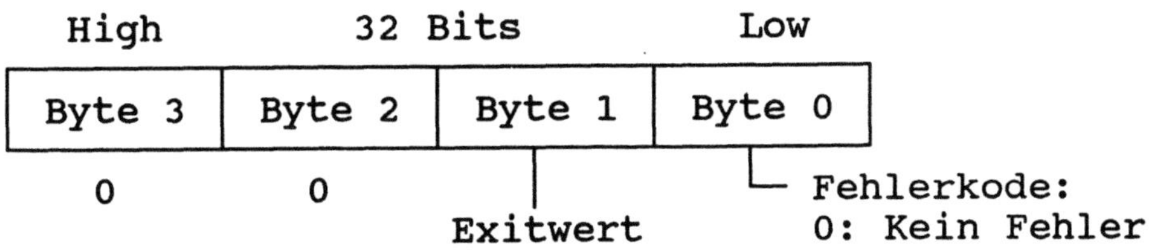

Abb. 7.3: Rückgabewert mit Exitwert

Ein Vater wartet mit einem wait()-Systemaufruf auf das Ende eines Sohnes.

```
int wait(status)
int *status;                /* Rückgabewert          */
```

Der Aufruf wird mit der Adresse einer Integervariablen parametrisiert. In dieser Variablen wird der Rückgabewert abgelegt. Wenn ein Sohn mit dem Systemaufruf exit(Exitwert) korrekt beendet wird, entsteht daraus der (hexadezimal geschriebene) Rückgabewert 0x00Exitwert0.

```
void exit(value)
int value;                    /* Nur das niederwertige Byte   */
```

Wenn ein Sohn beendet ist und der Vater sein wait() noch nicht erreicht hat, dann muß der Sohn in der Prozeßtabelle weiter verwaltet werden, bis sein Rückgabewert abgeholt worden ist. Solche Prozesse heißen Zombies. Ein Vater, der den Rückgabewert erhalten hat, kann durch eine Verschiebeoperation daraus den Exitwert erzeugen. In Abbildung 7.4 ist ein entsprechendes Programmskelett dargestellt.

```
main() {
    ...
    if (fork() == 0) {
        /* Ein Sohn */
        ...
        exit(7);              /* Synchronisationspunkt          */
        }

/* Der Vater */
wait(&a);                     /* Synchronisationspunkt          */
a = a >> 8;                   /* Verschiebeoperation um 8 Bits  */
printf("%d\n", a);            /* --> 7                          */
...
}
```

Abb. 7.4: Programmskelett mit exit()-wait()

Kritisch zum exit()-wait()-Verfahren ist festzuhalten, daß lediglich das Ende eines Sohnes Synchronisationspunkt mit dem Vater sein kann. Unter Kommunikationsgesichtspunkten ist es unzureichend, daß der Übergabewert zwischen den beiden Prozessen, der Exitwert des Sohnes, lediglich aus einem Byte besteht und der Vater dem Sohn an dieser Stelle gar keine Information übergeben kann.

Signale

Signale im UNIX-Betriebssystem sind geschaffen worden, damit Prozesse vom Betriebssystem über das Auftreten asynchroner Ereignisse, gedacht war an Fehlersituationen, informiert werden können. Zu jedem Prozeß wird ein *Signalfeld* geführt. Es enthält für jedes im Betriebssystem mögliche Signal, bei UNIX sind es etwa zwanzig, ein Bit. Soll ein Prozeß ein Signal erhalten, so setzt das Betriebssystem das entsprechende Bit im zugehörigen Signalfeld. Erhält der Prozeß wieder die CPU, so prüft er (das Betriebssystem macht das für ihn) sein Signalfeld immer dann, wenn er vom privilegierten System-Modus in den nichtprivilegierten Benutzer-Modus (vgl. Abschnitt 4.2) wechselt. Dabei stellt er fest, ob ein Signal für ihn eingegangen ist. Falls ja, hat er drei Möglichkeiten zu reagieren: Er kann das Signal ignorieren oder zu einer Behandlungsroutine verzweigen, wenn eine solche vorhanden ist, oder er kann eine voreingestellte Aktion durchführen. Voreingestellte Aktion ist in der Regel ein Programmabbruch, der oft mit einem Speicherauszug, einem Core-Dump, einhergeht.

Bei UNIX-Systemen ist nicht voraussagbar, wann ein Prozeß wieder die CPU erhalten wird. Noch weniger voraussagbar ist, wann wieder sein Signalfeld abgefragt wird. Dieser Aspekt ist ein Beispiel für die in dem Abschnitt über UNIX im Kapitel 4 gemachte Bemerkung, daß UNIX nicht für Echtzeitanwendungen konzipiert worden ist. Zumindest der Signalmechanismus (und das ist bei weitem nicht die einzige derartige Stelle) ist nicht echtzeitfähig.

Signale werden durch bestimmte Hard- und Software-Interrupts ausgelöst. Ein bekanntes Beispiel ist das Abbrechen eines Prozesses durch Tastendruck am Terminal, der *Terminalinterrupt*. Man lasse sich durch die Begriffskomponente Interrupt nicht verwirren. Zwar tritt ein Interrupt auf Prozessor-Ebene auf, gemeint ist hier jedoch eine Unterbrechung, genauer ein Abbrechen, auf höherer Ebene, auf der Ebene der Prozeßverwaltung. Bei UNIX-Systemen wird der Terminalinterrupt durch Betätigen der Delete-Taste ausgelöst. Genauer geschieht hier folgendes: Durch Betätigen der Delete-Taste wird ein Hardware-Interrupt (auf Prozessor-Ebene) ausgelöst. Dieser unterbricht den Prozeß, der gerade die CPU besitzt. In der Regel ist das nicht der Prozeß, der durch die Betätigung der Delete-Taste abgebrochen werden soll. Durch die Interrupt-Hardware wird die Adresse derjenigen Interrupt-Service-Routine in den Befehlszähler des Prozessors geladen, die zur Funktion der Delete-Taste gehört. Diese Service-Routine setzt das zum Terminalinterrupt gehörende Bit im Signalfeld des zu unterbrechenden Prozesses.

Das Abbrechen eines Prozesses muß eindeutig sein. Durch den Terminalinterrupt wird allen Prozessen (und nur diesen), die zu dem Terminal gehören, das entsprechende Signal gesendet. Die Shell sorgt dafür, daß Hintergrundprozesse Signale ignorieren, die von einem Terminal kommen. In Abbildung 7.5 sind weitere Beispiele für UNIX-Signale und ihre auslösenden Ereignisse angegeben. Die Signale sind durchnummeriert und mit dieser Nummer ansprechbar. Der oben vorgestellte Terminalinterrupt hat die Signalnummer 2.

Name	Nr.	Bedeutung
SIGINT	2	Terminal-Interrupt: <del>-Taste
SIGQUIT	3	Terminal-Interrupt mit Core-Dump: <ctrl,\>-Taste
SIGFPE	8	Fehler bei einer Gleitkommaoperation
SIGKILL	9	Unbedingter Programmabbruch; Software-Signal
SIGBUS	10	Adreßfehler auf dem Bus
SIGALRM	14	Ablauf einer Zeitspanne
SIGTERM	15	Programm-Ende erreicht
SIGDVZ	20	Division durch 0

Abb. 7.5: Signale

Programme können auf das Eintreffen von Signalen vorbereitet werden. Erhält ein Programm ein Signal, auf das es nicht vorbereitet worden ist, so wird eine voreingestellte Handlung, meist ein Programmabbruch, durchgeführt. Allerdings ist es nicht möglich, ein Programm auf das Eintreffen des Signals 9, auf den unbedingten Programmabbruch (SIGKILL), vorzubereiten. Die Vorbereitung auf das Eintreffen eines Signals bezieht sich immer nur auf genau einen solchen Vorgang. Wird ein Signal mehrfach erwartet, muß die Vorbereitung entsprechend mehrfach sein. Eine Ausnahme stellt das Ignorieren von Signalen dar. Es ist von Dauer und wird erst wieder durch ein explizites Umsetzen aufgehoben.

Die Signal-Schnittstelle in C

Um Signale als Mittel zur Synchronisation nutzen zu können, müssen Prozesse nicht nur in der Lage sein, sich auf Signale vorzubereiten, d.h. sie zu empfangen, sondern sie müssen auch Signale senden können. Ein Programm wird mit einem signal()-Systemaufruf auf das Eintreffen eines Signals vorbereitet. Das ist der Empfangsmechanismus.

```
#include <signal.h>
int signal(nr, fkt)
int nr;                     /* Die Signalnummer                    */
void(*fkt)();               /* C-Funktion zur Signalbehandlung     */
```

Wenn das Eintreffen eines Signals erkannt wird, wird die im signal()-Aufruf angegebene C-Funktion ausgeführt. Anstelle eines C-Funktionsnamens kann die Konstante SIG_IGN stehen. Sie bewirkt ein dauerhaftes Ignorieren des angegebenen Signals. Die Konstante SIG_DFL auf der Position der Behandlungsfunktion setzt den Signalempfangsmechanismus wieder auf die Voreinstellung zurück.

Um Signale zu senden, wird der kill()-Systemaufruf verwendet. Sein Name kommt von seiner ursprünglichen Anwendung, die darin bestand, Prozesse zu beenden. Ein Signal kann, außer vom Superuser, nur an Prozesse gesendet werden, die unter der gleichen Benutzerkennung (User-ID) laufen, wie der sendende Prozeß. Eine Prozeßnummer 0 bedeutet, daß das Signal an alle Prozesse gesendet werden soll, die von dem gleichen Terminal kontrolliert werden, wie der sendende Prozeß.

```
#include <signal.h>
kill(pid, nr)
int pid;                    /* Prozeßnummer des Empfängers         */
int nr;                     /* Signalnummer                        */
```

Das Programm in Abbildung 7.6. fängt den Terminalinterrupt ab. Die Signalbehandlung besteht in diesem Beispiel nur aus einer Ausgabe der Signalnummer. Am Anfang der Hauptfunktion wird mit dem signal()-Aufruf eine Behandlungsroutine angegeben.

```
/* Abfangen des Terminalinterrupts */

#include <signal.h>
#include <stdio.h>

void catch(s) int s; {                    /* Signalbehandlung */
    signal(SIGINT, catch);
    printf("Signal %d erhalten\n", s);
    }

main() {
    int i;
    signal(SIGINT, catch);
    for (i=0; i<20; i++) {
        printf("%d aaa\n", i);
        sleep(5);
        }
    }
```

Abb. 7.6: Signalbehandlung

Sollte ein Terminalinterrupt eingehen, wird die Funktion catch() ausgeführt. Dort bereitet sich der Prozeß sofort wieder auf ein solches Ereignis vor. Das Eintreffen eines Signals beendet übrigens den durch einen sleep()-Aufruf verursachten Zustand des Blockiertseins. Der praktische Ablauf des angegebenen Demonstrationsprogramms in Abbildung 7.6 läßt sich durch den Terminalinterrupt beschleunigen.

Signale können für die Synchronisation von Prozessen benutzt werden, und einige Signalnummern sind für derartige Zwecke bewußt für den Anwender offengelassen worden. Allerdings sind Signale dafür nicht entwickelt worden und lassen jede Unterstützung vermissen. Angenommen, eine Aktion A in einem Prozeß P(0) soll vor einer Aktion B in einem (parallelen) Prozeß P(1) durchgeführt werden. Weiter angenommen, P(1) komme als erster an den Synchronisationspunkt, d.h. er will jetzt B durchführen. Um das tun zu können, muß er wissen, ob P(0) seine Aktion A bereits durchgeführt hat. Das heißt er muß eine globale Variable abfragen, die von seiner Signalbehandlungsroutine gesetzt wird, sobald ein entsprechendes Signal von P(0) eingeht. Andernfalls muß er sich blockieren. Findet eine Synchronisation zwischen den Prozessen an mehreren Stellen statt, kann man an die Verwendung mehrerer Variablen denken. Dann muß jedoch aus dem Kontext, vielleicht aus der Reihenfolge heraus, klar sein, welche Variable zu setzen ist.

Mehr Flexibilität wird durch mehrere Signalnummern erreicht, aber die Zahl der freien Signalnummern ist eng begrenzt, das sind nur etwa drei oder vier. Die Verwendungsmöglichkeiten von Signalen als allgemeines Prozeßsynchronisationsmittel sind sehr eingeschränkt.

Semaphore (UNIX)

Die Semaphorkonzeption des UNIX ist allgemeiner als die von Dijkstra. Beim Dijkstra-Ansatz gibt es genau zwei Semaphoroperationen, und zwar P() und V(). Auf ein Semaphor kann zu einer bestimmten Zeit immer nur genau eine dieser Operationen angewendet werden. Bei der Verallgemeinerung sind die Operationen P() und V() Spezialfälle einer komplexen Semaphoroperation. Darüberhinaus wird die Durchführung von n Operationen auf m Semaphore in ununterbrechbarer Weise gestattet. Statt P() und V() gibt es eine Funktion semop(), die je nach Wert ihres Parameters unter anderem auch P() und V() abwickelt. Um die Arbeitsweise von semop() leichter zu verstehen, wird sie in Abbildung 7.7 zuerst in einer vereinfachten Form für nur ein Semaphor und nur einen Operationsaufruf vorgestellt. Wie beim Dijkstra-Ansatz soll ein Semaphor einen Wert und eine zugehörige Warteschlange besitzen. Der Anfangswert ist immer größer oder höchstens gleich Null.

```
/*  Anfangswert von wert ist größer oder gleich Null  */

semop(op) int op; {
   if (op > 0) {
      wert = wert + op;
      wakeup(alle);
      }
      else if (op < 0) {
         if (wert + op ≥ 0) {
            wert = wert + op;
            return();
            }
         sleep();
         }
   }
```

Abb. 7.7: Vereinfachter Semaphoralgorithmus

Der Fall, daß semop() mit einem Parameterwert von Null aufgerufen wird, soll in der vereinfachten Form nicht behandelt werden. Wird semop() mit einem positiven Wert aufgerufen, dann wird dieser zum aktuellen Wert des Semaphors addiert. Anschließend werden alle Prozesse entblockiert (laufbereit gemacht), die in der zugehörigen Warteschlange geführt werden.

Bei einem Aufruf mit negativem Parameterwert wird geprüft, ob das Ergebnis der Addition von aktuellem Semaphorwert und negativem Parameterwert (noch) größer oder mindestens gleich Null ist. Falls dies der Fall sein sollte, wird die Addition tatsächlich durchgeführt und semop() beendet. Anderenfalls wird der Prozeß blockiert. Anders als bei den im Abschnitt 6.4 besprochenen Semaphoren (Dijkstra) entstehen hier keine negativen Semaphorwerte.

Bei einem Semaphoranfangswert von Eins entspricht die Operation semop(-1) einer P()- und semop(1) einer V()-Operation. Im Gegensatz zu Dijkstras Modell werden hier nach einer V()-Operation immer alle wartenden Prozesse wieder laufbereit gemacht. Diese beginnen sofort damit, miteinander um die CPU zu konkurrieren.

Der semop()-Aufruf ist komplexer als bisher beschrieben. Um die Durchführung mehrerer Operationen mit mehreren Semaphoren zu formulieren, legt der Benutzer ein Array sops an, das Semaphore-Operationen-Array oder kurz *Operationsarray* genannt wird. Es ist folgendermaßen aufgebaut:

sops	Index	Semaphor	Operation	Flag
	0			
	1			
		...	...	...

Jede Zeile dieses Arrays beschreibt eine Operation mit einem Semaphor. Das Feld *Semaphor* wählt das entsprechende Semaphor aus, und im Feld *Operation* wird die Semaphoroperation durch ihren Zahlenwert spezifiziert. Eine Semaphoroperation kann zum Blockieren des Prozesses führen. Unmittelbar vor dem Blockieren wird das Feld *Flag* geprüft. Ist es mit einer Null (das ist die Voreinstellung) belegt, wird der Prozeß blockiert. Ist das Flag jedoch auf die Konstante IPC_NOWAIT gesetzt worden, gibt der semop()-Aufruf den Wert -1 zurück und der Prozeß wird nicht blockiert.

Als Beispiel sollen mit den vier Semaphoren s0, s1, s2 und s3 lauter P()-Operationen durchgeführt werden, ohne daß ein Blockieren stattfindet. Dann ist das folgende Array anzulegen, das bis auf die Bezeichnung für die Semaphore bereits korrekt aufgebaut ist.

sops Index	Semaphor	Operation	Flag
0	s0	-1	IPC_NOWAIT
1	s1	-1	IPC_NOWAIT
2	s2	-1	IPC_NOWAIT
3	s3	-1	IPC_NOWAIT

Ausführlicher Semaphoralgorithmus

Nach dieser Vorbereitung kann jetzt der ausführliche in Abbildung 7.8 dargestellte Semaphoralgorithmus des UNIX besprochen werden. Der Zahlenwert der Semaphoroperation wird mit op bezeichnet. Man beachte, daß es sich in Abbildung 7.8 um eine Pseudocode-Darstellung handelt. Das ist noch nicht die korrekte Syntax des semop()-Systemaufrufs. Diese folgt in wenigen Absätzen. Abbildung 7.8 zeigt, daß zwei Warteschlangen geführt werden. In der einen befinden sich Prozesse, die auf das Anwachsen des Semaphorwertes warten, in der anderen solche, die darauf warten, daß der Wert genau Null wird. Die erstgenannte Warteschlange entspricht der aus dem Dijkstra-Ansatz. Die zweite eröffnet die Möglichkeit, Prozesse solange warten zu lassen, bis eine bestimmte Anzahl von Prozessen den kritischen Abschnitt betreten hat, bis zum Beispiel alle Kooperationspartner aktiv geworden sind.

Es kann vorkommen, daß beispielsweise von zehn im Operationsarray angegebenen Semaphoroperationen die ersten fünf ohne zu blockieren durchgeführt werden können, die sechste jedoch zur Blockierung führt. Wenn dann der semop()-Aufruf über das IPC_NOWAIT-Flag mit -1 zurückkehrt oder alternativ blockiert, dann ist die Sammlung von Semaphoren, die durch das Operationsarray bestimmt ist, inkonsistent. Denn die ersten sechs Semaphore sind verändert, die letzten vier jedoch noch nicht. Um das zu verhindern gibt es eine undo()-Funktion, die vor einem return() beziehungsweise vor einem sleep() die bisher durchgeführten Operationen des semop()-Aufrufs rückgängig macht. Nach einer Blockierung wird deshalb mit der Abarbeitung des Operationsarrays wieder ganz von vorn, beim Label L:, begonnen.

```
semop(sops) Operationsarray sops; {
   L:
   for (jede Zeile in sops) {
        if (op > 0) {
           wert = wert + op;
           wakeup(Alle, die auf ein Anwachsen des Wertes warten);
           }
           else {
              if (op < 0) {
                 if (wert+op ≥ 0) {
                    wert = wert + op;
                    if (wert == 0) wakeup(Alle, die auf den Wert 0 warten);
                    continue;
                    }
                 undo();
                 if (flag == IPC_NOWAIT) return(-1);
                 sleep(Bis der Wert wächst);
                 goto L;
                 }
                 else { /* Hier ist op==0 */
                    if (wert != 0) {
                       undo();
                       if (flag == IPC_NOWAIT) return(-1);
                       sleep(Bis der Wert Null ist);
                       goto L;
                       }
                    }
                 }
        }
   }
```

Abb. 7.8: Ausführlicher Semaphoralgorithmus

Der UNIX-Kern verwaltet ein systemweit globales Array von Zeigern auf Arrays von Semaphoren. Das heißt, daß ein Eintrag in dieses Array von Zeigern systemweit eindeutig ist. Der Index in das Array wird Semaphoridentität, kurz semid, genannt. Die Ähnlichkeit mit den aus dem Filesystem bekannten File-Deskriptoren ist durchaus beabsichtigt. Das folgende Beispiel zeigt zwei Semaphorarrays, ein vierstelliges und ein zweistelliges, mit den zugehörigen semids (0 und 1).

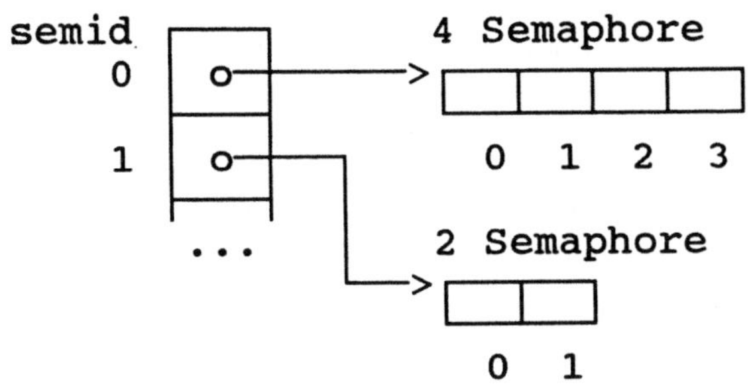

Ein einzelnes Semaphor wird durch ein Indexpaar angegeben: Der erste Index wählt eine semid aus, der zweite ein Semaphor aus dem zur semid gehörenden Semaphorarray. Oben war ausgeführt worden, daß die Semaphore, mit denen eine Anzahl von Operationen geschlossen ausgeführt werden sollen, in einem Operationsarray zusammengefaßt werden. Einschränkend muß jetzt gesagt werden, daß sich ein Operationsarray immer auf genau eine semid bezieht. Es ist also nicht möglich, ein Operationsarray zu definieren, das das dritte Semaphor zur semid 0 und das zweite zur semid 1 miteinander verbindet. Nach diesen algorithmischen und strukturellen Betrachtungen sollen jetzt die zum Semaphorkonzept von UNIX gehörenden Systemaufrufe vorgestellt und durch Beispiele verdeutlicht werden.

Der semget()-Aufruf

Mit dem semget()-Systemaufruf wird vom UNIX-Kern eine semid angefordert, was bei einer bestimmten Parametrisierung zu der Einrichtung eines (neuen) Semaphorarrays führt. Bei einer entsprechend anderen Parametrisierung wird von einem bereits bestehenden Semaphorarray die zugehörige semid zurückgegeben.

```
#include <sys/types.h>
#include <sys/ipc.h>
#include <sys/sem.h>
int semget(key, n, mode)
key_t key;          /* key_t ist long integer: numerischer Name     */
int n;              /* Größe des Semaphorarrays                     */
int mode;           /* Zugriffsrechte und Flags                     */
```

Der Programmierer spricht ein Semaphorarray mit einem numerischen Namen, einer Long-Integerzahl, an. Der semget()-Aufruf gibt ihm eine semid zurück, die für weitere Systemaufrufe benötigt wird. Der numerische Name ist der erste Parameter des semget()-Aufrufs. Mit ihm ist ein organisatorisches Problem verbunden. Zwei oder mehr Prozesse, die ein gemeinsames Semaphor benutzen wollen, müssen seinen Namen kennen. Dazu ist eine systemweite Semaphorfestlegung erforderlich, die dadurch etwas unterstützt wird, daß durch den Datentyp key_t die Angabe eines Namens aus ASCII-Zeichen zugelassen wird, der dann als numerischer Name interpretiert wird.

Der zweite Parameter gibt die Anzahl von Semaphoren an, die unter dem numerischen Namen, unter der zugehörigen semid, in einem Array zusammengefaßt werden sollen. Es ist die Größe des Semaphorarrays. Der dritte Parameter besteht aus einer ODER-Verknüpfung von Zugriffsrechten und Angaben, was geschehen soll, wenn zu dem angegebenen numerischen Schlüssel bereits eine semid existiert, also bereits ein Semaphorarray vorhanden ist.

Nicht nur bei dem Verfahren, den Zugriff auf Semaphore über eine semid zu regeln, sondern auch bei der Vergabe von Zugriffsrechten auf Semaphore ist die Orientierung am Dateisystem deutlich zu erkennen. Der Erzeuger von Semaphoren versieht diese mit Zugriffsrechten, die genau so strukturiert sind, wie im Dateisystem und fast genau so bezeichnet sind. Lediglich das x-Bit hat keine Bedeutung und wird weggelassen. Das write-Bit wird nicht w genannt, sondern a für Änderungsrecht (alternate).

Die im folgenden angegebenen Flags gelten mit der gleichen Bedeutung bei der Einrichtung aller UNIX-Interprozeßkommunikations-Mechanismen, nicht nur bei Semaphoren. Sie werden durch eine bitweise ODER-Verknüpfung mit den Zugriffsrechten, das ist eine Oktalzahl, kombiniert. Das C-Symbol für ein bitweises ODER ist der senkrechte Strich (vgl. Abschnitt 4.1).

Flags	Key existiert; zurück kommt	Key ist neu; zurück kommt
Keine	semid	-1 (Fehler)
IPC_CREAT	semid	semid nach Erzeugung
IPC_CREAT | IPC_EXCL	-1 (Fehler)	semid nach Erzeugung

In Abbildung 7.9 ist ein Programmbeispiel für einen semget()-Aufruf angegeben. Angesprochen wird ein Semaphorarray mit dem numerischen Namen 76. Existiert es bereits und hat der aufrufende Prozeß Leserecht, wird seine semid zurückgegeben, gleich wie groß es ist. In diesem Fall sind der zweite und dritte Parameter ohne Bedeutung.

```
/* Ein Semaphorarray namens 76 wird angesprochen */

#include <stdio.h>
#include <sys/types.h>
#include <sys/ipc.h>
#include <sys/sem.h>

main() {
     int semid;
     semid = semget(76, 1, 0666|IPC_CREAT);
     printf("Kontrolle: semid=%d\n", semid);
     }
```

Abb. 7.9: Beispiel zu semget()

Existiert das Array mit dem Namen 76 noch nicht, wird es mit der Länge 1 angelegt und mit den angegebenen Zugriffsrechten versehen. Dann wird an den aufrufenden Prozeß die (neue) semid zurückgegeben. Das neu angelegte Semaphorarray enthält genau ein Semaphor, das damit den Index 0 hat. Es ist durch das Zahlenpaar (semid, 0) bestimmt.

Der semctl()-Aufruf

Mit dem Systemaufruf semctl() können einige fest vorgegebene Kontrolloperationen auf den vorhandenen Semaphoren durchgeführt werden, vorausgesetzt, die Zugriffsrechte gestatten dies. Diese Operationen werden als unkritisch angesehen, das heißt, ihr Ablauf kann unterbrochen werden. Von der Union *semun* wird hier lediglich die Interpretation als Integerzahl benutzt. Auf die anderen möglichen Interpretationen wird nicht weiter eingegangen, sie sind für die hier zu führende Diskussion bereits zu speziell. Um ein Semaphor auf einen bestimmten (Anfangs-) Wert zu setzen, wird es durch die Parameter *semid* und *index* eindeutig identifiziert; als Parameter *cmd* wird die Konstante SETVAL eingesetzt und schließlich *arg* mit einer nicht negativen Integerzahl, dem neuen Semaphorwert, belegt. Vorbelegt sind Semaphorwerte mit Null.

```
#include <sys/types.h>
#include <sys/ipc.h>
#include <sys/sem.h>
int semctl(semid, index, cmd, arg)
int semid;              /* Aus dem semget()                        */
int index;              /* Index im Semaphorarray                  */
int cmd;                /* Die Kontrolloperation                   */
union semun arg;

union semun {
   int val;             /* Der zu setzende Wert als Integegerzahl  */
   struct semid_ds *buff;
   ushort *array;
   } arg;
```

Wird der cmd-Parameter auf GETVAL gesetzt, ist der vierte Parameter ohne Bedeutung. Der semctl()-Aufruf gibt dann als Funktionswert den aktuellen Semaphorwert zurück. Bei einer cmd-Belegung mit IPC_RMID sind die Parameter index und arg bedeutungslos. Das zur semid gehörende Semaphorarray wird gelöscht und semid freigegeben.

```
/* Wert eines Semaphors abfragen und setzen */

#include <stdio.h>
#include <sys/types.h>
#include <sys/ipc.h>
#include <sys/sem.h>

main() {
     int semid, val;
     semid = semget(76,1, 0700|IPC_CREAT);

     val = semctl(semid, 0, GETVAL);
     printf("Default-Wert ist %d\n", val);
     semctl(semid, 0, SETVAL, 8);
     val = semctl(semid, 0, GETVAL);
     printf("Neuer Wert ist %d\n", val);
     }
```

Abb. 7.10: Beispiel zu semctl()

In dem Beispiel in Abbildung 7.10 wird der Default-Wert, die Voreinstellung, eines Semaphorwertes abgefragt. Anschließend wird er auf 8 gesetzt und erneut abgefragt.

Der semop()-Aufruf

Der semop()-Algorithmus ist bereits ausführlich vorgestellt worden. Der zugehörige Systemaufruf hat folgende Form:

```
#include <sys/types.h>
#include <sys/ipc.h>
#include <sys/sem.h>
int semop(semid, sops, m)
int semid;                      /* Aus dem semget()              */
struct sembuf **sops;           /* Operationsarray               */
unsigned int m;                 /* Größe des Operationsarrays    */

struct sembuf {
    ushort sem_num;             /* Index                         */
    short sem_op;               /* Semaphoroperation             */
    short sem_flg;              /* IPC_NOWAIT ?                  */
    }
```

Der Parameter sops für die Festlegung der Semaphoroperationen ist als *struct sembuf **ops* bzw. gleichwertig als *struct sembuf *sops[]* zu vereinbaren. Das ist eine zweistufige Verzeigerung: sops ist eine Variable, die die Adresse einer Variablen enthält, die die Adresse einer Struktur vom Typ sembuf enthält. Zu übergeben an die Funktion semop() ist jedoch die Adresse eines Arrays von Strukturen des Typs sembuf. Um beispielsweise bei feststehender semid das Semaphor mit dem Index 0 mit den P()- und V()-Operationen anzusprechen wird (global wegen der direkten Wertzuweisung) definiert:

```
struct sembuf P = { 0, -1, 0 };
struct sembuf V = { 0,  1, 0 };
```

Wenn P() und V() die einzigen Operationen sind, so hat das Operationsarray die Länge 1. Damit lauten die beiden Standardoperationen als semop()-Aufrufe:

```
semop(semid, &P, 1);          /* Die P()-Operation    */
semop(semid, &V, 1);          /* Die V()-Operation    */
```

Zur schnellen Übersicht über im System vorhandene Semaphore ist das Shell-Kommando ipcs installiert worden. Es ist nicht auf Semaphore beschränkt, sondern liefert auch Informationen über Message-Queues und Shared-Memory. Beides wird erst später behandelt. Mit der Option -s wird die Ausgabe auf Semaphore beschränkt. Es folgt ein Beispiel für einen ipcs-Kommandoaufruf.

```
---> $ ipcs -s

    T     ID      KEY           MODE        OWNER      GROUP
    s     1040    0x0000004c    --ra-ra-ra  brecht     rz
```

Das Attribut T bezeichnet den Typ der Interprozeßkommunikationsmethode. Dabei steht s für Semaphor. ID ist die semid, hier 1040. Der numerische Name KEY wird hexadezimal ausgegeben. Eine kleine Umrechnung zeigt, daß es die 76 aus dem obigen Beispiel ist. Als Zugriffsrechte hat der Erzeuger des Semaphorarrays, der Benutzer brecht, der zu einer Gruppe namens rz gehört, allen Benutzergruppen Lese- und Schreibrecht eingeräumt.

Ein weiteres Shell-Kommando erlaubt das Löschen eines Semaphorarrays, ohne daß über ein C-Programm auf die semctl()-Funktion zurückgegriffen werden muß. Es ist das ipcrm-Kommando, das mit der Option -s und der ID des Semaphorarrays zu parametrisieren ist. Das folgende Kommando löscht das Semaphorarray mit der semid 1040:

```
--->$ ipcrm -s 1040
```

Auch das ipcrm-Kommando ist nicht auf Semaphore beschränkt.

7.2 Shared-Memory

Prozesse zu synchronisieren heißt, sie an bestimmten Stellen zeitlich aufeinander abzustimmen. Dabei findet nur eine sehr geringe Informationsübermittlung statt. Um zwischen Prozessen größere Datenmengen als Träger von Informationen auszutauschen, bedarf es anderer Verfahren.

Naheliegend ist der Weg über das Dateisystem: Prozesse, die Nachrichten senden wollen, beschreiben Dateien, und Prozesse, die Nachrichten empfangen wollen, lesen diese Dateien. Man beachte, daß Datenübertragungen nicht zwingend eine Synchronisation voraussetzen. Im folgenden werden die für UNIX entwickelten Interprozeßkommunikationsmethoden vorgestellt. Sie sind deshalb so vielfältig, weil sie ganz unterschiedlichen Anwendungen dienen. Im einzelnen handelt es sich um

- Shared-Memory
- Pipes
- Named-Pipes
- Message-Passing und
- Sockets.

Von all diesen Verfahren ist lediglich der Datenaustausch über Sockets rechnerübergreifend. Er überträgt die Vorstellung einer Daten-Pipeline zwischen Prozessen auf ein Computernetzwerk. In einem verteilten System befinden sich Prozesse als Kooperationspartner teils auf dem lokalen Rechner und teils auf einem fernen, und je nach Anwendung empfiehlt sich einmal das eine Verfahren und einmal das andere.

Der oben angesprochene Weg, einen Datenaustausch über Dateien zu realisieren, hat den Vorteil, daß er einfach zugänglich ist und der Programmierer sich auf bekanntem Gebiet bewegt. Allerdings hat er auch mehrere gravierende Nachteile. Zum einen ist der Programmierer für die Pflege der zu übertragenden Dateien verantwortlich. Er muß beispielsweise sicherstellen, daß das Gelesene nicht fälschlich noch einmal als weitere (neue) Nachricht gelesen wird, und wenn das Beschreiben der Datei als kritischer Abschnitt gesehen wird, muß er, zum Beispiel mit Semaphoren, einen gegenseitigen Ausschluß selbst realisieren. Zum anderen ist der Weg über das Dateisystem in der Regel langsam, insbesondere ist er nicht echtzeitfähig. Aber selbst wenn man von *harten* Echtzeitbedingungen absieht, für die UNIX nicht konzipiert worden ist, ist für eine Vielzahl von Anwendungen eine Interprozeßkommunikation über Dateien zu langsam.

Der Weg, Daten zwischen Prozessen über Register der CPU auszutauschen, ist bei einem Time-Sharing mit seiner Vielzahl von Prozessen und Prozeßwechseln nicht sinnvoll realisierbar. In der Hierarchie der Speicher eines Rechnersystems liegt zwischen den Massenspeichern und den Registern der CPU der Hauptspeicher. Er ist das Medium für die Technik Shared-Memory, die Technik der *gemeinsamen Hauptspeicherbereiche*. Dabei können mehrere Prozesse einen Teil des Hauptspeichers als Teil ihres eigenen Adreßraums ansehen und entsprechend darauf zugreifen.

Der Adreßraum eines Prozesses (vgl. Abschnitt 4.2) zerfällt in natürlicher Weise in mehrere Bereiche, die bei UNIX Regions genannt werden. Es handelt sich im einzelnen um

- einen Kodebereich,
- einen Datenbereich und
- einen Stackbereich, zu denen gegebenenfalls
- einige Shared-Memory-Bereiche kommen.

Abbildung 7.11 veranschaulicht die Adreßräume zweier Prozesse, die sich einen Hauptspeicherbereich teilen.

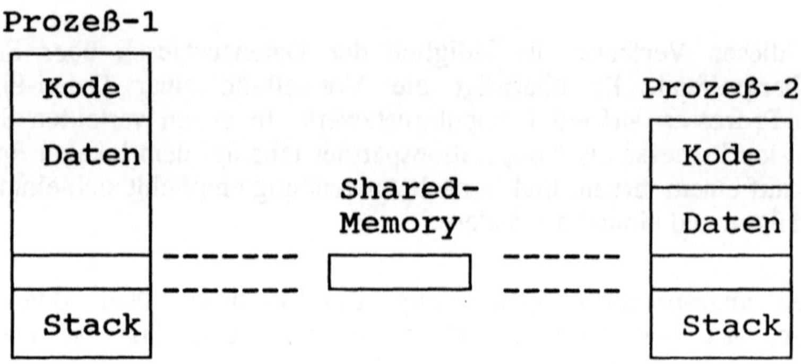

Abb. 7.11 Shared-Memory

Ein Shared-Memory-Bereich bleibt samt Inhalt erhalten, auch wenn er in keinem Adreßraum irgendeines Prozesses vorkommt. Ein Prozeß kann mehr als nur einen Shared-Memory-Bereich in seinen Adreßraum aufnehmen, allerdings darf er sich nicht mit anderen Bereichen, auch nicht mit dem Datenbereich, überlappen. Der gleichzeitige Zugriff mehrerer Prozesse auf einen Shared-Memory-Bereich muß koordiniert werden. In der Regel werden dafür Semaphore verwendet. Das Arbeiten mit der Technik Shared-Memory erfolgt mit Hilfe der vier Systemaufrufe shmget(), shmat(), shmdt() und shmctl().

Der shmget()-Aufruf

Wie bei den Semaphoren verwaltet auch beim Shared-Memory der UNIX-Kern ein globales Array von Zeigern auf Shared-Memory-Bereiche.

Will ein Prozeß einen solchen Bereich einrichten, wendet er sich mit einem shmget()-Systemaufruf an den UNIX-Kern. Dieser baut die entsprechenden Strukturen auf und gibt dem erzeugenden Prozeß einen Index in das oben genannte Zeigerarray, eine *Shared-Memory-Bereichs-Identität*, kurz eine shmid, zurück. Der erzeugende Prozeß regelt den Zugriff (Anfordern, Erzeugen und Löschen) auf ein Shared-Memory durch den aus dem Dateisystem bekannten Schutzbitmechanismus. Die globale Verwaltung durch den UNIX-Kern hat zur Folge, daß ein Shared-Memory-Bereich auch nach dem Ende des Prozesses, der diesen Bereich eingerichtet hat, noch zur Verfügung stehen kann, wenn er nicht ausdrücklich durch eine entsprechende Anweisung an den UNIX-Kern entfernt worden ist.

```
#include <sys/types.h>
#include <sys/ipc.h>
#include <sys/shm.h>
int shmget(key, n, mode)
key_t key;                  /* Numerischer Name              */
int n;                      /* Größe des Bereichs            */
int mode;                   /* Zugriffsrechte und Flags      */
```

Der Programmierer spricht mit dem shmget()-Aufruf einen Shared-Memory-Bereich mit einem numerischen Namen an. Der Datentyp key_t entspricht einem Long-Integer. Prozesse, die einen Shared-Memory-Bereich benutzen, müssen sich (systemweit) auf einen Namen verständigen. Der zweite Parameter legt die Länge des gemeinsamen Hauptspeicherbereichs in Bytes fest. Der mode-Parameter besteht aus einer ODER-Verknüpfung von Zugriffsrechten und Flags. Die Flags stimmen in Schreibweise und Bedeutung mit denen überein, die bei den Semaphoren vorgestellt worden sind. Beispielsweise bewirkt die Konstante IPC_EXCL, wenn sie allein als Flag benutzt wird, daß der UNIX-Kern bei Existenz eines Shared-Memory-Bereichs mit dem angegebenen numerischen Namen dessen shmid zurückgibt oder alternativ einen neuen Bereich einrichtet und dessen (neue) shmid liefert.

Der shmat()-Aufruf

Nachdem ein Prozeß mit shmget() den UNIX-Kern beauftragt hat, einen Shared-Memory-Bereich für ihn einzurichten, bzw. ihm die shmid eines bereits existierenden Bereichs zu geben, muß er, wenn er das Shared-Memory nutzen will, diesen Bereich in seinen Adreßraum einbinden (attach). Dazu dient der shmat()-Systemaufruf.

```
#include <sys/types.h>
#include <sys/ipc.h>
#include <sys/shm.h>
char *shmat(shmid, addr, flgs);
int shmid;
char *addr;                    /* In der Praxis: 0     */
int flgs;                      /* Read/Write           */
```

Der Systemaufruf gibt als Funktionswert die Adresse des ersten Bytes des Shared-Memory-Bereichs zurück. Sein erster Parameter ist die shmid des entsprechenden Bereichs. Der zweite Parameter beeinflußt die Einbindeadresse des Shared-Memory-Bereichs in den Adreßraum des Prozesses. Eine Null signalisiert dem UNIX-Kern, daß er selbst diese Adresse festlegen soll. Eine Betrachtung anderer Werte geht über das Ziel dieses Buches hinaus. Der interessierte Leser kann auf das Buch von Stevens [STE90] verwiesen werden. Der dritte Parameter bestimmt die Zugriffsrechte auf den nach diesem Aufruf eingebundenen Bereich. Beim shmget()-Aufruf waren ebenfalls Zugriffsrechte anzugeben. Diese beziehen sich auf die Vorgänge des Anforderns, Einrichtens und Löschens der ID eines Shared-Memory-Bereichs. Konnte der UNIX-Kern der Anforderung einer shmid Folge leisten und einen Shared-Memory-Bereich zur Verfügung stellen, so ist der Zugriff auf diesen Bereich lesend und schreibend gestattet. Eine Null als dritter Parameter beim shmat()-Aufruf trägt diesem Sachverhalt Rechnung. Soll auf das eingebundene Shared-Memory nur ein lesender Zugriff gestattet werden, so ist der dritte Parameter beim shmat() mit der Konstanten SHM_RDONLY zu belegen.

Der shmdt()-Aufruf

Wenn ein Prozeß einen Shared-Memory-Bereich nicht mehr benötigt, so kann er ihn mit einem shmdt()-Systemaufruf aus seinem Adreßraum entfernen (detach). Er parametrisiert den Aufruf mit der Anfangsadresse dieses Bereichs.

```
#include <sys/types.h>
#include <sys/ipc.h>
#include <sys/shm.h>
shmdt(addr)
char *addr;                    /* Anfangsadresse       */
```

Man beachte, daß durch einen shmdt()-Aufruf der Shared-Memory-Bereich nicht gelöscht wird. Der UNIX-Kern verwaltet ihn weiterhin, so daß derselbe oder ein anderer Prozeß ihn zu einem späteren Zeitpunkt (wieder) einbinden kann.

Der shmctl()-Aufruf

Auch beim Shared-Memory gibt es einen Kontrollaufruf. Von seinen Anwendungsmöglichkeiten soll hier lediglich diejenige herausgegriffen werden, mit der ein Löschen, ein Entfernen eines Shared-Memory-Bereichs aus dem System, vorgenommen werden kann. Dazu ist der Parameter cmd mit der Konstanten IPC_RMID zu belegen. Der dritte Parameter ist in diesem Fall bedeutungslos.

```
#include <sys/types.h>
#include <sys/ipc.h>
#include <sys/shm.h>
int shmctl(shmid, cmd, buf)
int shmid;
int cmd;                        /* Kontrollkommando        */
struct shmid_ds *buf;           /* Wird hier nicht benutzt  */
```

In Abbildung 7.12 ist ein Programm angegeben, bei dem der zugehörige Prozeß einen Shared-Memory-Bereich einrichtet, bzw. benutzt, der genau ein Byte groß ist. Dann erzeugt (mit fork()) der Prozeß einen Sohn. Beide binden den Shared-Memory-Bereich ein. Der Vater schreibt das Zeichen x in das mit dem Sohn gemeinsame Byte, verändert es dann zu einem y und beendet sich. Der Sohn gibt das gemeinsame Byte aus. Da Vater und Sohn (hier bewußt) nicht synchronisiert auf das gemeinsame Byte zugreifen, ist nicht voraussagbar, was der Sohn ausgeben wird. Erhält er die CPU bevor der Vater sein x schreiben konnte, ist die Ausgabe des Sohnes durch den zufälligen Inhalt des gemeinsamen Bytes bestimmt. Ansonsten könnte er ein x oder, wenn er erst später die CPU bekommt, ein y ausgeben.

```
/* Ein 1-Byte-Shared-Memory */

#include <sys/types.h>
#include <sys/ipc.h>
#include <sys/shm.h>
#include <stdio.h>

main() {
  int shmid;
  char *adr;

  shmid = shmget(75, 1, 0666|IPC_CREAT);

  if (fork()) {
     /* Der Vater */
     adr = (char *)shmat(shmid, 0, 0);
     *adr='x';
     *adr=*adr+1;
     exit();
     }

  /* Der Sohn */
  adr = (char *)shmat(shmid, 0, 0);
  printf("Gelesen: %c\n", *adr);
  }
```

Abb. 7.12: Programmbeispiel zu einem Shared-Memory

7.3 Pipes und Messages

Die als nächstes zu besprechenden Interprozeßkommunikationsmethoden weisen einen höheren Abstraktionsgrad als gemeinsame Dateien und Shared-Memory-Bereiche auf. Das ändert jedoch nichts an der Tasache, daß ihre Realisierung gemeinsame Dateien oder gemeinsame Hauptspeicherbereiche oder eine Kombination der beiden benutzt. Durch die Abstraktion kann der Anwender jetzt auf für ihn anschaulichere Modelle der Datenübertragung zurückgreifen.

Beispielsweise kann er sich bei einer Pipe vorstellen, daß von einem Prozeß zu einem anderen Daten durch eine Art Röhre, eine Pipeline, fließen. Von einer Pflege der zugrundeliegenden Verwaltungsstrukturen ist er befreit.

Pipes

Eine Pipe ist eine sehr speziell organisierte und nur temporär vorhandene Datei. Daß sie speziell organisiert ist heißt, daß im Gegensatz zu normalen Dateien beim Lesen das Gelesene aus der Datei entfernt wird. Die Datei ist FIFO-organisiert (*First-In, First-Out*) und hat eine Größe von zehn Blöcken. (Ein Block ist die Übertragungseinheit für Daten zwischen einem Massenspeicher, wie einer Platte, und dem Hauptspeicher). Bei einer Blockgröße von 1024 Bytes hat eine Pipe ein Größe von 10 KBytes. Ihre Lebensdauer ist an die Lebensdauer des Prozesses gekoppelt, der sie erzeugt hat. Sie überlebt den erzeugenden Prozeß nicht. Eine Pipe ist byteorientiert. Das bedeutet, daß sie keine irgendwie geartete Struktur hat. Soll beispielsweise über eine Pipe eine aus vier Bytes bestehende Integerzahl übertragen werden, so werden die vier (isolierten) Bytes einzeln gesendet. Es ist Sache des Empfängers, zu wissen, daß eine Integerzahl eintreffen soll, und daß sie aus 4 Bytes besteht. Auf eine Pipe wird mit den aus dem Dateisystem bekannten Systemaufrufen read() und write() zugegriffen. Aufgrund ihrer FIFO-Organisation hat sie anschaulich eine Richtung und eine Schreib- sowie eine Leseseite, sie ist unidirektional.

```
      +------------------------------+
      |        ============>         |
      +------------------------------+
Schreibseite                     Leseseite
```

Ein Prozeß, der eine Pipe erzeugt, bekommt je einen File-Deskriptor für die Schreib- und für die Leseseite. Ein Prozeß kann demnach mit sich selbst über eine Pipe kommunizieren. Er kann eine Pipe als einen wenn auch etwas umständlichen Zwischenspeicher benutzen.

Abbildung 7.13 zeigt einen Prozeß, der eine Pipe benutzt und dafür die beiden Deskriptoren fd0 zum Lesen und fd1 zum Schreiben erhalten hat. Wird eine Pipe zwischen zwei Prozessen eingerichtet, dann bekommen beide Prozesse jeweils beide File-Deskriptoren der Pipe. Abbildung 7.14 zeigt diese Situation. Ein Schließen nicht benutzter Deskriptoren mit dem close()-Aufruf, wie in Abbildung 7.15 gezeigt, macht die Situation dann wieder übersichtlich.

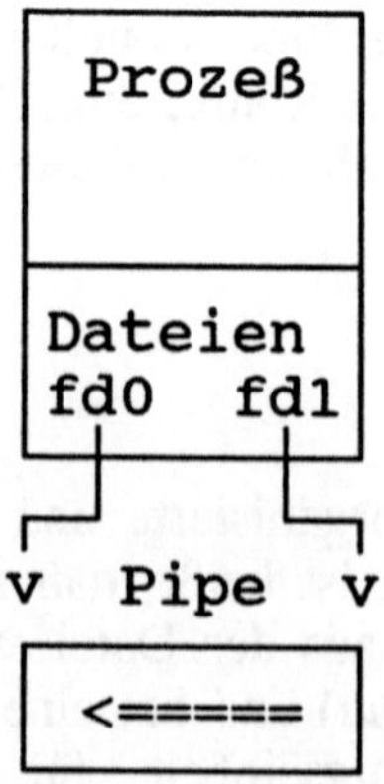

Abb. 7.13: File-Deskriptoren für eine Pipe

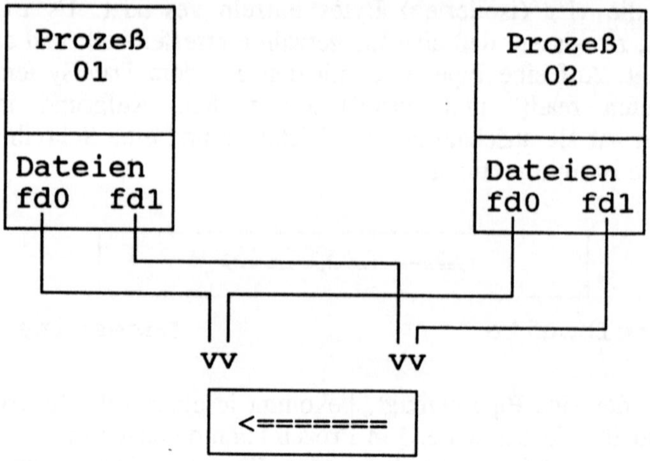

Abb. 7.14: File-Deskriptoren für eine Pipe bei zwei Prozessen

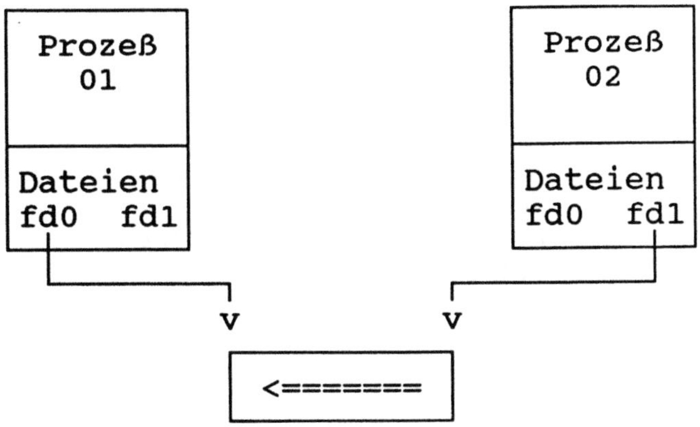

Abb. 7.15: Schließen nicht benötigter Deskriptoren

Zwischen n Prozessen können m Pipes eingerichtet werden. In eine Pipe können i Prozesse schreiben, und j Prozesse können aus ihr lesen. Eine Einschränkung besteht allerdings darin, daß mit einer Pipe nur der die Pipe erzeugende Prozeß und die von ihm abstammenden Prozesse arbeiten können. Ein Datenaustausch zwischen beliebigen Prozessen ist mit einer Pipe nicht möglich. Ein typisches Anwendungsbeispiel stammt aus dem Arbeiten mit der Shell. Dort kann auf einfach zu formulierende Weise ein Prozeß seine Ausgabe über eine Pipe einem anderen Prozeß zur Verarbeitung zuleiten. Das Shell-Kommando

```
--->$ who | wc -l
```

führt zum Start von zwei parallelen Prozessen, die über eine Pipe miteinander verbundenen sind. Der Prozeß, der das Programm who abwickelt, schreibt in eine Pipe, aus der der Prozeß liest, der das Word-Count-Programm wc durchführt, das mit der Option -l die Zeilen seiner Eingabe zählt.

Der pipe()-Aufruf

Eine Pipe wird mit dem Systemaufruf pipe() angelegt. Da zwei File-Deskriptoren zurückgegeben werden, wird dafür nicht der Funktionswert, sondern ein Parameter verwendet. Dem Aufruf wird die Adresse eines zweistelligen Integerarrays mitgegeben. In die erste Komponente wird durch den Aufruf der File-Deskriptor zum Lesen, in die zweite der zum Schreiben eingetragen.

```
int pipe(pdk)
int pdk[2];             /* pdk[0] --> Lesen;     pdk[1] --> Schreiben */
```

Nach einem pipe()-Aufruf ist die Leseseite der Pipe zum Lesen und die Schreibseite zum Schreiben bereits geöffnet. Es ist demnach kein expliziter open()-Aufruf erforderlich. Mit einer Pipe kann sofort gearbeitet werden. Nach einem close() kann die entsprechende Seite der Pipe über ihren Deskriptor wieder im entsprechenden Lese- oder Schreib-Modus (und nur in diesem) geöffnet werden.

```
/* Eine Pipe vom Vater zum Sohn */

#include <stdio.h>
main() {
    int pdk[2];                 /* File-Deskriptoren          */
    char c,d;                   /* Zum Senden und Empfangen   */

    pipe(pdk);                  /* Pipe erzeugen              */

    if (fork() == 0) {
        /* Der Sohn */
        close(pdk[1]);
        read(pdk[0], &d, 1);
        printf("Gelesen %c\n", c);
        close(pdk[0]);
        exit(0);
        }

    /* Der Vater */
    close(pdk[0]);
    c='a';
    write(pdk[1], &c, 1);
    close(pdk[1]);
    }
```

Abb. 7.16: Programmbeispiel zum Piping

Ein read()-Aufruf auf eine Pipe liefert den Wert -1, falls die Pipe leer und ihre Schreibseite von allen beteiligten Prozessen geschlossen worden ist. Ein read() führt zur Blockierung, falls die Pipe leer und ihre Schreibseite noch von wenigstens einem der beteiligten Prozesse offengehalten wird. Ist eine Pipe nicht leer und will ein Prozeß mehr Bytes aus ihr lesen, als in ihr sind, dann führt dies nicht zu einem Fehler. Der lesende Prozeß erhält weniger Bytes als er angefordert hat. Es ist Sache des Programmierers, diese Situation zu behandeln. Wird dagegen versucht, in eine Pipe mehr Bytes zu schreiben, als hineinpassen, so wird der schreibende Prozeß solange blockiert, bis wieder Platz in der Pipe ist. In Abbildung 7.16 ist ein Programm angegeben, bei dem der Prozeß eine Pipe einrichtet und dann einen Sohn erzeugt. Der Vater schließt seine Leseseite der Pipe und schreibt das Zeichen a hinein. Der Sohn schließt seine Schreibseite und liest aus der Pipe das vom Vater kommende Zeichen, das er zur Kontrolle ausgibt.

Named-Pipes

Es gibt eine Verallgemeinerung des Pipe-Verfahrens, bei der zwei Einschränkungen der normalen Pipes überwunden werden. Es handelt sich um Named-Pipes. Zum einen überleben sie das Ende des sie erzeugenden Prozesses, sie sind nicht mehr temporär. Zum anderen können sie zwischen beliebigen Prozessen eingerichtet werden. Jeder Prozeß, der ihren Namen kennt und zum Zugriff berechtigt ist, darf eine derartige Named-Pipe benutzen. Eingerichtet wird sie mit einem mknod()-Systemaufruf, der ursprünglich geschaffen worden ist, um dem Superuser (und nur ihm) das Einrichten von Gerätedateien zu gestatten.

```
int mknod(name, mode, dev)
char *name;                /* Pfadname zur Datei          */
int mode;                  /* Typ und Zugriffsrechte      */
int dev;                   /* Gerätenummer                */
```

Um eine Named-Pipe einzurichten wird der dev-Parameter nicht benötigt und auf Null gesetzt. Als Typ im mode-Parameter ist die Konstante S_IFIFO anzugeben. Typ und Zugriffsrechte können als bitweise ODER-Verknüpfung von Konstanten angegeben werden. So bewirkt zum Beispiel eine Belegung des mode-Parameters mit

```
S_IFIFO | S_IRUSR | S_IWUSR
```

das Anlegen einer Named-Pipe, bei der der Besitzer, und nur er, Lese- und Schreibrecht hat.

Mit dem ersten Parameter des mknod()-Aufrufs ist ein Dateiname anzugeben. Das ist der Name der Named-Pipe. Sie wird wie jede andere Datei im Dateisystem verwaltet. Und wie jede andere Datei ist sie nach ihrer Erzeugung mit einem open()-Systemaufruf explizit zum Lesen oder Schreiben zu öffnen. Ein Öffnen im Read-Write-Modus (Random) zum Lesen und Schreiben ist nicht zulässig. Der Unterschied zu einer der üblichen Dateien liegt in ihrer FIFO-Organisation, wie das bei den Pipes bereits ausgeführt worden ist. Abbildung 7.17 zeigt das Skelett eines Programms, das mit einer Named-Pipe arbeitet.

```
#include <fcntl.h>                    /* Für das open() */

main() {
   int fd;                            /* File-Deskriptor */
   ...
   mknod("abc.pip", S_IFIFO | S_IRUSR | S_IWUSR, 0);
   fd = open("abc.pip", O_WRONLY);
   ...
   write(fd, ...);                    /* Schreiben in die Pipe */
   ...
   }
```

Abb. 7.17: Eine Named-Pipe

Trotz ihrer FIFO-Organisation sind Pipes und Named-Pipes Dateien. Auf sie wird mit den üblichen read()- und write()-Aufrufen zugegriffen. Wie bei Dateien ist ein gepufferter Zugriff mit Funktionen der Standard-I/O-Bibliothek möglich. Funktionen wie putchar(), printf() und scanf() sind einsetzbar. Allerdings kann dabei die Pufferung der Ausgabedaten zu unerwünschten Ergebnissen, häufig zu einem Deadlock, führen. Das liegt daran, daß der Ausgabepuffer nicht immer sofort ausgeschrieben wird, sondern zum Beispiel erst dann, wenn er voll ist, bzw. wenn der zugehörige Prozeß beendet wird. Der fflush()-Aufruf, der das Ausschreiben des Puffers erzwingt, ist oft hilfreich.

Messages

Eine Pipe ist byteorientiert. Damit ist gemeint, daß die Daten, die über Pipes übermittelt werden, unstrukturierte Bytefolgen von unbestimmter Länge sind.

Sender und Empfänger müssen ein Protokoll vereinbaren. Das heißt, daß beim Arbeiten mit Pipes der Programmierer für die korrekte Übertragung von Datenstrukturen verantwortlich ist. Sobald mehrere potentielle Sender und Empfänger vorhanden sind, ist das Arbeiten mit Pipes nicht mehr praktikabel. Angenommen, fünf kooperierende Prozesse haben eine gemeinsame Pipe eingerichtet. Wie in Abbildung 7.18 dargestellt, sollen die Prozesse P(1) und P(2) über diese Pipe an P(3), P(4) und P(5) Daten individuell übertragen können.

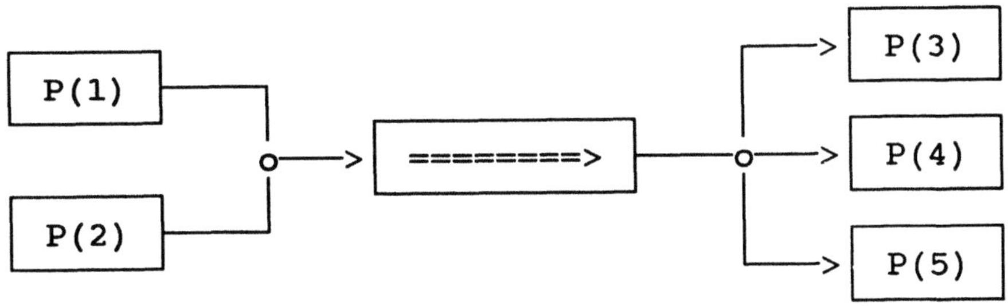

Abb. 7.18: Zwei Sender, drei Empfänger, eine Pipe

Angenommen, es sei vereinbart (und möglich), daß ein Sender seine Nachricht in einem einzigen Byte kodieren kann. Um einen Empfänger auszuwählen, wird ein Byte vorgeschaltet, das die Nummer (3, 4, oder 5) des Empfängers enthält. Um dem Empfänger mitzuteilen, von wem die Nachricht kommt, wird ein weiteres Byte mit der Nummer des Senders (1 oder 2) dazugenommen. Damit ist ein Protokoll definiert worden. Eine Nachricht besteht dann aus drei Bytes der Form

(Sender, Empfänger, Inhalt).

Es ist unter normalen Umständen nicht voraussagbar, welcher Empfänger die Nachricht lesen wird. Angenommen, P(1) möchte an P(5) den Inhalt 7 senden. Dann schreibt er die entsprechenden drei Bytes (1, 5, 7) in die Pipe. Es ist möglich, daß P(3) diese Nachricht liest und dadurch aus der Pipe entfernt. P(3) kann leicht feststellen, daß sie nicht für ihn ist. Sie in die Pipe zurückzulegen, ist jedoch nicht ausreichend. P(3) muß auch noch sicherstellen, daß er nicht selbst diese Nachricht sofort wieder (und fortgesetzt) aus der Pipe liest.

Ein Programmierer, der mit so einer kommunikativ doch recht harmlosen Situation konfrontiert wird, muß sich jetzt mit technischen Fragestellungen abgeben, auf die er vielleicht gar nicht vorbereitet ist und die ihn von der Bearbeitung seiner eigentlichen Aufgabe abhalten. Das UNIX-Message-Passing überwindet die beschriebenen Nachteile des Piping und hebt auch die unidirektionale Verbindung zwischen Sender und Empfänger auf. Ein Prozeß kann eine Warteschlange von Nachrichten, eine *Message-Queue*, aufbauen und benutzen, bzw. auf eine bereits aufgebaute zugreifen. Er kann auch, ohne die Warteschlange zu verändern, nachsehen, ob eine Nachricht für ihn vorhanden ist.

Der UNIX-Kern verwaltet ein Array von Zeigern auf Nachrichten-Warteschlangen. Ein Index in dieses Array identifiziert eine Message-Queue und wird deshalb *Message-Queue-Identität*, kurz msgid, genannt. Zu jeder msgid gehört ein Zeigerpaar. Einer der Zeiger führt zum ersten, der andere zum letzten, Element der Warteschlange (Abbildung 7.19). Die gesamte Struktur, einschließlich der Nachrichten, wird vom UNIX-Kern verwaltet. Eine Message-Queue ist nicht an die Lebensdauer des sie einrichtenden Prozesses gebunden, sondern unabhängig von ihm.

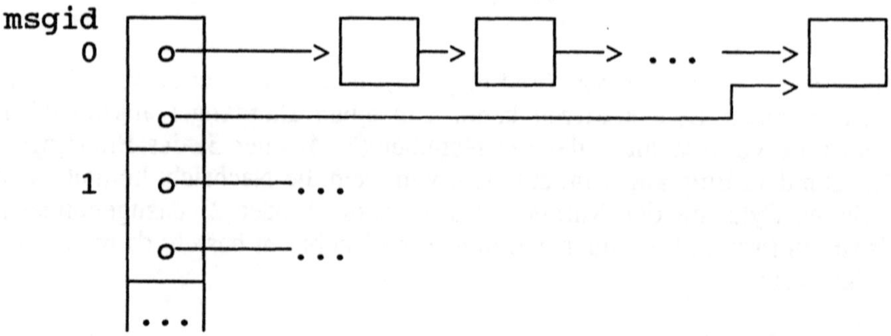

Abb. 7.19: Nachrichten-Warteschlangen (Queues)

Eine Nachricht ist als Struktur (als Record) mit zwei Komponenten realisiert. Die erste Komponente ist eine (long) Integerzahl, die den Typ der Nachricht festlegt. Über diesen Typ, das ist eine positive Zahl, können aus der Warteschlange Nachrichten selektiert werden. Die zweite Komponente ist der Inhalt der Nachricht, der als Zeichenfolge zu kodieren ist.

Der msgget()-Aufruf

Wie bei einer Synchronisation mit Semaphoren oder beim Datenaustausch mit Shared-Memory wird mit einem msgget()-Systemaufruf vom UNIX-Kern eine msgid angefordert. Die Parameter des msgget()-Aufrufs haben die bereits bekannten Datentypen und Bedeutungen.

```
#include <sys/types.h>
#include <sys/ipc.h>
#include <sys/msg.h>
int msgget(key, mode)
key_t key;                  /* Numerischer Name der Queue        */
int mode;                   /* Zugriffsrechte und Flags          */
```

Die Zugriffsrechte sind durch ein Oktalmuster, wie aus dem Dateisystem bekannt, gegeben. Sie werden mit den ebenfalls bekannten Flags IPC_CREAT und eventuell IPC_EXCL durch eine ODER-Vernüpfung kombiniert. Der Aufruf

```
msgid = mesgget(15, 0666 | IPC_CREAT);
```

fordert vom UNIX-Kern die Einrichtung bzw. die Nutzung einer Message-Queue mit dem (numerischen) Namen 15. Gibt es eine solche Warteschlange bereits, so gibt der Kern ihre msgid zurück. Die angegebenen Zugriffsrechte sind dann ohne Bedeutung. Wird die Warteschlange neu eingerichtet, so werden ihre Zugriffsrechte so gesetzt, daß alle Benutzergruppen lesenden und schreibenden Zugriff haben. Dann wird die (neue) msgid zurückgegeben.

Der msgsnd()-Aufruf

Ein Prozeß, der eine msgid vom UNIX-Kern erhalten hat, kann mit einem msgsnd()-Systemaufruf eine Nachricht in die Warteschlange, das ist eine FIFO-Struktur (First In, First Out), einbringen. Die maximale Größe einer Message-Queue ist vom UNIX-Kern implementierungsabhängig vorgegeben. Eine Queue kann voll werden, wenn zu viele Nachrichten vorliegen oder wenn Nachrichten sehr große Nachrichtentexte haben. Als Flag flg können die beiden Konstanten 0 (Null) oder IPC_NOWAIT (Eins) angegeben werden. Bei 0 blockiert der Prozeß, wenn die Queue voll ist. Bei IPC_NOWAIT kehrt der msgsnd()-Aufruf bei voller Queue mit -1 zurück.

```
#include <sys/types.h>
#include <sys/ipc.h>
#include <sys/msg.h>
msgsnd(msgid, msg, n, flg)
int msgid;              /* Die Queue-Id                    */
struct msgbuf *msg;     /* Die Nachricht                   */
int n;                  /* Länge des Nachrichtentextes     */
int flg;                /* Reaktion bei voller Queue       */

struct msgbuf {
     long mtype;        /* Nachrichtentyp, positiv         */
     char *mtext;       /* Nachrichtentext                 */
     } *msg;
```

Ein Nachrichtentext ist nicht auf einen Text im umgangssprachlichen Sinne beschränkt, sondern ist eine Bytefolge, gleich, was die Bytes enthalten. Der Längenparameter gibt die Größe der Nachricht an, ohne daß die Bytes für den Nachrichtentyp, das ist eine positive (long) Integerzahl, mitgezählt werden.

Der msgrcv()-Aufruf

Auf eine Message-Queue wird mit einem msgrcv()-Systemaufruf lesend zugegriffen.

```
#include <sys/types.h>
#include <sys/ipc.h>
#include <sys/msg.h>
int msgrcv(msgid, msg, max, type, flg)
int msgid;
struct mesgbuf *msg;
int max;           /* Maximal zu erwartende Länge der Nachricht    */
long type;         /* Nachrichtentyp                               */
int flg;           /* Flags, ODER-verknüpft                        */
```

Der Empfänger richtet eine Nachrichtenstruktur zur Aufnahme der Nachricht explizit (!) ein. Man vergleiche dazu das Programm in Abbildung 7.22. Die maximal zu erwartende Größe der Nachricht wird mit dem Parameter max festgelegt.

Ist im Parameter flg, der eine ODER-Verbindung von Flags bezeichnet, die Konstante MSG_NOERROR gesetzt und ist die entnommene Nachricht größer als max Bytes, so wird die Nachricht abgeschnitten und es erfolgt keine Fehlermeldung. Ist das MSG_NOERROR-Flag nicht gesetzt, so kehrt im gerade geschilderten Fall der Systemaufruf msgrcv() mit -1 (Fehler) zurück. Ein weiters im Parameter flg angebbares Flag ist IPC_NOWAIT, das ein Blockieren verhindert, wenn die Nachricht, die entnommen werden soll, nicht vorhanden ist.

Die Typangabe im Parameter type gestattet ein Selektieren von Nachrichten über den jeder Nachricht zuzuweisenden Nachrichtentyp. Wird der type-Parameter im msgrcv()-Aufruf mit Null belegt, so wird aus der Nachrichten-Warteschlange die erste (in FIFO-Reihenfolge) Nachricht ohne Berücksichtigung ihres Typs entnommen. Eine Belegung mit einer Zahl, die größer ist als Null, entnimmt die erste Nachricht, die genau diese Zahl als Nachrichtentyp hat. Bei einer Belegung des type-Parameters schließlich mit einer negativen (Integer-) Zahl werden nur Nachrichten betrachtet, deren Typ kleiner oder höchstens gleich dem absoluten Betrag des type-Parameters ist. Von denen wird die Nachricht mit dem kleinsten Nachrichtentyp (das ist immer eine positive Zahl) genommen. Der type-Parameter erlaubt vielfältige Selektionen, insbesondere läßt sich mit ihm das eingangs geschilderte Problem mit der Pipe und den zwei Sendern und drei Empfängern auf einfache Weise lösen. Das Programm in Abbildung 7.20 richtet eine Message-Queue ein.

```
/* msg1.c   Message-Queue einrichten */

#include <sys/types.h>
#include <sys/ipc.h>
#include <sys/msg.h>
#include <stdio.h>

main() {
     if (msgget(15, 0666 | IPC_CREAT) < 0) {
          printf("Kann Queue nicht einrichten\n");
          exit(1);
          }
     }
```

Abb. 7.20: Message-Queue einrichten

```
/* msg2.c    In Message-Queue senden */

#include <sys/types.h>
#include <sys/ipc.h>
#include <sys/msg.h>
#include <stdio.h>

struct msgbuf msg = { 1, "Gustav" };

main() {
     int msgid;
     msgid = msgget(15);
     msgsnd(msgid, &msg, 7, 0);     /* String hat Endezeichen */
     }
```

Abb. 7.21: Nachricht in die Queue senden

```
/* msg3.c  Aus Message-Queue lesen */

#include <sys/types.h>
#include <sys/ipc.h>
#include <sys/msg.h>
#include <stdio.h>

struct puffer {
     long mtype;
     char mtext[7];
     } msg;

main() {
     int msgid;
     msgid = msgget(15);
     msgrcv(msgid, &msg, 7, 0, 0);
     printf("Erhalten: %s\n", msg.mtext);
     }
```

Abb. 7.22: Aus der Queue lesen

Das Programm in Abbildung 7.21 bringt in diese Queue eine Nachricht ein, während das Programm in Abbildung 7.22 ihr eine Nachricht entnimmt. Beim Senden von Strings ist die C-Eigenheit, daß Strings mit einem Null-Byte enden, zu beachten. Wird nach dem Einrichten der Warteschlange namens 15 mit dem Programm msg1 erst das Programm msg2 gestartet und später msg3, so liest msg3 den Text, den msg2 geschrieben hat.

Der msgctl()-Aufruf

Zu den Message-Queues gibt es wie zu den Semaphoren und zum Shared-Memory einen Kontroll-Aufruf.

```
#include <sys/types.h>
#include <sys/ipc.h>
#include <sys/msg.h>
int msgctl(msgid, cmd, buff)
int msgid;
int cmd;                         /* IPC_RMID                 */
struct msqid_ds *buff;           /* Wird nicht behandelt     */
```

msgctl() soll hier nur im Zusammenhang mit dem Löschen einer Message-Queue mit der Konstanten IPC_RMID als cmd-Parameter genannt werden. Andere Aspekte gehen über das Ziel der Ausführungen hinaus.

7.4 Sockets

Die bisher betrachteten Interprozeßkommunikationsmethoden sind alle nicht rechnerübergreifend. Pipes und Message-Passing arbeiten nur lokal, das gleiche gilt für eine Synchronisation mit Semaphoren. Sockets dagegen sind für eine rechnerübergreifende Interprozeßkommunikation geschaffen worden. Sie stammen aus der BSD-UNIX-Entwicklung und sind mit der Release 4.2BSD in den Jahren 1982/83 erstmals ausgeliefert worden. Sie realisieren eine Schnittstelle zwischen Anwendungsprogrammen und den TCP/IP-Protokollen. Release 4.3BSD brachte 1986 eine Erweiterung auf die XNS-Protokolle von XEROX.

Mit den Socket-Systemaufrufen kann ein Anwendungsprogramm auf Transportprotokolle wie TCP und UDP zugreifen. Für privilegierte Prozesse (Superuser) ist auch ein Zugriff auf das Verbindungsprotokoll (IP bei TCP/IP) möglich. Mit Hilfe der Socket-Schnittstelle wird eine Vielzahl von Anwendungen realisiert. Die derzeit bekanntesten sind wohl NFS von Sun Microsystems und X-Window vom MIT (*Massachusetts Institute of Technology*).

TLI

Mit der Release 3.0 des UNIX-System-V von AT&T ist 1986 mit TLI, dem Transport-Layer-Interface, eine OSI-orientierte Schnittstelle zu Transportprotokollen, auch zu denen der Internet-Familie, ausgeliefert worden. Zu einer Schnittstelle gehören immer Programme, die die Schnittstelle unterstützen. Bei TLI heißt die Sammlung dieser Programme Transport-Provider. UNIX-System-V enthielt mit den Releases 3.x zwar die Schnittstelle TLI, das zugehörige Transport-Provider gehörte jedoch erst ab der Release 4.0 zum Lieferumfang. Dagegen stellten die Berkeley-UNIX-Versionen mit ihrer Socket-Schnittstelle von vornherein ein Transport-Provider für die TCP/IP- und auch für die XNS-Protokolle von XEROX zur Verfügung. Mit der Release 4.4BSD ist die Auslieferung einer modifizierten Socket-Schnittstelle für OSI-konforme Transportprotokolle vorgesehen [SAN90]. Ein Vergleich der Funktionsaufrufe beim TLI und bei den Sockets zeigt eine große Ähnlichkeit zwischen diesen beiden Schnittstellen [STE90], was darauf zurückzuführen ist, daß beide die gleichen technischen Gegebenheiten im Netzwerk abdecken. Im folgenden wird, insbesondere wegen der nach wie vor dominierenden Rolle der Sockets, nur auf diese näher eingegangen. Bezüglich TLI sei auf die Literatur, insbesondere auf das Buch von Stevens [STE90] verwiesen.

Domains

Sockets unterstützen auch eine Kommunikation zwischen Prozessen auf einer einzigen Anlage. Man spricht dann von Sockets in der *UNIX-Domain*. Der Datenaustausch geht in diesem Fall über das Dateisystem. Als Anwendung denke man an einen Server, der von Clients auf dem eigenen Rechner und von Clients auf anderen Rechnern in Anspruch genommen wird. Der Server richtet für die Prozesse (Clients), die vom eigenen Rechner kommen, (wenigstens) ein Socket in der UNIX-Domain ein und wenigstens eines für die Prozesse, die über das Netz kommen. Er bedient dann alle seine Clients mit einer für ihn weitgehend einheitlichen Schnittstelle.

Weiter ist zu bemerken, daß die BSD-UNIX-Versionen den Pipe-Mechanismus mit Hilfe von Sockets implementieren. Bei Sockets, die über das Netzwerk, das ist ein Internet, angesprochen werden, spricht man von der *Internet-Domain*. Da in den vorangegangenen Abschnitten ausführlich auf Kommunikation zwischen Prozessen auf einem (einzigen) Rechner eingegangen worden ist, soll hier lediglich die Internet-Domain behandelt werden. Stevens [STE90] gibt Programmbeispiele für die UNIX-Domain an.

Auf eine kleine Besonderheit für den Praktiker soll dennoch hingewiesen werden. Bei Sockets wird zwischen verbindungsorientierten und verbindungslosen Datenübertragungen unterschieden. Im Internet stehen dafür die Transportprotokolle TCP und UDP zur Verfügung. In der UNIX-Domain haben diese Protokolle keine Bedeutung. Dennoch erlauben Sockets auch dort beide Verbindungsarten. Dabei kann eine verbindungslose Übertragung, wegen nicht vorhersagbarer Verzögerungen beim Puffern, zu Schwierigkeiten, zum Beispiel zu einem Deadlock, führen. Deshalb sind in der UNIX-Domain verbindungsorientierte Datenübertragungen zu empfehlen.

Socket-Deskriptoren

Bei den Semaphoren, dem Shared-Memory und dem Message-Passing ist versucht worden, in Analogie zum Dateisystem die von dort bekannten Systemaufrufe zu übertragen. Auch bei den Sockets ist dieser Ansatz verfolgt worden. Allerdings sind bei einer Kommunikation über ein Netzwerk die Sachverhalte komplexer als beim Dateisystem. Man denke an das unsymmetrische kommunikative Verhalten von Client und Server oder an die Unterscheidung zwischen verbindungsorientierten und verbindungslosen Datenübertragungen. Dazu kommt, daß die Verbindung zwischen den Kommunikationspartnern durch mehr Parameter als nur einen Dateinamen zu beschreiben ist. Im Abschnitt 3.5 des dritten Kapitels sind die Begriffe Socket und Prozeßverbindung bereits genannt worden. Eine Prozeßverbindung (im Internet) ist ein 5-Tupel der folgenden Form:

(Protokoll, lokaler Host, lokaler Port, ferner Host, ferner Port).

Ein Socket ist eine Halbverbindung:

(Protokoll, Host, Port).

Dabei steht *Host* für die jeweilige Internet-Adresse des Hosts, und *Protokoll* legt das Transportprotokoll fest. Anschaulich ist ein Socket das Ende einer rechnerübergreifenden Pipe auf dem einen Rechner (in dem einen Prozeß).

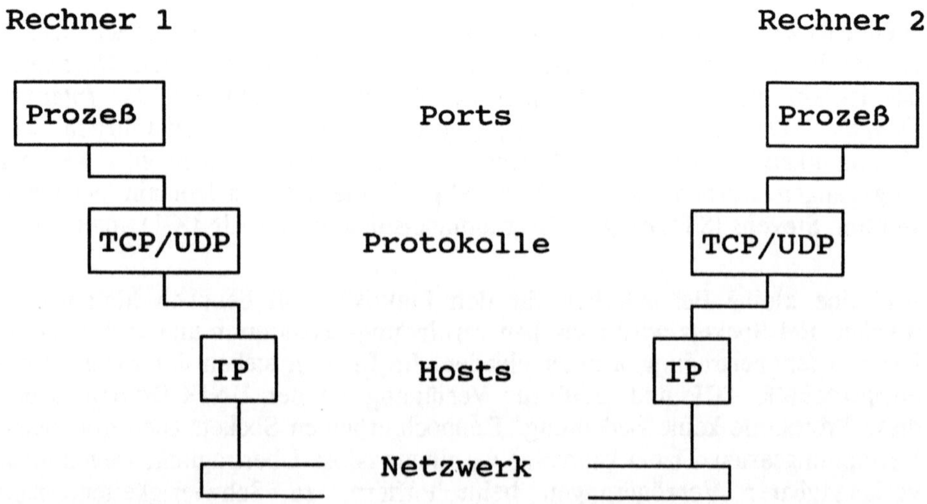

Pipes und Sockets

Mit Sockets wird eine byteorientierte Interprozeßkommunikation realisiert. Das heißt, daß wie bei Pipes unstrukturierte Bytefolgen übertragen werden. Im Gegensatz zu Pipes sind Sockets jedoch bidirektional. Wenn ein Prozeß eine Pipe einrichtet, erhält er zwei File-Deskriptoren, einen für die Lese- und einen für die Schreibseite der Pipe. Richtet er ein Socket ein, dann erhält er lediglich einen (einzigen) Socket-Deskriptor, über den er lesend und schreibend auf das Socket zugreifen kann. Auch muß zwischen dem Prozeß, der das Socket einrichtet, und den anderen beteiligten Prozessen keine Eltern-Kind-Beziehung bestehen wie bei Pipes. Bei Sockets in Prozessen auf verschiedenen Rechnern ist das klar. Aber es gilt auch in der oben genannten UNIX-Domain. In Abbildung 7.23 wird eine Pipe mit ihren File-Deskriptoren und ein Socket mit dem Socket-Deskriptor anschaulich gegenübergestellt.

Wird als Protokoll UDP angegeben, dann ist die Bytefolge, die über Sockets transferiert wird, begrenzt. Bei TCP ist sie unbegrenzt. Bei einer Prozeßverbindung muß bei beiden Sockets, bei beiden Kommunikationsendpunkten, stets das selbe Protokoll eingestellt sein. Eine TCP-UDP-Übertragung ist nicht möglich.

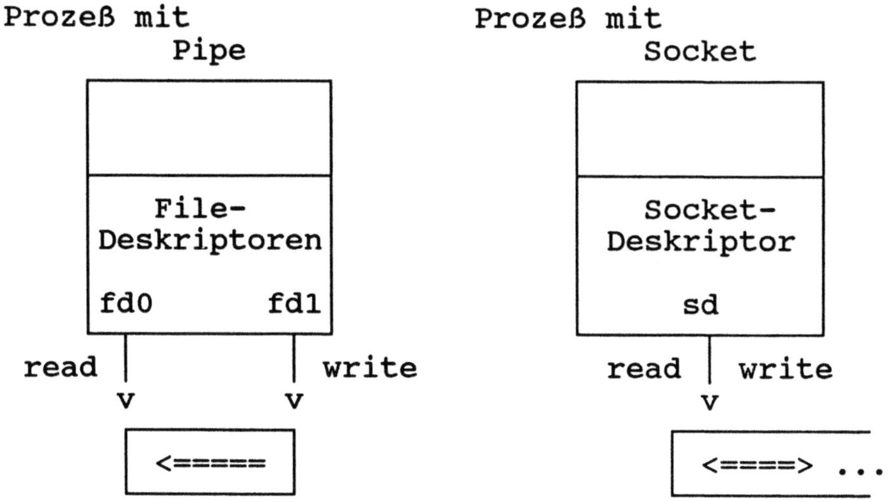

Abb. 7.23: Pipes und Sockets

Prozeßverbindungen und Socket-Systemaufrufe

Die fünf Komponenten einer Prozeßverbindung werden durch die Socket-Systemaufrufe spezifiziert. Der socket()-Aufruf selbst, der dieser Gruppe von Systemaufrufen ihren Namen gegeben hat, legt nur das Transportprotokoll fest. Der bind()-Aufruf bestimmt den lokalen Host und den lokalen Port. Die Aufrufe connect(), accept(), sendto() und recvfrom() vervollständigen jeweils die Prozeßverbindung durch Einbeziehung des fernen Hosts und fernen Ports. Damit eine Prozeßverbindung richtig spezifiziert ist, sind diese Aufrufe in geeigneter Reihenfolge und abhängig vom Transportprotokoll zu kombinieren. Eine typische TCP-Kombination ist in Abbildung 7.24, eine typische UDP-Kombination in Abbildung 7.25 dargestellt.

```
                      Zeitliche Abfolge

      Prozeß 1                            Prozeß 2
      (Server)                            (Client)
      ----------                          -----------

      socket();
      bind();
      listen();
      accept();

      Der accept()-Aufruf blockiert den Server { sleep(); }

                                          socket();
                    <----------------     connect();

      Der connect()-Aufruf des Client entblockiert den Server

      read();       <----------------     write();
      write();      ---------------->     read();
      ...                                 ...
      close();                            close();
```

Abb. 7.24: Typische TCP-Kombination

```
                      Zeitliche Abfolge

      Prozeß 1                            Prozeß 2
      (Server)                            (Client)
      ----------                          -----------

      socket();                           socket();
      bind();

      recvfrom();   <--------------       sendto();
      sendto();     -------------->       recvfrom();
      ...                                 ...
      close();                            close();
```

Abb. 7.25: Typische UDP-Kombination

Bei einer TCP-Verbindung muß der connect()-Aufruf des Clients die Adresse des Servers kennen. In der Regel wartet der Server auf einem dem Client bekannten Host an einem dem Client bekannten Port, einem sogenannten Well-Known-Port. Der Client bekommt mit dem connect()-Aufruf implizit eine lokale Adresse zugewiesen und übergibt sie dem Server. Benötigt dieser explizit den Namen des Clients, so kann er in seinem accept()-Aufruf eine entsprechende Datenstruktur zur Verfügung stellen, die vom connect() gefüllt wird. Bei einer TCP-Verbindung realisieren die beiden Aufrufe accept() und connect() ein *Rendezvous*. Das allerdings ist unsymmetrisch. Es findet nur statt, wenn der Server zeitlich vor dem Client sein accept() startet. Er wird dann blockiert und wartet auf einen Client. Dessen connect() führt das Rendezvous herbei. Startet der Client sein connect() zeitlich vor dem accept() des Servers, so kommt kein Rendezvous zustande. Das connect() kommt mit einer Fehlermeldung zurück.

Es gibt mehrere gültige und sinnvolle Systemaufrufkombinationen für UDP-Verbindungen. Abbildung 7.25 zeigt nur eine von ihnen. Eine Behandlung der anderen geht über den Rahmen dieses Buches hinaus. Unter anderem behandelt Stevens [STE90] weitere UDP-Kombinationen. Bei der in Abbildung 7.25 gezeigten UDP-Verbindung wird dem Aufruf sendto() implizit eine lokale Adresse (ein Port) zugewiesen, die er mit den Daten zum Server überträgt. Das recvfrom() stellt über einen Parameter eine Datenstruktur zur Aufnahme dieser Adresse zur Verfügung.

Datenstrukturen und Hilfsfunktionen

Bevor die wichtigsten Socket-Systemaufrufe einzeln vorgestellt werden und durch Beispielprogramme ihre Benutzung gezeigt wird, sollen die dabei verwendeten Datenstrukturen und Hilfsfunktionen vorab behandelt werden. Zu jedem Socket gibt es eine Socket-Adresse, die als C-Struktur in der Header-Datei sys/socket.h vereinbart ist. Allgemeine Datentypen, wie zum Beispiel Short-Integer werden als ushort im UNIX-System-V bzw. als u_short im Berkeley-UNIX verwendet. Beide Vereinbarungen befinden sich in der Header-Datei sys/types.h, die deshalb stets einbezogen wird. Eine Socket-Adresse sockaddr ist folgendermaßen strukturiert:

```
#include <sys/types.h>
#include <sys/socket.h>
struct sockaddr {
     ushort   sa_family;        /* AF_xxxx      */
     char     sa_data[14];
     };
```

Die erste Komponente dieser Struktur, die *Adreß-Familie*, beschreibt die verwendete Domain (UNIX oder Internet). Bei der Internet-Domain, und nur diese wird hier behandelt, steht als Adreß-Familie die Konstante AF_INET. Der Inhalt der zweiten Komponente der sockaddr-Struktur wird in Abhängigkeit von der verwendeten Domain interpretiert. Die Belegung erfolgt indirekt über eine weitere jetzt domainspezifische Struktur. Für die AF_INET-Adreß-Familie ist in der Header-Datei netinet/in.h die Struktur sockaddr_in vereinbart.

```
#include <sys/types.h>
#include <netinet/in.h>
struct sockaddr_in {
     short  sin_family;      /* AF_INET                            */
     ushort sin_port;        /* Port      ->  Das sind             */
     struct {                /*           ->  die 14 Bytes         */
          ulong s_addr;      /*           ->  von sa_data[]        */
          } sin_addr;        /* Host      ->  der Struktur         */
     char sin_zero[8];       /* Unused    ->  sockaddr             */
     };
```

Die Definition der Adreß-Familie in den beiden Strukturen sockaddr und sockaddr_in ist nicht konsistent. In sockaddr ist sie als ushort, in sockaddr_in als short vereinbart. Glücklicherweise führt dies nicht zu praktischen Schwierigkeiten, da die wenigen hier einsetzbaren Konstanten alle kleine positive Integerzahlen sind. Die Komponente sin_family ist im Internet stets mit der Konstanten AF_INET zu belegen. Ports, genauer gesagt Portnummern, sind von 1 bis 1023 reserviert (Well-Known-Ports). Ein Anwenderprogramm kann sich vom System einen freien Port geben lassen und erhält dann eine Portnummer, die zwischen 1024 und 5000 liegt. Portnummern über 5000 können von Anwenderprogrammen direkt benutzt werden und unterliegen deren Verantwortung. Die Internet-Adresse des Hosts belegt die dritte Komponente, die selbst als Struktur vereinbart ist. Die letzte Komponente ist derzeit nicht im Gebrauch.

Die ganze Struktur macht einen mehr experimentellen Eindruck, ist jedoch in dieser Form seit vielen Jahren in ständigem Gebrauch. Ein Socket wird adressiert, indem die Struktur sockaddr_in entsprechend belegt wird. Die Socket-Systemaufrufe arbeiten alle mit der Struktur sockaddr, die sockaddr_in interpretiert. Beispielsweise hat der bind()-Systemaufruf unter anderem folgenden Parameter:

```
bind(..., addr, ...)    ..., struct sockaddr *addr, ...;
```

Mit der Vereinbarung

```
struct sockaddr_in abc;
```

wird nach der Belegung der Struktur abc die Funktion bind() folgendermaßen aufgerufen.

```
bind(..., (struct sockaddr *)&abc, ...);
```

Das ist eine Konstruktion, die in den folgenden Programmen und Programmauszügen immer wieder auftauchen wird.

Eine Belegung der Struktur sockaddr_in darf nicht naiv erfolgen. Es ist stets zu beachten, daß Werte wie beispielsweise Integerzahlen, die der Anwender benutzt, auf dem Netzwerk in einer anderen Reihenfolge übertragen werden können. Unterhalb der OSI-Schicht 7, also unter der Anwendungsschicht, liegt die Darstellungsschicht. Dort werden externe Darstellungen von Daten in interne Darstellungen umgesetzt und umgekehrt. Mit Sockets wird die Transportschicht unmittelbar angesprochen. Das heißt, daß die Anwendungsprogramme unter anderem für die korrekte Umwandlung der Datendarstellung selbst verantwortlich sind. Zur Unterstützung der Socket-Schnittstelle dienen die Hilfsfunktionen

```
#include <sys/types.h>
#include <netinet/in.h>
ulong htonl(x) ulong x;
ulong ntohl(x) ulong x;
ushort htons(x) ushort x;
ushort ntohs(x) ushort x;
```

Die Buchstaben der Funktionsnamen stehen für die Bedeutung der jeweiligen Funktion. So steht htonl für *Host to Network long* und wandelt einen Long-Integer-Wert aus der benutzerbezogenen Darstellung in die Netzwerkdarstellung um. Um jetzt beispielsweise die Komponente sin_family von sockaddr_in korrekt mit der Konstanten AF_UNIX zu belegen, die in der Header Datei mit dem Wert 1 definiert worden ist, ist wie folgt zu verfahren.

```
struct sockaddr_in abc;
abc.sin_family = htons(AF_UNIX);
```

Mit einer ganzen Reihe von Hilfsfunktionen können Informationen über den eigenen Host, z.B seinen Namen und seine Internet-Adresse, und auch über andere Rechner im Internet eingeholt werden. Entweder die entsprechenden Hilfsfunktionen füllen über einen Adreßparameter eine vorgegebene Struktur oder sie geben einen Zeiger auf eine Struktur zurück. Letzteres macht die Funktion gethostbyname(), die als Beispiel für alle derartige Funktionen, und weil sie die Internet-Adresse eines Hosts für die sockaddr_in-Struktur liefert, kurz vorgestellt werden soll.

```
#include <netdb.h>
struct hostent *gethostbyname(host)
char *host;

struct hostent {
        char    *h_name;
        char    *h_aliases[];
        int     h_addrtype;
        int     h_length;
        char    **h_addr_list;
        };

#define h_addr  h_addr_list[0]
```

Dem Funktionsaufruf wird als Parameter ein Hostname in Form eines C-Strings, wie zum Beispiel "mx303", übergeben. Nach einem erfolgreichen Aufruf ist die Struktur gefüllt. Die erste Komponente enthält den offiziellen Namen des Hosts; das ist der erste, der in der Verwaltungsdatei /etc/hosts eingetragen ist. Man vergleiche dazu den Abschnitt 3.5. Die zweite Komponente enthält alle seine Aliasnamen. Der Adreßtyp ist hier stets AF_INET und die Länge demnach stets mit 4 belegt. Ein Host kann Rechnerknoten in mehreren Internets sein. Er kann also mehrere Internet-Adressen haben. Alle seine Internet-Adressen werden in der letzten Komponente der hostent-Struktur gehalten. Da die erste von ihnen oft auch die einzige ist, wird sie zur Vereinfachung besonders bezeichnet.

Nach einem Aufruf von gethostbyname() kann aus der Ergebnisstruktur die Internet-Adresse des Hosts in die Struktur sockaddr_in umgeladen werden. Auch dieses Umladen darf nicht naiv erfolgen. Das liegt jetzt daran, daß Internet-Adressen Nullen enthalten können, die von einem der üblichen C-String-Copy-Befehle (wie zum Beispiel strcpy()) als String-Ende behandelt werden. Für das Umladen nach sockaddr_in und für das Belegen von Datenstrukturen mit Nullen dienen die Hilfsfunktionen bcopy() und bzero().

```
void bcopy(s1, s2, n)
char *s1, *s2;
int n;

void bzero(s, n)
char *s;
int n;
```

bcopy() kopiert n Bytes von s1 nach s2. bzero() füllt die ersten n Elemente von s mit Nullen. Ein entsprechender Auszug aus einer Belegung der Internet-Adreßkomponente von sockaddr_in lautet damit folgendermaßen.

```
struct sockaddr_in server;
struct hostent *hp, *gethostbyname();

hp = gethostbyname("wx200");
bcopy((char *)hp->h_addr, (char *)&server.sin_addr, hp->h_length);
```

Der Vorgang, die Struktur sockaddr_in mit der Adresse des eigenen Hosts zu belegen, ist recht häufig. Eine *Wildcard*, das ist ein Metazeichen, das als Platzhalter dient, vereinfacht diese Prozedur. Es ist bereits erwähnt worden, daß ein Host gleichzeitig mehreren Internets angehören und damit mehrere Internet-Adressen haben kann. Die Wildcard INADDR_ANY steht für alle Internet-Adressen des Hosts. Man beachte bei der folgenden Wertzuweisung die Wandlung in die interne Darstellung.

```
struct sockaddr_in server;
server.sin_addr.s_addr = htonl(INADDR_ANY);
```

Soll ein Socket an einen vorgegebenen Port gebunden werden, so ist zu beachten, daß Portnummern bis 1023 nur vom Superuser verwendet werden dürfen, und daß Portnummern bis 5000 vom System vergeben werden. Die folgende Adreßbelegung ist vollständig, die Portnummer ist 7777. Da AF_INET nicht auf dem Netz übertragen wird, ist eine Wandlung mit htons() nicht vorzunehmen.

```
struct sockaddr_in name;
name.sin_family = AF_INET;
name.sin_addr.s_addr = htonl(INADDR_ANY);
name.sin_port = htons(7777);
```

Um dem System die Vergabe einer freien Portnummer zu überlassen, wird die eben beschriebene Belegung dahingehend verändert, daß als Portnummer Null gewählt wird. Ein darauf folgender bind()-Systemaufruf bewirkt, daß eine freie Portnummer zugewiesen wird.

Aufrufe für UDP-Verbindungen

Als erstes Programmbeispiel soll eine UDP-Verbindung, ein Datagramm-Dienst, vorgestellt werden. Dazu werden im folgenden die dafür notwendigen Socket-Aufrufe angegeben. Es soll noch einmal bemerkt werden, daß auch andere Aufruf-Kombinationen als die, die im Beispiel verwendet wird, richtig und sinnvoll sein können. Ein Prozeß, der ein Socket einrichten will, beginnt mit dem socket()-Systemaufruf, der das Protokoll, auf das zugegriffen wird, spezifiziert und einen Socket-Deskriptor zurückgibt, der in den weiteren Aufrufen verwendet wird.

```
#include <sys/types.h>
#include <sys/socket.h>
int socket(dom, typ, pro)
int dom, typ, pro;
```

Mit dem ersten Parameter wird die Domain festgelegt, d.h. daß in den Beispielen, die folgen, stets AF_INET, die Internet-Domain gewählt wird. Der zweite und dritte Parameter zusammen bestimmen das zu verwendende Protokoll. TCP wird gewählt, wenn als *typ* die Konstante SOCK_STREAM und als *pro* eine Null angegeben wird. UDP erhält man mit SOCK_DGRAM und einer Null.

Eine Verwendung von IP ist nur dem Superuser, also nur privilegierten Prozessen, möglich. Dafür müßte SOCK_RAW und eine Null angegeben werden. Ein bind()-Aufruf bindet einen Namen, das ist eine Internet-Adresse und ein Port, an ein Socket. Erster Parameter ist ein Socket-Deskriptor aus einem vorhergegangenen socket()-Systemaufruf. Der zweite Parameter ist eine mit der eigenen Adresse belegte Adreßstruktur, deren Länge als dritter Parameter anzugeben ist. Die sizeof()-Funktion des C ist hier sehr hilfreich und wird in allen Beispielen verwendet.

```
#include <sys/types.h>
#include <sys/socket.h>
int bind(sd, myaddr, addrlen)
int sd;
struct sockaddr *myaddr;
int addrlen;
```

Ein Prozeß, der weiß, an welche Adresse (Protokoll, Host, Port), an welches Socket, er Daten senden soll, verwendet den sendto()-Aufruf. Wenn das lokale Socket nicht explizit gebunden, d.h. mit einer Adresse versehen worden ist, so führt der sendto()-Aufruf ein implizites bind() durch und erhält so eine lokale Adresse. Ein sendto() übermittelt stets mit den Daten seine lokale Adresse, die der Empfänger in seinem zugehörigen recvfrom()-Aufruf in einer geeigneten Struktur ablegen kann. Man beachte die Unsymmetrie der beiden Transfer-Aufrufe. Der sendto()-Aufruf muß den Empfänger kennen, der recfrom()-Aufruf nimmt von irgendwoher Daten entgegen und kennt anschließend den Sender.

Mit sendto() werden nbytes Bytes aus dem Puffer buf über den lokalen Socket-Deskriptor sd an das ferne Socket mit der Adresse to übertragen. Die Adresse to ist tolen Bytes lang. Der flags-Parameter wird auf Null gesetzt. Weitere Ausprägungen beim sendto() betreffen das Routing von Datagrammen (vgl. Abschnitt 3.2) und sind für den nicht privilegierten Benutzer ohne praktische Bedeutung.

Beim recvfrom() allerdings gestattet der flags-Parameter ein vorausschauendes Lesen, ein Lesen ohne die Daten aus dem Socket zu entfernen. Das heißt, daß der nächste recvfrom()-Aufruf die gleichen Daten noch einmal erhält, so als wären sie zuvor nicht gelesen worden. Dies wird mit der Konstanten MSG_PEEK als flags-Parameter erreicht. Das recvfrom() liest über den lokalen Socket-Deskriptor sd nbytes Bytes in den Puffer buf und speichert die Adresse des Senders in der Struktur from.

```
#include <sys/types.h>
#include <sys/socket.h>
int sendto(sd, buf, nbytes, flags, to, tolen)
int sd;
char *buf;
int nbytes, flags;
struct sockaddr *to;
int tolen;

int recvfrom(sd, buf, nbytes, flags, from, fromlen)
int sd;
char *buf;
int nbytes, flags;
struct sockaddr *from;
int *fromlen;
```

Man beachte den letzten Parameter des recvfrom()-Aufrufs. Er ist im Gegensatz zum sendto()-Aufruf ein Zeiger auf einen Integerwert. Mit ihm ist ein Verfahren verbunden, das ihm den Namen *Value-Result-Parameter* gegeben hat. Gemeint ist folgendes: Vor dem Systemaufruf wird ein derartiger Parameter auf einen Wert gesetzt, der dem Aufruf einen Hinweis auf die Größe einer Struktur gibt. Der Aufruf füllt die Struktur und setzt dann den Parameter auf den tatsächlichen Füllstand der Struktur.

Ein nicht mehr benötigtes Socket wird wie eine Datei mit einem close()-Systemaufruf geschlossen.

```
int close(sd) int sd;
```

Ein UDP-Programmbeispiel

Es folgt ein Beispiel für ein sehr einfaches *Echo-Serving*. Die beiden Hosts haben die Namen wx200 bzw. wx202. Der Server war auf dem Host wx200 aktiv, der Client auf dem wx202. Beim Aufruf des C-Übersetzers wurde die Socket-Bibliothek /lib/libsocket.a für den Bindevorgang mit angegeben.

```
--->$ cc main.c -l socket
```

Zwischen den beiden Rechnern wurde mit dem TELNET-Dienst hin- und hergeschaltet. Das UNIX-Shell-Kommando nohup (no hang up) verhindert, daß ein Hintergrundprozeß bei Beendigung der Terminalsitzung (Logout) ebenfalls beendet wird. Damit konnte auf einem der Rechner zum Beispiel der Serverprozeß mit

```
--->$ nohup serv &
--->$ telnet ...
```

in den Hintergrund geschickt und dann auf dem anderen Rechner der Client gestartet werden. Alternativ hätten R-Kommandos z.B. rsh (Remote-Shell) benutzt werden können (vgl. Abschnitt 5.3).

```
/* s.c     Einfaches Echo-Serving mit UDP;  Server auf wx200  */

#include <stdio.h>
#include <sys/types.h>
#include <sys/socket.h>
#include <netinet/in.h>

#define S_PORT   7777                /* Server-Port             */

main() {
    int  sd,                         /* Socket-Deskriptor       */
         i;                          /* Hilfsvariable           */
    struct sockaddr_in client, server;
    char buf[20];

    sd = socket(AF_INET, SOCK_DGRAM, 0);

    server.sin_family = AF_INET;
    server.sin_addr.s_addr = htonl(INADDR_ANY);
    server.sin_port = htons(S_PORT);
    bind(sd, (struct sockaddr *)&server, sizeof(server));

    bzero(buf, sizeof(buf));
    i = sizeof(client);
    recvfrom(sd, buf, sizeof(buf), 0, (struct sockaddr *)&client, &i);

    buf[0] = 'Y';
    sendto(sd,buf,sizeof(buf), 0, (struct sockaddr *)&client, sizeof(client));

    close(sd);
    }
```

```
/* c.c    Einfaches Echo-Serving mit UDP; Client auf wx202  */

#include <stdio.h>
#include <sys/types.h>
#include <sys/socket.h>
#include <netinet/in.h>
#include <netdb.h>

#define DATA "Echo-Serving"
#define S_PORT   7777

main() {
   int sd, i;
   struct sockaddr_in server;
   struct hostent *hp, *gethostbyname();
   char buf[20];

   sd = socket(AF_INET, SOCK_DGRAM, 0);

   hp = gethostbyname("mx302");
   server.sin_family = AF_INET;
   bcopy((char *)hp->h_addr, (char *)&server.sin_addr, hp->h_length);
   server.sin_port = htons(S_PORT);

   sendto(sd, DATA, sizeof(DATA), 0, (struct sockaddr *)&server,
   sizeof(server));

   i = sizeof(server);
   recvfrom(sd, buf, sizeof(buf), 0, (struct sockaddr *)&server, &i);

   printf("Client bekommt zurück %s\n", buf);

   close(sd);
   }
```

Der Server richtet ein UDP-Socket ein und bindet seine Adresse mit dem Port 7777 an dieses Socket. Er füllt seinen Eingabepuffer buf mit Nullen und liest mit recvfrom() von seinem Socket. Gibt es nichts zu lesen, wird er blockiert. Ein späteres Senden von Bytes an ihn wird ihn dann wieder aktivieren. Zur (spielerischen) Kontrolle verändert er dann das erste Zeichen im Puffer zu einem Y, sendet den so modifizierten Puffer an den Client zurück und beendet sich. Ein etwas komplexerer (iterativer) Server wird in Kürze zusammen mit einem TCP-Beispiel vorgestellt.

Für das angegebene Programm und für alle folgenden Programme ist ein Hinweis auf den Programmierstil dringend erforderlich. Es ist beim Arbeiten mit der Sprache C eine gute Gepflogenheit, an jeden Funktionsaufruf eine Kontrolle des Rückgabewertes anzuschließen. Beim Umgang mit Funktionen, hinter denen unmittelbar Systemaufrufe stehen, ist dies eine Notwendigkeit, weil sonst eine Fehlersuche nicht mehr sinnvoll durchgeführt werden kann. Folgendes Schema wiederholt sich in den Programmen ständig:

```
i = aufruf(...);
if (i < 0) {
     printf("Fehler bei aufruf\n");
     exit(1);
     }
```

Häufig wird die Hilfsfunktion perror() anstelle des printf() benutzt, um noch einen verbalisierten Fehlercode als näheren Hinweis auf die Fehlerursache zu erhalten. Alle Programme, die im folgenden vorgestellt werden, sind ganz konsequent in diesem Stil erstellt worden. So nützlich dies für das Programmieren ist, es verbraucht viel Platz beim Auflisten der Programme. Da in den Ausführungen dieses Abschnitts das prinzipielle Zusammenwirken der Socket-Aufrufe im Vordergrund steht und zu viel Programmkode die Sachverhalte verschleiert, sind im Nachhinein die Programme geschrumpft und auf die reinen Aufrufe reduziert worden. Es ist empfehlenswert, beim Ausprobieren der Programme, sie wieder entsprechend aufzublähen.

Nach diesem programmiertechnischen Einschub sollen jetzt die Aktivitäten des Clients betrachtet werden. Er befindet sich auf dem Rechner wx202 und richtet seinerseits ein UDP-Socket ein, an das er keine Adresse bindet. Er läßt das Socket ungebunden. Er muß den Server mit sendto() ansprechen und benötigt dessen Adresse in einer sockaddr_in-Struktur. Adreßfamilie ist AF_INET. Der Port des Servers ist ihm als 7777 bekannt (durch den Programmierer). Die Internet-Adresse des Servers bekommt er durch einen gethostbyname()-Funktionsaufruf mit dem Hostnamen wx200 des Servers. Der sendto()-Aufruf bei einem ungebundenen Socket bewirkt, daß eine implizite lokale Adreßbindung durchgeführt und die Adresse den Daten mitgegeben wird. Nach dem sendto()-Aufruf wartet der Client mit recvfrom() auf die Antwort des Servers, die er nach Empfang auf dem Bildschirm ausgibt.

Aufrufe für TCP-Verbindungen

Bei einer verbindungsorientierten Datenübertragung wird ein (unsymmetrisches) Rendezvous abgewickelt. Zuerst startet ein Server einen accept()-Aufruf und wartet damit blockiert auf einen connect()-Aufruf eines Clients. Das connect() stellt das Rendezvous her. Die beiden Prozesse können in jeder Richtung Daten austauschen. Der Client muß die Adresse (Protokoll, Hostname und Port) seines Servers kennen. Bei einem ungebundenen Socket führt ein connect()-Aufruf zu einer lokalen Adreßbindung mit Übertragung dieser Adresse durch den Aufruf an den Server. Wenn dieser den Namen des Clients explizit benötigt, kann er in seinem accept()-Aufruf eine entsprechende Datenstruktur zur Verfügung stellen. Verzichtet er darauf, muß die Parametrisierung des accept()-Aufrufs dennoch vollständig sein, insbesondere müssen die Datentypen stimmen.

Ein Server beginnt damit, daß er mit dem socket()-Aufruf das Transportprotokoll TCP spezifiziert und dadurch einen Socket-Deskriptor erhält. Dann bindet er mit bind() seine lokale Adresse an dieses Socket. Mit dem listen()-Systemaufruf richtet er eine Warteschlange für Anforderungen von Clients ein. Derzeit ist die maximale Länge dieser Warteschlange herstellerbedingt auf 5 beschränkt.

```
int listen(sd, len) int sd, len;
```

Nach dem listen()-Aufruf wartet der Server mit einem accept() auf einen Client. Die Client-Server-Orientierung hat zu einer dieses Kommunikationsmodell unterstützende Besonderheit geführt. Und zwar dupliziert der Aufruf den als Parameter angegebenen Socket-Deskriptor und gibt den Socket-Deskriptor des Duplikats als Funktionswert zurück. Über diesen (neuen) Socket-Deskriptor wird die Verbindung zum Client hergestellt. Der ursprüngliche ist frei für weitere Anforderungen anderer Clients. Die im accept()-Aufruf als Parameter angegebene Adresse wird durch einen connect()-Aufruf eines Clients gefüllt. clen, die Länge der Adreß-Struktur client, ist ein Value-Result-Parameter, der vor dem Aufruf auf sizeof(client) zu setzen ist.

```
#include <sys/type.h>
#include <sys/socket.h>
int accept(sd, client, clen)
int sd;
struct sockaddr *client;
int *clen;
```

Ein Client spezifiziert mit einem socket()-Aufruf das Transportprotokoll TCP und belegt eine Adreß-Struktur mit der Adresse des Servers. Die Adreßfamilie und der Port sind ihm bekannt, die Internet-Adresse des Servers ermittelt er mit einem gethostbyname()-Aufruf. Mit dem connect()-Aufruf zum Server stellt er ein Rendezvous der beiden Prozesse her.

```
#include <sys/types.h>
#include <sys/socket.h>
int connect(sd, server, servlen)
int sd;
struct sockaddr *server;
int slen;
```

Der letzte Parameter des connect()-Aufrufs gibt die Größe der Adreß-Struktur server an. Nach einem erfolgreichen connect() können die beiden Prozesse mit den aus dem Dateisystem bekannten read()- und write()-Aufrufen Daten in beiden Richtungen uneingeschränkt austauschen. Das Rendezvous wird abgebrochen, wenn wenigstens einer der beiden Prozesse eines der das Rendezvous realisierenden Sockets mit einem close()-Aufruf schließt.

Ein TCP-Programmbeispiel

Der im folgenden Programm realisierte Echo-Server arbeitet iterativ. Das heißt, daß er die Anforderung eines Clients selbst bearbeitet, anstatt dafür einen Sohnprozeß einzurichten. Es wird davon ausgegangen, daß der zugehörige Prozeß im Hintergrund gestartet wird, denn der Server arbeitet in einer Endlosschleife, so daß der Prozeß von außen beendet werden muß. Dies geschieht am einfachsten von der Shell aus mit einem kill-Kommando.

```
--->$ kill -9 Prozeßnummer
```

Wie bereits beim UDP-Beispiel setzt der Server vor dem Zurückgeben des Pufferinhaltes das erste Zeichen im Puffer zur Kontrolle um.

```
/* s.c    Echo-Serving mit TCP; Server auf wx200  */

#include <stdio.h>
#include <sys/types.h>
#include <sys/socket.h>
#include <netinet/in.h>

#define S_PORT   7777
#define TRUE   1

main() {
   int sd, nsd;                            /* Socket-Deskriptoren        */
   struct sockaddr_in server;
   char buf[20];

   sd = socket(AF_INET, SOCK_STREAM, 0);

   server.sin_family = AF_INET;
   server.sin_addr.s_addr = htonl(INADDR_ANY);
   server.sin_port = htons(S_PORT);
   bind(sd, (struct sockaddr *)&server, sizeof(server));

   listen(sd, 1);                          /* 1 reicht hier              */

   while(TRUE) {
       nsd = accept(sd, (struct sockaddr *)0, (int *)0);
       bzero(buf, sizeof(buf));
       read(nsd, buf, sizeof(buf));

       buf[0] = 'X';                       /* Nur zur Kontrolle          */
       write(nsd, buf, sizeof(buf));
       close(nsd);
       }
   close(sd);
   }
```

Der Client kennt die Adreßfamilie und den Port des Servers und benötigt noch dessen Internet-Adresse, die er mit einem gethostbyname()-Aufruf ermittelt.

```
/* c.c    Echo-Serving mit TCP; Client auf wx202  */

#include <stdio.h>
#include <sys/types.h>
#include <sys/socket.h>
#include <netinet/in.h>
#include <netdb.h>

#define DATA "Echo-Serving"
#define S_PORT   7777

main() {
    int sd;
    struct sockaddr_in server;
    struct hostent *hp, *gethostbyname();
    char buf[20];

    sd = socket(AF_INET, SOCK_STREAM, 0);

    hp = gethostbyname("wx200");
    server.sin_family = AF_INET;
    bcopy((char *)hp->h_addr, (char *)&server.sin_addr, hp->h_length);
    server.sin_port = htons(S_PORT);

    connect(sd, (struct sockaddr *)&server, sizeof(server));

    write(sd, DATA, sizeof(DATA));
    read(sd, buf, sizeof(buf));

    printf("Client bekommt zurück %s\n", buf);
    close(sd);
    }
```

I/O-Multiplexing

Ein Server, der eine Reihe von Sockets überwachen möchte und für jedes Socket einen accept()-Aufruf starten will, wird vielleicht schon durch den ersten Aufruf blockiert, ohne überhaupt zu den anderen zu kommen. Um das zu verhindern, muß ein I/O-Multiplexing durchgeführt werden. Unter anderen Möglichkeiten steht einem Prozeß in einer derartigen Situation der select()-Aufruf zur Verfügung, der hier kurz erwähnt werden soll.

Er überwacht drei Mengen von Socket-Deskriptoren und erlaubt es, einen *Timeout* zu setzen. Die drei Deskriptorenmengen können alle drei leer sein. Dann entartet der select()-Aufruf zu einem reinen Timeout und wirkt wie die alarm()-Funktion des UNIX. Die erste Menge von Socket-Deskriptoren enthält solche, von denen der Prozeß eine Eingabe erwartet. Für die der zweiten Menge erwartet er eine Ausgabeanforderung. Von denen der dritten Menge schließlich erwartet er das Anliegen gewisser Ausnahmebedingungen. Das sind hier sogenannte *Out-of-Band-Daten*, wie zum Beispiel ein <ctrl/c>-Tastendruck bei einer Terminalemulation. Solche Ausnahmedaten müssen an dem normalen Datenstrom vorbeigeschleust werden, wenn sie wirken sollen. Da der select()-Aufruf nicht durch ein Programmbeispiel unterlegt ist, dies würde den Rahmen der Ausführungen sprengen, wird er nicht weiter besprochen.

Häufig wird die gleichzeitige Überwachung mehrerer Sockets so vorgenommen, daß der Server als Vater-Prozeß für jedes Socket einen Sohn-Prozeß erzeugt, der auf seinem Socket solange blockiert wird, bis I/O anliegt. Dann kommuniziert er, zum Beispiel über eine Pipe, mit seinem Vater, dem Server.

Broadcasting

Als abschließende Bemerkung sei noch darauf hingewiesen, daß, wenn das zugrundeliegende physikalische Netzwerk Broadcast-Verkehr gestattet, und bei Ethernet beispielsweise ist dies der Fall, es möglich ist, mit Hilfe von Datagramm-Sockets Broadcast-Pakete, also Datenpakete, die *An Alle* gerichtet sind, zu versenden. Dazu muß das zugehörige Socket mit der setsockopt()-Funktion explizit zum Senden von Broadcast-Paketen bereit gemacht werden:

```
on = 1;
setsockopt(sd, SOL_SOCKET, SO_BROACAST, &on, sizeof(on));
```

Übungen

7.1 Wie wird eine Datei verbindlich gesperrt?

7.2 Weshalb ist die UNIX-Signalbehandlung nicht echtzeitfähig?

7.3 Angenommen, der Wert eines Semaphors sei 3. Ein Prozeß führt mit diesem Semaphor eine (vereinfachte) Operation semop(-3) durch. Welchen Wert hat dann das Semaphor?

7.4 Mit welchen beiden Methoden können Semaphore gelöscht (aus dem System entfernt) werden?

7.5 Wie greift ein Programm auf sein Shared-Memory zu?

7.6 Man skizziere, wie mit Pipes ein Rendezvous realisiert werden kann.

7.7 Man gebe für das in Abbildung 7.18 dargestellte Problem eine Lösungsskizze mit Message-Passing an.

7.8 Wie kann ein Prozeß die Internet-Adresse seines Hosts ermitteln? Hinweis: Mit

```
#define MAX ...
char name[MAX];
gethostname(name, MAX);
```

erhält ein Prozeß den Namen seines Hosts im Array name.

7.9 Welche TCP-Socket-Aufrufe realisieren ein Rendezvous?

7.10 Skizzieren sie mit TCP-Sockets einen nebenläufigen Server.

Lösungen zu den Übungsaufgaben

Aufgabe 1.1

Die sequentielle Arbeitsweise eines von Neumann-Rechners wird dadurch verursacht, daß der durch den Befehlszähler ausgewählte Befehl (das ist immer genau einer) erst dann zur Ausführung kommt, wenn sein Vorgänger abgearbeitet ist.

Aufgabe 1.2

Prozesse werden mit Hilfe einer Prozeßtabelle verwaltet. Die Prozeßkennzahl (PID), die Benutzerkennung (UID) und der zugehörige Programmname (COMMAND) sind typische Prozeßattribute.

Aufgabe 1.3

Ein Prozeß kommt vom Zustand Running in den Zustand Ready, wenn ihm der Scheduler die CPU entzieht. Das ist zum Beispiel dann der Fall, wenn seine Zeitscheibe abgelaufen ist. Vom Zustand Running in den Zustand Blocked gelangt er, wenn er auf das Eintreten eines externen Ereignisses, meist auf das Ende eines I/O-Vorgangs, warten muß. Ein direkter Übergang vom Zustand Blocked in den Zustand Running ist nicht zulässig. Bevor ein Prozeß Running werden kann, muß er Ready gewesen sein.

Aufgabe 1.4

An der von Neumann-Architektur sind der von Neumann-Flaschenhals und die semantische Lücke besonders kritisiert worden.

Aufgabe 1.5

Die Multiple-Instruction-Single-Data-Klasse (MISD) wird als leer angesehen. Beim Suchen in Datenbeständen könnte man eine Anwendung sehen. Dort könnte ein (einziger) Datenstrom gleichzeitig von mehreren *Suchwerken* bearbeitet werden.

Aufgabe 1.6

Von Vektorparallelität wird gesprochen, wenn der Rechnerarchitektur ein Fließbandprinzip zugrundeliegt; Arrayparallelität bedeutet das Vorhandensein mehrerer Rechenwerke (ALUs).

Aufgabe 1.7

Ein CISC-Prozessor hat bis etwa 300 Maschinenbefehle, ein RISC-Prozessor zwischen 50 und 100.

Aufgabe 2.1

Bei eng gekoppelten Multiprozessorsystemen entsteht durch die Speicherzugriffskontrolle eine Leistungseinbuße. Auch bei einer CPU, die mit Registern arbeitet, gibt es bei der Befehlsabarbeitung Speicherzugriffe, die sich gegenseitig ausschließen. Nur reine Registeroperationen verbessern die Situation.

Aufgabe 2.2

Der Begriff *verteiltes System* ist ein Software-Aspekt, der auf der Transparenz der Zugriffe auf die Objekte des Systems beruht.

Aufgabe 2.3

Beim Handshake erkennt der Sender durch eine vom Empfänger gesetzte 1 auf der Data-Accepted-Leitung, daß der Empfänger das Daten-Bit abgelesen hat.

Aufgabe 2.4

Mit einem Polling kann in einem Broadcast-Netz, zum Beispiel auf einem Bus, die Vergabe des Senderechts kollisionsfrei geregelt werden. Ein Master fragt reihum seine Slaves, ob einer von ihnen sendewillig ist, und vergibt dann ein in der Regel zeitlich eingeschränktes Senderecht.

Aufgabe 2.5

LANs sind insbesondere dadurch charakterisiert, daß im Prinzip allen Benutzern alle Betriebsmittel aller Rechner zur Verfügung stehen. Dazu kommen eine relativ einfache Erweiterbarkeit des Netzes und hohe Datenübertragungsraten von z.T. über 100 Mb/s.

Aufgabe 2.6

Rechner, die weite und lokale Netze miteinander verbinden, heißen Gateways.

Aufgabe 3.1

Ein Protokoll besteht aus Regeln, Datenformaten und Programmen.

Aufgabe 3.2

Die Adressen (Ports) der an einem Datenaustausch beteiligten Prozesse werden in der Transportschicht (OSI-Schicht 4) mit den Daten verbunden.

Aufgabe 3.3

Die Darstellungsschicht der OSI-Protokollrahmen, das ist Schicht 7, berücksichtigt die eventuell unterschiedliche Kodierung von Zeichen.

Aufgabe 3.4

UUCP ist ein Batch-System. Das führt dazu, daß beispielsweise zu übertragende Dateien in einem speziellen Directory abgelegt werden, von wo sie zu einem vielleicht erst sehr viel späteren Zeitpunkt vom Übertragungssystem abgeholt und transferiert werden.

Aufgabe 3.5

Bei ALOHA darf eine sendewillige Station sofort mit dem Senden beginnen, bei CSMA prüft sie zuerst das Medium und beginnt nur dann zu senden, wenn es frei ist.

Aufgabe 3.6

Bei Ethernet ist die Netzausdehnung durch eine minimale Paketgröße zusammen mit der Bitübertragungsrate bestimmt. Eine minimale Paketgröße ist erforderlich, damit sichergestellt werden kann, daß eine Kollisionsmeldung auch im ungünstigsten Fall den Sender erreicht, während dieser noch sendet.

Aufgabe 3.7

Ethernet realisiert eine serielle, synchrone Schnittstelle zu einem Bus. Die Präambel ist notwendig, damit die empfangenden Stationen am Bus sich synchronisieren, zum Beispiel eine interne Uhr setzen und ihre entsprechenden Datenstrukturen bereinigen können.

Aufgabe 4.1

In C wird der Wahrheiswert false durch die Integerzahl Null ausgedrückt. Jeder Integerwert ungleich Null steht für den Wahrheitswert true.

Aufgabe 4.2

Der Präprozessor cpp erlaubt unter anderem mit der #define-Anweisung die Formulierung von Konstanten, mit der #include-Anweisung das Einfügen von Dateien und mit der #if-Anweisung ein von Bedingungen abhängiges Compilieren.

Aufgabe 4.3

Die folgende C-Funktion liefert die Länge eines Strings, der ihr als Parameter übergeben wird.

```
laenge(s) char *s; {
    int i;          /*  Zaehler  */
    i=0;
    while(*(s+i) != 0)  i = i+1;
    return(i);
    }
```

Aufgabe 4.4

Das folgende Programm gibt die Hexadezimalzahl 201 (dezimal 513) byteweise aus:

```
#include <stdio.h>
main() {
    int i;
    unsigned char *puc;
    i=0x201;
    puc = (unsigned char *)&i;
    printf("%x %x\n", *(puc+0), *(puc+1));
    }
```

Der Intel-Prozessor 80286 benutzt für Integerzahlen zwei Bytes. Man sagt deshalb, es sei ein 16-Bit-Prozessor. Bei der Hexadezimaldarstellung sieht man die Bitverteilung der Binärdarstellung deutlich: Die Dezimalzahl 513 hat die 2-Byte-Hexadezimaldarstellung 0201. Das angegebene Programm liefert als Ausgabe: 01 02. Das heißt, daß der Prozessor 80286 die Little-Endian-Darstellung für Integerzahlen benutzt.

Aufgabe 4.5

Das folgende Programm gibt seine Prozeßumgebung aus:

```
#include <stdio.h>
main(argc, argv, arge) int argc; char *argv[], *arge[]; {
    int i;          /*  Zaehler  */
    i = 0;
    while(*arge[i] != 0)  {
        printf("%s\n", arge[i]);
        i = i+1;
        }
    }
```

Aufgabe 4.6

Die Programme eines Betriebssystems, die in einem geschützten Modus arbeiten müssen, damit die Integrität des Betriebssystems erhalten bleibt, bilden den Systemkern. Dazu gehören beispielsweise die Verwaltung des Hauptspeichers und das Scheduling.

Aufgabe 4.7

Ein Benutzer kann ein Betriebssystem über Kommandos einer Shell, eines Kommandointerpreters, in Anspruch nehmen. Als Programmierer kann er das Betriebssystem auch über Systemaufrufe (System-Calls) erreichen. Shell-Kommandos sind vorgefertigte Programme (mit Systemaufrufen) für bestimmte häufige Aufgaben, wie zum Beispiel für das Ausgeben von Textdateien.

Aufgabe 4.8

Die Systemaufrufe fork(), exec() und wait() gehören beispielsweise zur UNIX-Prozeßverwaltung, während open(), read() und write() zur Dateiverwaltung gehören.

Aufgabe 4.9

Eine Datei mit den Zugriffsrechten 035 darf von ihrem Besitzer weder gelesen, noch beschrieben werden. Er darf sie auch nicht ausführen lassen. Mitglieder der Gruppe dürfen die Datei beschreiben und ausführen lassen. Jedoch dürfen sie sie nicht lesen. Alle anderen Benutzer des Rechners dürfen die Datei lesen und sie ausführen lassen, sie aber nicht beschreiben.

Aufgabe 4.10

Die folgende C-Befehlsfolge veranlaßt den zugehörigen Prozeß über seinen Standard-Input (sein Standard-Eingabegerät) von der Datei a.txt zu lesen.

```
fd1 = open("a.txt", O_RDONLY);   /* a.txt oeffnen              */
close(0);                        /* Standard-Input schliessen */
dup(fd1);                        /* fd1 duplizieren (auf 0)   */
close(fd1);                      /* fd1 schliessen            */
```

Das nächste Lesen vom Standard-Input bezieht sich jetzt auf die Datei a.txt.

Aufgabe 5.1

Ein iterativer Server bearbeitet einen Auftrag nach dem anderen. Ein nebenläufiger Server bearbeitet die Aufträge nicht selbst, sondern erzeugt für jeden Auftrag einen Sohnprozeß, so daß zu einem bestimmten Zeitpunkt mehrere Aufträge gleichzeitig in Bearbeitung sein können.

Aufgabe 5.2

UNIX-Dienstprogramme erwarten in der Regel ihre Eingaben von einem Terminal und sie schreiben ihre Ausgaben auf ein solches. Bei einer TELNET-Sitzung enthält der Server ein Programm, Pseudoterminal genannt, das sich den Dienstprogrammen gegenüber wie ein Terminal verhält.

Aufgabe 5.3

Der Benutzer meier trägt auf dem Host sun01 in seine Datei $HOME/.rhosts folgende Zeile ein:

```
ibm01     meier1
```

Aufgabe 5.4

Das ruptime-Kommando arbeitet nicht nach dem Client-Server-Modell. Es liest ein lokales Directory mit Informationen über die Rechner im Netz, bereitet dessen Inhalt auf und gibt ihn aus. (Der rwho-Dämon leistet Hilfestellung. Er baut das genannte Directory auf und hält es auf dem neuesten Stand.)

Aufgabe 5.5

Ein Datenbanksystem wird als verteiltes System bezeichnet, wenn der Zugriff auf die Datenbestände transparent erfolgt. Das heißt, daß beispielsweise ein SQL-Kommando sich auf einen lokalen oder auf einen fernen Datenbestand beziehen kann, ohne daß der Ort im Kommando oder vorher (beim Öffnen der Datenbank) angegeben werden muß.

Aufgabe 5.6

NFS ist ein verteiltes Dateisystem für lokale Netze. Es geht von einer bereits auf der Vermittlungsschicht sicheren Datenübertragung aus. Da Remote-Procedure-Calls in der Regel keine großen Datenmengen übertragen, wird UDP als einfaches und deshalb schnell verarbeitbares Transportprotokoll dem TCP vorgezogen.

Aufgabe 5.7

X-Protocol spezifiziert vier Pakettypen: Requests, Replies, Events und Errors.

Aufgabe 5.8

Das erste Byte, das ein X-Client dem X-Server sendet, sagt aus, welche Zahlendarstellung der X-Client benutzt. Der X-Server respektiert diese Darstellung. Bei Bilddaten ist es umgekehrt. In jedem der beiden Fälle teilt ein Partner dem anderen mit, welche Darstellung er benutzt.

Aufgabe 6.1

Wenn zwei Prozesse gleichzeitig ausgeführt werden, sagt man, sie seien parallel (zueinander). Wenn es hingegen lediglich keine Rolle spielt, in welcher Reihenfolge die beiden Prozesse ausgeführt werden, nennt man sie nebenläufig.

Aufgabe 6.2

Für die beiden Statements gilt:

```
I(write(a)) = { a }          O(write(a)) = {   }

I(b=a+1) = { a }             O(b=a+1) = { b }
```

Die drei Durchschnittsmengen aus den Regeln von Bernstein sind alle leer. Das heißt, daß die beiden Statements parallel ausgeführt werden dürfen.

Aufgabe 6.3

Das Parallel-Statement

```
s0;
parbegin
        s1; s2; ... sn;
parend
s(n+1);
```

wird als Fork-Join-Konstruktion folgendermaßen umgesetzt:

```
        s0;
        z = n;

        fork L2;
        fork L3;
        ...
        fork Ln;

        s1;
        goto L;

L2:     s2:
        goto L;

L3:     s3;
        goto L;

...     ...

Ln:     sn;

L:      join z;
        s(n+1);
```

Aufgabe 6.4

Um den Präzedenzgraphen von Abbildung 6.11 als Fork-Join-Konstruktion darzustellen, werden zwei Zähler z1 und z2 verwendet. Jeder kontrolliert eine der beiden Verzweigungen.

```
        s1;
        z1 = 2;
        fork L1;
        s2;
        s4;
        z2 = 2;
        fork L2;
        s5;
        goto L;

L1:     s3;
L2:     join z1;
        s6;
L:      join z2;
        s7;
```

Aufgabe 6.5

Um mit dem swap()-Befehl einen gegenseitigen Ausschluß zu realisieren, wird eine globale Variable x vereinbart und mit 1 belegt. Dieser Wert soll bedeuten, daß der kritische Abschnitt frei ist. Jeder Prozeß P(i) führt eine lokale Variable yi, die mit 0 belegt wird. Der folgende Pseudokode zeigt, wie der gegenseitige Ausschluß erreicht wird:

```
P(i) {
    int yi = 0;
    while (TRUE) {
        swap(x, yi);
        while(yi == 0) swap(x, yi);
            kritischer Abschnitt;
        swap(x, yi);

        Restabschnitt;
        }
    }
```

Aufgabe 6.6

Der Betrag des Semaphorwertes, wenn er negativ geworden ist, liefert die Anzahl der Prozesse in der zugehörigen Warteschlange. Beträgt der Semaphorwert -4, so warten vier Prozesse auf das Betreten des kritischen Abschnitts.

Aufgabe 6.7

Ein Monitor, der die P()- und V()-Aufrufe nachbildet, sieht folgendermaßen aus:

```
monitor semaphor {
    int s;                  /*  0: frei;    1: gesperrt  */
    condition c;            /*  Die Warteschlange        */

    P() {
        if(s) wait(c);
        s = 1;
        }

    V() {
        s = 0;
        signal(c);
        }

    {   s = 0;   }

    }
```

Aufgabe 7.1

Eine UNIX-Datei wird verbindlich gesperrt, indem ihr das Gruppen-x-Bit entzogen und das Set-Group-ID-Bit gegeben wird.

Aufgabe 7.2

Bei einem UNIX-System ist nicht voraussagbar, wann ein Prozeß wieder die CPU bekommen wird, um sein Signalfeld abzufragen. Ein Prozeß reagiert deshalb mit einer nicht vorhersagbaren Verzögerung auf ein Signal.

Aufgabe 7.3

Bei einem negativen Operationswert prüft der semop()-Aufruf, ob die Summe aus bisherigem Wert und Operationswert noch größer oder gleich Null ist. Im angegebenen Beispiel ist das der Fall, denn 3 - 3 ist 0. Bei diesem Ergebnis führt der semop()-Aufruf die Addition auch durch und setzt damit den Semaphorwert auf Null. semop() ist ohne zu blockieren durchlaufen worden.

Aufgabe 7.4

Semaphore können mit dem Shell-Kommando ipcrm oder in einem Programm mit dem semctl()-Systemaufruf (IPC_RMID) gelöscht werden.

Aufgabe 7.5

Wenn ein Programm einen Shared-Memory-Bereich einbindet, erhält es durch den shmat()-Aufruf die Adresse des ersten Bytes dieses Bereichs:

```
char *adr;
adr = shmat(...);
```

Das erste Byte des Shared-Memory ist demnach mit *adr, das zweite mit *(adr + 1) usw. ansprechbar.

Aufgabe 7.6

Um mit Pipes ein Rendezvous zu realiseren werden zwei Pipes eingerichtet: eine Daten-Pipe und eine Ereignis-Pipe. Die beiden Pipes sind gegenläufig orientiert. Angenommen der Prozeß P(0) möchte (seinem Sohn) P(1) beim Rendezvous eine Nachricht übergeben. Dann wird die Daten-Pipe von P(0) nach P(1) orientiert, die Ereignis-Pipe von P(1) nach P(0). Die Rendezvous-Stelle besteht aus diesem Pipe-Paar. Einer der beiden Prozesse wird zuerst die Rendezvous-Stelle erreichen. Angenommen es sei P(0). Dann schreibt P(0) die Nachricht für P(1) in die Daten-Pipe und liest anschließend aus der Ereignis-Pipe. In dem beschriebenen Szenario wird er dadurch blockiert, weil die Daten-Pipe leer ist. Wenn dann etwas später P(1) die Rendezvous-Stelle erreicht, liest er die für ihn bestimmte Nachricht aus der Daten-Pipe und schreibt anschließend ein beliebiges Zeichen, beispielsweise ein 'a', in die Ereignis-Pipe. Dadurch befreit er P(0) aus der Blockierung. Beide Prozesse arbeiten jetzt wieder unabhängig voneinander (asynchron) weiter.

Erreicht P(1) zuerst die Rendezvous-Stelle, so will er seine Nachricht aus der Daten-Pipe lesen. Da die Daten-Pipe (noch) leer ist, wird er blockiert. Er muß warten, bis P(0) zum Rendezvous kommt und die Daten-Pipe beschreibt. Dadurch wird P(1) wieder aktiv, liest aus der Daten-Pipe und schreibt anschließend in die Ereignis-Pipe um P(0) die Weiterarbeit zu ermöglichen.

Aufgabe 7.7

Message-Passing erlaubt die Vereinbarung von Nachrichtentypen, nach denen eine Message-Queue durchsucht werden kann. Die beteiligten fünf Prozesse könnten beispielsweise vereinbaren, daß der Nachrichtentyp identisch mit der Prozeßnummer des Empfängers zu sein hat. Eine Nachricht vom Typ 5 ist dann an P(5) gerichtet. Jeder Prozeß sucht in regelmäßigen Abständen in der Queue nach Nachrichten, die für ihn bestimmt sind.

Aufgabe 7.8

Ein Prozeß, der die Internet-Adresse seines Host braucht, muß erst den Hostnamen ermitteln (wenn er ihn nicht schon durch den Programmierer kennt). Dies leistet die Funktion gethostname(). Danach kann er sich mit gethostbyname() einen Zeiger auf eine Struktur geben lassen, in der unter anderem auch die gesuchte Internet-Adresse steht.

```
#include <netdb.h>
#define MAX 25          /*  zum Beispiel  */
char name[MAX];
struct hostent *hp, *gethostbyname();

gethostname(name, MAX);
hp = gethostbyname(name);
```

Die Strukturkomponente hp->h_addr enthält die Internet-Adresse des Hosts.

Aufgabe 7.9

Die TCP-Systemaufrufe accept() auf der Server-Seite und connect() auf der Client-Seite realisieren ein Rendezvous.

Aufgabe 7.10

Die folgende Pseudocode-Darstellung skizziert mit TCP-Socket-Aufrufen einen nebenläufigen Server.

```
main()  {
     sd = socket();
     bind();
     listen();
     while (TRUE)   {
          nsd = accept();
          i = fork();
          if(i == 0)   {   /*   Der Sohn erbringt den Service  */
               close(sd);
               read();
               arbeite mit dem Gelesenen;
               exit();
               }
          close(nsd);
          }
     }
```

Literaturangaben

[AXF89] Axford
Concurrent Programming; Fundamental Techniques for Real-Time and Parallel Software Design
John Wiley & Sons 1989

[BAC86] Bach
The Design of the UNIX Operating System
Prentice-Hall 1986

[BAU89] Bause, Tölle
C++; Einführung in die Programmiersprache
Vieweg 1989

[BEN85] Ben-Ari
Grundlagen der Parallelprogrammierung
Hanser 1985

[BER66] Bernstein
Program Analysis for Parallel Processing
IEEE Transactions on Electronic Computers
Vol EC-15 October 1966

[BOU88] Bourne
Das UNIX System V
Addison-Wesley 1988

[BRI75] Brinch Hansen
The Programming Language Concurrent Pascal
IEEE Transactions on Software Engineering
Vol. SE-1 June 1975

[COM88] Comer
Internetworking with TCP/IP; Principles, Protocols, and Architecture
Prentice-Hall 1988

[DEC91] Digital Equipment Corporation
Telecommunications and Networks Buyer's Guide
1991 January - June

[DIJ65] Dijkstra
Cooperating Sequential Processes
Technical Report EWD-123; TU Eindhoven 1965

[ECM85] ECMA: European Computer Manufacturers Association
Local Area Networks
CSMA/CD 10 MBit/s Baseband
Planning and Installation Guide
TR/26 March 1985

[EXC88] Excelan, Inc.
LAN WorkPlace Network Software for DOS
Host Access Network Utilities Users's Guide
Publication No. 4200071-00 Revision B, 1988

[FLY66] Flynn
Very High-Speed Computing Systems
Proceedings of the IEEE 54, December 1966

[GIL81] Giloi
Rechnerarchitektur
Springer 1981

[GOO89] van de Goor
Computer Architecture and Design
Addison-Wesley 1989

[GUL85] Gulbins
UNIX; Eine Einführung in Begriffe und Kommandos von UNIX
Version 7, System III und System V
Springer 1985

[HAB91] Habermaier
Unix in lokalen Netzen
Oldenbourg 1991

[HAL87] Conrads, Dremmelmeier, Halling (Hrsg.), Ries, Walze, Zwoll
Serielle Busse; Neue Technologien, Standards, Einsatzgebiete
VDE-Verlag 1987

[HAL88] Halsall
Data Communications, Computer Networks and OSI
Addison-Wesley 1988

[HER89] Herrtwich, Hommel
Kooperation und Konkurrenz
Springer 1989

[HOA74] Hoare
Monitors: An Operating System Structuring Concept
Communications of the ACM; Vol 17 October 1974

[HOA85] Hoare
Communicating Sequential Processes
Prentice-Hall 1985

[INF89] INFORMIX-NET (SINIX)
Netzkomponente für INFORMIX
Benutzerhandbuch; Ausgabe Juli 1989 (INFORMIX-NET V1.1)
Siemens AG 1989

[ISO83] International Standards Organization
Basic Reference Model for Open Systems Interconnection
ISO 7498 1983

[KER90] Kernighan, Ritchie
Programmieren in C; ANSI C
Hanser, Prentice-Hall 1990

[MAN91] Mansfield
Das Benutzerhandbuch zum XWindow-System
Addison-Wesley 1991

[PET81] Peterson
Myths about the Mutual Exclusion Problem
Information Processing Letters; Vol. 12 June 1981

[PET85] Peterson, Silberschatz
Operating System Concepts
Addison-Wesley 1985

[ROS91] Rose
An Introduction to Management of TCP/IP-based Internets
Prentice-Hall 1991

[SAN90] Santifaller
TCP/IP und NFS in Theorie und Praxis: UNIX in lokalen Netzen
Addison-Wesley 1990

[SCH88] Schütte
Programmieren in OCCAM
Addison-Wesley 1988

[SEI91] Seifert
Ethernet: Ten Years After
BYTE, January 1991

[SPU87] Spurgeon
Ethernet: A UNIX LAN
UNIX Papers for UNIX Developers and Power Users
The Waite Group; Howard W. Sams 1987

[STE90] Stevens
UNIX Network Programming
Prentice-Hall 1990

[SUN88] Sun Microsystems
Network Programming
Part Number: 800-1779-10; Revision A, of 9 May 1988

[TAN87] Tanenbaum
Operating Systems; Design and Implementation
Prentice-Hall 1987

[TAN89] Tanenbaum
Computer Networks
Prentice-Hall 1989

[THO87] Thomas, Rogers, Yates
UNIX System V; Professionelles Programmieren
McGraw-Hill 1987

[TRA88] Transputer Reference Manual
INMOS Limited 1988

[ZÖB88] Zöbel, Hogenkamp
Konzepte der parallelen Programmierung
Teubner 1988

Register